煤安 煤矿班组长安全生产实战培训数字化创新教材

# 煤矿地测防治水班组长安全培训教材

组织编写　全国煤矿安全培训教材建设专家委员会
丛书主编　乔明翰　邵学庆　白国周　任自锐
本册主编　赵海鹏　薛志鹏　胡　英



中国矿业大学出版社
·徐州·

**内 容 提 要**

本教材共分为4部分：第一篇为安全基础篇，主要介绍了班组长的角色与职责，安全生产方针与法律法规，灾害防治，自救、互救与现场急救，职业病防治等内容；第二篇为班组管理篇，主要介绍了班组长应具备的素质与能力、班组管理重点工作和优秀班组建设经验；第三篇和第四篇为专业实战篇，主要介绍了地测防治水专业技术知识、现场安全管理实战、安全风险分级管控与隐患排查治理和典型事故案例等。

本教材可供煤矿地质防治水、测量班组长、相关技术人员学习使用，也可供区队管理人员学习、参考使用。

**图书在版编目(CIP)数据**

煤矿地测防治水班组长安全培训教材 / 赵海鹏，薛志鹏，胡英主编. — 徐州 ：中国矿业大学出版社，2025. 3. — ISBN 978-7-5646-6631-6

Ⅰ. TD17；TD745

中国国家版本馆CIP数据核字第2025R4S007号

| | |
|---|---|
| **书　　名** | 煤矿地测防治水班组长安全培训教材 |
| **主　　编** | 赵海鹏　薛志鹏　胡　英 |
| **责任编辑** | 吴学兵　马晓彦 |
| **出版发行** | 中国矿业大学出版社有限责任公司<br>（江苏省徐州市解放南路　邮编221008） |
| **营销热线** | (0516)83885370　83884103 |
| **出版服务** | (0516)83885312　83884920 |
| **网　　址** | http://www.cumtp.com　**E-mail**:cumtpvip@cumtp.com |
| **印　　刷** | 江苏苏中印刷有限公司 |
| **开　　本** | 880 mm×1240 mm　1/32　**印张** 11.5　**字数** 320千字 |
| **版次印次** | 2025年3月第1版　2025年3月第1次印刷 |
| **定　　价** | 39.00元 |

（图书出现印装质量问题，本社负责调换）

#《煤矿地测防治水班组长安全培训教材》编写委员会


**主　　编：** 赵海鹏　薛志鹏　胡　英

**副 主 编：** 李　磊　刘宣宣　张礼礼　张冬冬　杨付领

**参编人员：** 李雪琴　林媛媛　雷娟娟　孔祥宇　奥　博　王丙成　李　松　钱如启　谢春飞

# 前 言

煤矿生产充满风险与挑战，而班组是煤矿安全生产的基石，基础不牢，地动山摇。抓好班组建设，首要工作是培养一支特别有战斗力的班组长队伍。

班组长作为冲锋在前、战斗在一线的“兵头将尾”，肩负着多重使命，他们既是生产组织的领导者，也是直接生产的操作者，还是班组员工的技术技能教练、职业生涯发展指导者，更是全班组人员心中的“定海神针”。一名出类拔萃的班组长，必定人品端正、业务精湛，对操作流程了如指掌、对操作规程烂熟于心；他们还要具备非凡的胆识和超强的执行力，在复杂多变的井下现场能眼观六路、耳听八方，能够精准把控局势，临危不乱地做好各种危险情况的处置工作，筑牢安全防线；同时，他们更要有班组建设与管理能力，能够把班组建设成职工的成长摇篮、乐业福田、幸福家园。

班组长大多是来自生产一线的优秀职工，随着由普通职工向管理者的转变，迫切需要了解“如何成为一名优秀班组长”的通关“密码”。为了帮助班组长快速成长，我们组织行业众多班组管理专家和部分优秀的煤矿班组长共同编写了这套“煤矿班组长安全生产实战培训数字化创新教材”。本套教材立足煤矿现场生产管理实际，理论和实践相结合，重点介绍煤矿班组安全管理、专业实战等内容，让班组长知道如何管好班组、如何将各项工作落实到班组生产中去，突出管理和实战技能的掌握,为煤矿基层班组长、从事班组长管理或培训的人员、想成为班组长的技术工人提供有益的参考。

本教材是系列教材之一,主要围绕煤矿地质防治水、测量班组长需要掌握的应知应会知识和主要工作内容展开,共分为 4 篇:

第一篇是安全基础篇,主要介绍了地质防治水、测量班组长应该掌握的基本安全技能知识,包括角色定位与职责,安全生产方针与法律法规,煤矿五大灾害的防治方法,自救、互救与现场急救方法,现场职业病的防治等知识。

第二篇是班组管理篇,主要介绍了地质防治水、测量班组长应该掌握的班组管理技能知识,包括班组长应具备的基本素质与能力、班组管理重点工作,以及优秀班组建设经验等知识。

第三篇是地质防治水班组长专业实战篇,主要介绍了地质防治水班组长应该掌握的现场管理、操作流程,包括地质防治水专业技术知识、地质防治水班组长现场安全管理实战、探放水作业安全风险分级管控与隐患排查治理、地质防治水作业典型事故案例分析等知识。

第四篇是测量班组长专业实战篇,主要介绍了测量班组长应该掌握的现场管理、操作流程,包括测量专业技术知识、测量班组长现场安全管理实战、测量作业安全风险分级管控与隐患排查治理、测量作业典型事故案例分析等知识。

本教材主要特点如下:

(1) 本教材简化理论叙述与原理描述,着重介绍班组长岗位需求的能力素质、业务流程、操作要点、解决问题的方式方法等,班组长学习完本教材就能充分了解到本岗位需要完成的主要工作及其相关的工作方法等。

(2) 本教材紧密结合煤矿生产实际，突出煤矿班组长能力素质与生产作业特点，做到观点明确、案例鲜活、语言简洁、通俗易懂。

(3) 本教材与数字化技术相结合，利用手机扫码观看教材中配套的实操视频，可以达到快速掌握实操技能、提升班组长学习兴趣的目的。

书中法律均省去"中华人民共和国"，用简称。

本教材配套有考试题库软件，请关注"中国矿业大学出版社煤炭知识服务"微信公众号进行学习。本教材配套有PPT课件和考试试题，便于培训教师讲课和组织考试，请加QQ群(群号708756397)或加微信xuebwu联系(只限培训机构教师)。

由于编者水平有限，书中难免存在疏漏、不妥之处，敬请广大读者及有关专家批评指正。

全国煤矿安全培训教材建设专家委员会

2024年12月

# 目 录

## 第一篇 安全基础篇

## 第二篇　班组管理篇

## 第四篇　测量班组长专业实战篇

# 第一篇　安全基础篇

# 第一章　班组长的角色与职责

## 第一节　班组长的职场角色

### 一、现场的最高统帅

煤矿班组长是煤矿生产现场安全的第一责任人，是生产运营的组织者，是当班出勤员工的“领头羊”，对煤矿现场管控拥有最高调度和指挥权。

煤矿现场管控包括人、机（设备、工具）、物、法（管理法规、生产方法）、信、环（环境、环节）六大要素。班组长需同时管控好这六大要素。

（1）人的要素管理

在现场管控的六大要素中，班组成员是任务的完成者和效益的创造者，是第一管理要素。每一名班组成员都有体力、智力、文化程度、劳动经验和熟练程度的差异，这些差异不仅在一年或者几个月的时间中有变化，甚至在一个班次的工作中都会有变化，因此，按照“以人为本”的理念管理好班组成员是班组长第一位的工作。

“以人为本”不是一句口号，而是一项实实在在的工作。不仅表现为对职工友善，不断为他们改善劳动环境、降低劳动强度并提供劳动保护，更重要的是关注职工，心里真正有职工，满足他们包括生存、安全、社交、尊重、价值实现等多种多样的物质和精神层面的需求。

（2）机的要素管理

煤矿生产现场的所有设备和工具都应该在班组长的管控之中。

班组现场设备管理要做到管好、用好、修好(三好),要会使用、会维护、会检查、会排除故障(四会),要坚持实行定人定机、保持设备整洁、遵守交接班制度、管好工具、发现异常立即停机"五项纪律"。

煤矿企业班组长在设备管理中的主要作用是落实设备的"包机制",监督设备维护(保养)措施的实施。

(3) 物的要素管理

煤矿现场管控的"物"是指为了生产合理进行,班组按生产计划、工作指派向物料管理部门和仓储单位领取的物料。班组长对现场物料的使用要从以下几个方面入手:合格证的管理要明确,物料的动向要清楚,物料摆放要合理,物料不使用时要封存好,剩余物料的处理应符合相关规定。

(4) 法的要素管理

"法"就是班组现场管理的方法,生产过程需要的规程、制度等。班组长要熟练掌握当班生产的工艺标准和相关施工措施,并保证严格执行。

工作方法分为措施落实法、工作汇报法、看板管理法、作业标准化、现场管理法。

(5) 信的要素管理

"信"就是指班组现场管理中的各种有效信息。在煤矿班组现场管理中,班组长将大量的精力和时间都花在信息管理上。煤矿班组长既是信息的收集者,也是信息的传递者。从党和国家的安全生产方针、政策,到集团、矿(厂)、区队的工作要求;从超限报警、设备停运,到职工的一声叹息、设备的一声异响;从各工位工作进度、工作质量,到员工个人的行为表现、精神状态,在煤炭生产现场几乎发生的一切都需要班组长进行信息整合、处理并变成正确的工作指令及时发布。

(6) 环的要素管理

"环"就是指班组成员从事生产劳动的场所,也就是工作环境。煤矿企业工作环境复杂,我们不仅要关注一般工业企业环境的常规要素如温度、湿度、光线、氧浓度等,还要注意工作场所移动或者运行中的设备以及四周围岩的情况,如顶板是否有活动矸石、伞檐煤,巷道是否有渗水,底板是否有鼓起等。

现场管控的"环",还应该包括生产和工作的环节。煤矿生产场所大多空间狭小,多工种同时施工,施工工序复杂、烦琐。因此,班组长必须确保各生产环节在时间上、空间上的衔接、协调,并保持连续性、比例性、节奏性,以满足和达到均衡生产的要求。比如上一班和下一班的衔接、不同阶段工作重心不同的衔接、同一工作地点各工种之间的衔接,等等。

## 二、班组建设的核心领袖

所谓班组建设的核心领袖有两个概念:一是班组建设的所有工作都是班组长的重点工作、重要工作;二是班组建设是班组长让自己成长为"领袖"的过程,通过不懈的努力,把全体员工培养成"追随者"。

班组建设是一个比较宏观的主题,大的方面来说,应该包含班组思想建设、组织建设、作风建设、制度建设、能力建设;具体来说还包括班组安全体系建设、班组激励机制建设、班组标准化建设、团队建设,等等。

基于本书的编写宗旨,我们仅仅围绕目前全国煤矿企业都在开展但又重点不清、思路不明、抓手无力、班组长们普遍茫然懵懂的班组文化建设讲几个要点。

文化建设是一种管理理论,对于提升煤矿企业的班组管理水平具有直接而又有效的推动作用。班组文化一般由理念文化、制度文化、行为文化、物质文化四个层次构成。其中,理念文化包括企业精神、企业价值观、经营哲学、企业道德。制度文化包括规章制度、道德规范、员工行为准则。行为文化包括企业家行为、企业模范人物行为、企业员工行为。物质文化包括生产设备及环境、企业产品和企业名称、标语等。

结合上述理论可以发现，班组文化就是通过系列方法，经过长期熏陶、养成的员工自觉行为，也就是班组成员一致认为什么事该怎么干，这样的事一旦发生就按照该怎么干的认识自觉去做，比如遵章守纪、诚实守信、勇于担责、友好和善等，从而形成一种氛围和习惯。

那么，如何达到这样的目的呢？现实工作中可以采取以下几个方法：

(1) 明确班组建设的理念或者核心价值观。一般以目标达成或状态描述作为班组的理念或核心价值观，如“三年建成全国优秀班组”“人人成为行业专家”“不是尽力而为而是全力以赴”等。

(2) 明确制度建设的重点。煤矿企业班组需要执行的制度很多，需要强调两点：一是常规制度流程化，即班前会制度、交接班制度、安全巡检制度、设备包保制度等全员参与、定人定责，流程化运行，班组长负责监督落实；二是特色制度围绕理念，重点突出，比如，班组以“不是尽力而为而是全力以赴”为核心价值观，就可以在班前会设立“我今天哪个地方没有做到全力以赴”反思发言的环节。

(3) 明确行为规范。行为规范的养成，不是一朝一夕之功，但它又是班组长工作的重要落脚点之一，必须要有“咬定青山不放松”的韧劲。一是旗帜鲜明地讲清楚哪些是我们鼓励的行为，哪些是我们坚决反对的行为。二是班组长带头做到。所谓模范带头、率先垂范常常被写在文件上，成为一个口号，其实这是班组长工作的重要法宝：“要求别人做到的自己首先做到”，比如精益求精、专注重复、规章之上，等等。三是毫不犹豫地奖励做得好的，惩处不规范的。四是善于“讲故事”，讲企业家行为的故事，讲身边先进模范人物的故事，讲班组普通员工践行班组理念的故事。

**三、一专多能的行家里手**

一个班组，班组长应当是技术权威、业务大拿，这样才会有说服力，才能当好带头人，才能有威信，才能适应班组管理的需要。

班组长在自己所管辖的团队里，需要有自己的“一技之长”。要能熟练掌握所需的专业知识、技能，懂得越多越好、越深越好，要使“核心能力”这根“柱子”越粗越好。技术工艺标准、产品结构性能、检验方法和技能、质量改进技能等都需要深度掌握，这是班组长的看家本领，是最重要的，也就是人们常说的“一招鲜，吃遍天”。

别人能做我也能做，是常人；别人不能做我能做，是巧人；别人想不到我能想到并能做，是人才。作为班组的“团队领袖”，不仅要知人所知、想人所想、会人所会、能人所能、精人所精，更要知人所不知、想人所不想、会人所不会、能人所不能，精人所不精，也就是说要有让人折服的东西。用老百姓常常开玩笑说的那句话就是“你太有才了”，这句话放在班组长身上就是工友发自内心的赞叹，是由衷的敬佩，是实实在在的欣赏。所谓才高八斗，这个“才”的涵盖面包括的内容比较宽泛，既包括专业领域的，也包括管理范畴的其他领域，既有和工作相关的，也有本专业以外的、涵盖生活中的其他内容，也就是我们工友们常说的“十八般武艺，样样精通”。

## 第二节　班组长的工作职责

**一、安全管理职责**

安全管理职责包括：认真执行党和国家的安全生产方针政策、法律法规和本企业、区队的安全操作规程，对所辖生产范围内职工的安全健康负责；制定安全生产目标、建立安全生产管理制度；教育并保障职工正确使用生产工具、防护用品、安全装置；及时检查、发现并消除生产过程中的安全隐患；对本班组职工进行安全意识教育和安全操作方法指导，并经常检查本班组职工安全操作规程的遵守情况，查处职工“三违”行为。概括地说就是：安全生产作业环境治理、安全隐患闭合管理、职工安全作业行为管理以及“三违”人员管理等。

各煤矿班组可以通过开展“六有班组”创建活动，实现班组现场管控的“六无目标”。

首先开展“六有班组”创建活动：

(1) 安全有目标。结合班组的实际情况和人员特点，制定出班组安全管理的目标和要求，使班组职工做有要求、干有目标。

(2) 管理有规章。编制严格的、切实可行的管理规章，加强班组职工遵章守纪的安全氛围。

(3) 操作有规程。对班组岗位操作规程要做到及时修改、增补，使其更具有实用性和可操作性。

(4) 检查有记录。建立安全检查台账，及时记载和反馈检查出的隐患。认真填写现场安全隐患卡，做到台账与卡片两对照。

(5) 考核有依据。对班组任务完成情况、全员安全意识状态、查处隐患情况、杜绝“三违”行为及安全投入情况等进行考核。

(6) 班组有专职安全员和群众安全监督员。安全员每天参加班前安全教育，亲临作业现场查处隐患，堵塞漏洞，制止“三违”行为。

最终实现班组现场管控的“六无目标”：

(1) 作业无事故。作业过程强化班组人员安全意识，增强自我保护的能力，严格执行安全规程，保证安全生产顺利进行。

(2) 现场无“三违”。加强对班组人员的安全教育，积极采取多种形式加大对“三违”行为的查处力度。

(3) 设备无缺陷。班前班后对使用的设备实行报告制度，以彻底消除设备的不安全状态。

（4）环境无隐患。实行全方位照明，完善工作现场的定置管理等，真正做到作业环境无隐患。

（5）检查无死角。做到检查工作全覆盖。

（6）措施无缺陷。做到施工有措施，严格按措施施工。

## 二、生产管理职责

生产管理职责包括生产作业计划管理、现场作业管理、工程质量管理、机器设备维护保养等。

（1）作业计划管理。作业计划管理一般包含计划制订、计划执行和计划检查三部分。三者并重，缺一不可。

制订计划就是班组长根据今天出勤人员、生产环境（条件）、工作需要统筹安排今天要干什么事。不能把计划制订简单地理解为采煤队今天就是出煤、掘进队就是进尺，而是要综合所有因素确定今天干多少、谁干什么、达到什么标准、投入多少资源，最终实现收益最大化。以采煤队为例，一定要具体到出多少吨煤、谁在哪个位置干、需要什么材料、谁重点关注哪些设备等。这是一个非常重要而又务实的过程，既不能虚化，也不能化繁为简，一语带过。计划的执行和检查重在严肃，高度尊重计划的严肃性，明确的计划一定要千方百计保证落实并严格按计划考核兑现。生产条件变化时，随时调整计划并对应落实执行和奖惩兑现。

（2）现场作业管理。现场作业管理包含在现场管控中，也就是实现人、机、物、法、信、环六大要素的全面掌控。针对煤矿生产的特点，在现场作业管理环节，班组长要密切注意随着生产的推进，环境中围岩、空气、设备等异常变化，发现问题及时解决。

（3）工程质量管理。工程质量管理要求班组长严格执行煤矿安全生产标准化的相关规定，工作地点的工程质量达到合格或以上，机电设备完好率不低于80%，事故率不超过2%。

(4) 机器设备维护保养。机器设备维护保养在班组长的工作职责中最基本的体现是落实机器设备的“包保”责任制，明确责任人、明确工作要求并按规定督促、检查、落实。

## 三、经营管理职责

经营管理职责包括材料管理、员工绩效管理、成本核算等。

(1) 材料管理。煤矿班组的材料管理不讨论一般材料管理的采购、库存、验收、资金等常规问题，我们仅需要关注一个词——效益。材料管理要注意以下两个细节：一是真正树立节俭意识，杜绝跑冒滴漏，绝不随意丢弃任何材料，能用一根杂木棍的绝不用两根；二是工作地点的材料摆放符合安全生产标准化和文明生产的要求，并能确保取用时最节省时间和体力，做到效率最大化。

(2) 员工绩效管理。员工绩效管理这个概念对煤矿班组长而言既熟悉又陌生。熟悉的是每天都在干，都在做绩效考核。陌生的是相当数量的班组长认为的绩效管理是延续了几十年的“分”，基本上就是在安全的前提下工人干多少活，给多少分，依据这个分值月底结算工资的传统分配方式。当然，部分单位在对煤矿班组设置绩效考核方案的时候，给定的元素是完整的，问题出在我们班组长在实操中习惯沿用传统思维和方式，丢失了大量绩效考核的重要元素，不能体现出绩效考核这一管理方法的先进性。理论上讲，绩效考核应当包括积极性指标、创新性指标、责任性指标、计划性指标、有效性指标、合作性指标等六个方面。我们以“员工绩效内容”为例，应该有礼仪规范，含着装、出勤、行为养成、团队合作等；还应该有工作态度，含责任心、积极性、吃苦耐劳程度等；还要有工作能力，含学习能力、专业知识、业务能力、职业判断等；最后是工作业绩，含任务完成、工作质量、效率等。

(3) 成本核算。班组长需要真实准确地统计记录班组的工作量，收集统计新增或核减的业务，并及时与相关部门沟通维护核算项目类别;班组长需要定期向各班组公布核算结果,并对各班组进行考核,确保成本核算的透明度和公平性;班组长需要分析本班组材料消耗节超原因,制定现场管控措施,并根据日常管理经验提出班组核算合理化建议,以降低生产成本。

**四、班务管理职责**

班务管理职责包括人事调配、排班、劳动纪律等。

班务管理职责注意把握三项原则:能发挥班组人员的专长和积极性、能使每个班组人员都有明确的职责、能保证班组人员都有足够的工作量。

# 第二章 煤矿安全生产方针与法律法规

## 第一节 煤矿安全生产方针

“安全第一、预防为主、综合治理”是开展安全生产管理工作总的指导方针，是长期实践的经验总结。这一方针反映了党和国家对安全生产规律的认识，是企业安全生产工作总的指导思想和行动准则。因此，企业必须认真贯彻落实“安全第一、预防为主、综合治理”的安全生产方针。

(1)“安全第一”的含义。“安全第一”说明的是安全与生产、效益及其他活动的关系，强调在生产经营活动中要突出抓好安全，始终不忘把安全工作与其他经济活动同时安排、同时部署，当安全工作与其他活动发生冲突与矛盾时，其他活动要服从安全工作，决不能以牺牲人的生命、健康、财产为代价换取发展和效益。

(2)“预防为主”的含义。“预防为主”是对“安全第一”思想的深化，就是把安全生产工作的关口前移、重心下移、超前防范，建立预教、预测、预想、预报、预警、预防的递进式、立体式事故隐患预防体系，以隐患排查治理和建设本质安全为目标，实现事故的预先防范体制，改善安全状况，预防事故发生。

(3)“综合治理”的含义。将“综合治理”纳入安全生产方针，标志着对安全生产的认识上升到了一个新的高度，是贯彻落实科学发展观的具体体现。秉承“安全发展”的理念，从遵循和适应安全生产的规律出发，综合运用法律、经济、行政等手段，人管、法管、技防等多管齐下，并充分发挥社会、职工、舆论的监督作用，从责任、制度、培训等多方面着力，形成标本兼治、齐抓共管的格局。

(4)“安全第一、预防为主、综合治理”的关系。“安全第一、预防为主、综合治理”是一个完整的体系，是相辅相成、辩证统一的整体。“安全第一”是原则，“预防为主”是手段，“综合治理”是方法。“安全第一”是“预防为主、综合治理”的统帅和灵魂，没有“安全第一”的思想，“预防为主”就失去了思想支撑，“综合治理”就失去了整治依据。“预防为主”是实现“安全第一”的根本途径，只有把安全生产的重点放在建立事故预防体系上，超前采取措施，才能有效防止和减少事故。只有采取“综合治理”，才能实现人、机、物、环的统一，实现本质安全，真正把“安全第一、预防为主”落到实处。

## 第二节　煤矿安全生产相关法律法规

### 一、安全生产法律

#### (一)《安全生产法》

《安全生产法》是为了加强安全生产工作，防止和减少生产安全事故，保障人民群众生命和财产安全，促进经济社会持续健康发展而制定的，自 2002 年 11 月 1 日起施行。根据 2021 年 6 月 10 日第十三届全国人民代表大会常务委员会第二十九次会议通过的《关于修改〈中华人民共和国安全生产法〉的决定》第三次修正，自 2021 年 9 月 1 日起施行。内容包括总则、生产经营单位的安全生产保障、从业人员的安全生产权利义务、安全生产的监督管理、生产安全事故的应急救援与调查处理、法律责任和附则等。该法有关安全生产的相关规定如下：

(1) 生产经营单位的从业人员有依法获得安全生产保障的权利，并应当依法履行安全生产方面的义务。

（2）国家对在改善安全生产条件、防止生产安全事故、参加抢险救护等方面取得显著成绩的单位和个人，给予奖励。

（3）生产经营单位应当具备该法和有关法律、行政法规和国家标准或者行业标准规定的安全生产条件；不具备安全生产条件的，不得从事生产经营活动。

（4）生产经营单位的全员安全生产责任制应当明确各岗位的责任人员、责任范围和考核标准等内容。生产经营单位应当建立相应的机制，加强对全员安全生产责任制落实情况的监督考核，保证全员安全生产责任制的落实。

（5）矿山、金属冶炼、建筑施工、运输单位和危险物品的生产、经营、储存、装卸单位，应当设置安全生产管理机构或者配备专职安全生产管理人员。

（6）生产经营单位应当对从业人员进行安全生产教育和培训，保证从业人员具备必要的安全生产知识，熟悉有关的安全生产规章制度和安全操作规程，掌握本岗位的安全操作技能，了解事故应急处理措施，知悉自身在安全生产方面的权利和义务。未经安全生产教育和培训合格的从业人员，不得上岗作业。

生产经营单位应当建立安全生产教育和培训档案，如实记录安全生产教育和培训的时间、内容、参加人员以及考核结果等情况。

（7）生产经营单位采用新工艺、新技术、新材料或者使用新设备，必须了解、掌握其安全技术特性，采取有效的安全防护措施，并对从业人员进行专门的安全生产教育和培训。

（8）国家对严重危及生产安全的工艺、设备实行淘汰制度。生产经营单位不得使用应当淘汰的危及生产安全的工艺、设备。

（9）生产经营单位对重大危险源应当登记建档，进行定期检测、评估、监控，并制定应急预案，告知从业人员和相关人员在紧急情况下应当采取的应急措施。

(10) 生产经营单位必须为从业人员提供符合国家标准或者行业标准的劳动防护用品,并监督、教育从业人员按照使用规则佩戴、使用。

(11) 生产经营单位必须依法参加工伤保险,为从业人员缴纳保险费。

(12) 生产经营单位与从业人员订立的劳动合同,应当载明有关保障从业人员劳动安全、防止职业危害的事项,以及依法为从业人员办理工伤保险的事项。

生产经营单位不得以任何形式与从业人员订立协议,免除或者减轻其对从业人员因生产安全事故伤亡依法应承担的责任。

(13) 生产经营单位的从业人员有权了解其作业场所和工作岗位存在的危险因素、防范措施及事故应急措施,有权对本单位的安全生产工作提出建议。

(14) 从业人员有权对本单位安全生产工作中存在的问题提出批评、检举、控告;有权拒绝违章指挥和强令冒险作业。

生产经营单位不得因从业人员对本单位安全生产工作提出批评、检举、控告或者拒绝违章指挥、强令冒险作业而降低其工资、福利等待遇或者解除与其订立的劳动合同。

(15) 从业人员发现直接危及人身安全的紧急情况时,有权停止作业或者在采取可能的应急措施后撤离作业场所。

生产经营单位不得因从业人员在前款紧急情况下停止作业或者采取紧急撤离措施而降低其工资、福利等待遇或者解除与其订立的劳动合同。

(16) 生产经营单位发生生产安全事故后,应当及时采取措施救治有关人员。

因生产安全事故受到损害的从业人员,除依法享有工伤保险外,依照有关民事法律尚有获得赔偿的权利的,有权提出赔偿要求。

(17) 从业人员在作业过程中，应当严格落实岗位安全责任，遵守本单位的安全生产规章制度和操作规程，服从管理，正确佩戴和使用劳动防护用品。

(18) 工会有权对建设项目的安全设施与主体工程同时设计、同时施工、同时投入生产和使用进行监督，提出意见。

工会对生产经营单位违反安全生产法律、法规，侵犯从业人员合法权益的行为，有权要求纠正；发现生产经营单位违章指挥、强令冒险作业或者发现事故隐患时，有权提出解决的建议，生产经营单位应当及时研究答复；发现危及从业人员生命安全的情况时，有权向生产经营单位建议组织从业人员撤离危险场所，生产经营单位必须立即作出处理。

工会有权依法参加事故调查，向有关部门提出处理意见，并要求追究有关人员的责任。

(19) 生产经营单位对负有安全生产监督管理职责的部门的监督检查人员依法履行监督检查职责，应当予以配合，不得拒绝、阻挠。

(20) 负有安全生产监督管理职责的部门应当建立举报制度，公开举报电话、信箱或者电子邮件地址等网络举报平台，受理有关安全生产的举报；受理的举报事项经调查核实后，应当形成书面材料；需要落实整改措施的，报经有关负责人签字并督促落实。对不属于本部门职责，需要由其他有关部门进行调查处理的，转交其他有关部门处理。

涉及人员死亡的举报事项，应当由县级以上人民政府组织核查处理。

(21) 生产经营单位发生生产安全事故后，事故现场有关人员应当立即报告本单位负责人。

单位负责人接到事故报告后，应当迅速采取有效措施，组织抢救，防止事故扩大，减少人员伤亡和财产损失，并按照国家有关规定立即如实报告当地负有安全生产监督管理职责的部门，不得隐瞒不报、谎报或者迟报，不得故意破坏事故现场、毁灭有关证据。

（二）《劳动法》

《劳动法》是为了保护劳动者的合法权益，调整劳动关系，建立和维护适应社会主义市场经济的劳动制度，促进经济发展和社会进步而制定的，自 1995 年 1 月 1 日起施行。根据 2018 年 12 月 29 日第十三届全国人民代表大会常务委员会第七次会议通过的《关于修改〈中华人民共和国劳动法〉等七部法律的决定》第二次修正。

《劳动法》规定了劳动者享有的基本权利和义务。劳动者享有平等就业和选择职业的权利、取得劳动报酬的权利、休息休假的权利、获得劳动安全卫生保护的权利、接受职业技能培训的权利、享受社会保险和福利的权利、提请劳动争议处理的权利以及法律规定的其他劳动权利。劳动者应当完成劳动任务，提高职业技能，执行劳动安全卫生规程，遵守劳动纪律和职业道德。

国家实行劳动者每日工作时间不超过 8 小时、平均每周工作时间不超过 44 小时的工时制度。用人单位应当保证劳动者每周至少休息一日。劳动者连续工作一年以上的，享受带薪年休假。用人单位与劳动者发生劳动争议，当事人可以依法申请调解、仲裁、提起诉讼，也可以协商解决。

休息日安排劳动者工作又不能安排补休的，支付不低于工资的 200％的工资报酬。

《劳动法》规定：禁止用人单位招用未满 16 周岁的未成年人。

（三）《劳动合同法》

《劳动合同法》是为了完善劳动合同制度，明确劳动合同双方当事人的权利和义务，保护劳动者的合法权益，构建和发展和谐稳定的劳动关系而制定的，自 2008 年 1 月 1 日起施行。该法修正案于

2012年12月28日第十一届全国人民代表大会常务委员会第三十次会议通过，自2013年7月1日起施行。

《劳动合同法》规定，订立劳动合同，应当遵循合法、公平、平等自愿、协商一致、诚实信用的原则。用人单位招用劳动者时，应当如实告知劳动者工作内容、工作条件、工作地点、职业危害、安全生产状况、劳动报酬，以及劳动者要求了解的其他情况；用人单位有权了解劳动者与劳动合同直接相关的基本情况，劳动者应当如实说明。

劳动合同应当具备以下条款：① 用人单位的名称、住所和法定代表人或者主要负责人；② 劳动者的姓名、住址和居民身份证或者其他有效身份证件号码；③ 劳动合同期限；④ 工作内容和工作地点；⑤ 工作时间和休息休假；⑥ 劳动报酬；⑦ 社会保险；⑧ 劳动保护、劳动条件和职业危害防护；⑨ 法律、法规规定应当纳入劳动合同的其他事项。

劳动合同期限3个月以上不满1年的，试用期不得超过1个月；劳动合同期限1年以上不满3年的，试用期不得超过2个月；3年以上固定期限和无固定期限的劳动合同，试用期不得超过6个月。劳动者在试用期的工资不得低于本单位相同岗位最低档工资或者劳动合同约定工资的百分之八十，并不得低于用人单位所在地的最低工资标准。

劳动者拒绝用人单位管理人员违章指挥、强令冒险作业的不视为违反劳动合同。

（四）《刑法修正案（十一）》

《刑法》是规定犯罪、刑事责任和刑罚的法律，是追究安全生产违法犯罪行为刑事责任的重要依据。

2020年12月26日第十三届全国人民代表大会常务委员会第二十四次会议通过的《中华人民共和国刑法修正案（十一）》，自2021年3月1日起施行。其中涉及安全生产的主要内容如下：

(1) 强令他人违章冒险作业，或者明知存在重大事故隐患而不排除，仍冒险组织作业，因而发生重大伤亡事故或者造成其他严重后果的，处五年以下有期徒刑或者拘役；情节特别恶劣的，处五年以上有期徒刑。

(2) 在生产、作业中违反有关安全管理的规定，有下列情形之一，具有发生重大伤亡事故或者其他严重后果的现实危险的，处一年以下有期徒刑、拘役或者管制：

① 关闭、破坏直接关系生产安全的监控、报警、防护、救生设备、设施，或者篡改、隐瞒、销毁其相关数据、信息的；

② 因存在重大事故隐患被依法责令停产停业、停止施工、停止使用有关设备、设施、场所或者立即采取排除危险的整改措施，而拒不执行的；

③ 涉及安全生产的事项未经依法批准或者许可，擅自从事矿山开采、金属冶炼、建筑施工，以及危险物品生产、经营、储存等高度危险的生产作业活动的。

### (五)《职业病防治法》

《职业病防治法》是为了预防、控制和消除职业病危害，防治职业病，保护劳动者健康及其相关权益，促进经济发展而制定的，自2002年5月1日起施行。根据2018年12月29日第十三届全国人民代表大会常务委员会第七次会议通过的《关于修改〈中华人民共和国劳动法〉等七部法律的决定》第四次修正。

《职业病防治法》规定，职业病防治工作坚持预防为主、防治结合的方针，建立用人单位负责、行政机关监管、行业自律、职工参与和社会监管的机制，实行分类管理、综合治理。劳动者依法享有职业卫生保护的权利。

该法所称职业病，是指企业、事业单位和个体经济组织等用人单位的劳动者在职业活动中，因接触粉尘、放射性物质和其他有毒、有害因素而引起的疾病。

（六）《煤炭法》

《煤炭法》于 1996 年 8 月 29 日第八届全国人民代表大会常务委员会第二十一次会议通过，自 1996 年 12 月 1 日起施行。2016 年 11 月 7 日对该法进行了第四次修正，自修正之日起施行。《煤炭法》在劳动者职业安全保护方面的相关规定有：

(1) 煤矿企业必须坚持安全第一、预防为主的安全生产方针，建立健全安全生产的责任制度和群防群治制度。

(2) 各级人民政府及其有关部门和煤矿企业必须采取措施加强劳动保护，保障煤矿职工的安全和健康。国家对煤矿井下作业的职工采取特殊保护措施。

(3) 煤矿企业应当对职工进行安全生产教育、培训；未经安全生产教育、培训的，不得上岗作业。煤矿企业职工必须遵守有关安全生产的法律、法规、煤炭行业规章、规程和企业规章制度。

(4) 在煤矿井下作业中，出现危及职工生命安全并无法排除的紧急情况时，作业现场负责人或者安全管理人员应当立即组织职工撤离危险现场，并及时报告有关方面负责人。

(5) 煤矿企业必须为职工提供保障安全生产所需的劳动保护用品。

(6) 煤矿企业应当依法为职工参加工伤保险缴纳工伤保险费。鼓励企业为井下作业职工办理意外伤害保险，支付保险费。

（七）《矿山安全法》

《矿山安全法》是为了保障矿山生产安全，防止矿山事故，保护矿山职工人身安全，促进采矿业的发展而制定的，于 1992 年 11 月 7 日第七届全国人民代表大会常务委员会第二十八次会议通过，自 1993 年 5 月 1 日起施行。2009 年 8 月 27 日对该法进行了修正，自公布之日起施行。该法有关从业人员安全保护方面的规定有：

(1) 矿山企业必须具有保障安全生产的设施，建立、健全安全管理制度，采取有效措施改善职工劳动条件，加强矿山安全管理工作，保证安全生产。

(2) 每个矿井必须有两个以上能行人的安全出口，出口之间的直线水平距离必须符合矿山安全规程和行业技术规范。

(3) 矿山企业必须对机电设备及其防护装置、安全检测仪器定期检查、维修，保证使用安全。

(4) 矿山企业必须对作业场所中的有毒有害物质和井下空气含氧量进行检测，保证符合安全要求。

(5) 矿山企业职工必须遵守有关矿山安全的法律、法规和企业规章制度。矿山企业职工有权对危害安全的行为提出批评、检举和控告。

(6) 矿山企业必须对职工进行安全教育、培训；未经安全教育、培训的，不得上岗作业。矿山企业安全生产的特种作业人员必须接受专门培训，经考核合格取得操作资格证书的，方可上岗作业。

## 二、行政法规及国务院安全生产相关文件

### (一)《中共中央办公厅 国务院办公厅关于进一步加强矿山安全生产工作的意见》

矿山安全生产事关人民群众生命财产安全，事关经济发展和社会稳定大局，是安全生产的重中之重。为深入贯彻党的二十大精神，进一步加强矿山安全生产工作，党中央、国务院发布了《中共中央办公厅 国务院办公厅关于进一步加强矿山安全生产工作的意见》(以下简称《意见》)。

《意见》就煤矿从业人员安全做了如下规定：

(1) 加快矿山升级改造。推动中小型矿山机械化升级改造和大型矿山自动化、智能化升级改造，加快灾害严重、高海拔等矿山智能化建设，打造一批自动化、智能化标杆矿山。地下矿山应当建立人

员定位、安全监测监控、通信联络、压风自救和供水施救等系统。

(2) 健全矿山安全管理体系。矿山企业应当健全以安全风险分级管控和隐患排查治理双重预防机制为核心的安全生产标准化管理体系。严格开展风险辨识评估并实施分级管控,定期开展全员全覆盖隐患排查治理,建立风险隐患台账清单,实行闭环管理。

(3) 提升风险监测预警处置能力。地下矿山应当建立应急广播等通信系统,确保应急指令能第一时间传达至影响范围内所有人员。强化灾害性天气预警预报,遇极端天气严禁人员入井。

(4) 强化安全基础管理。矿山企业应当建立健全并落实全员安全生产岗位责任制和安全生产管理制度。未经安全培训合格的从业人员不得上岗作业。首次取证的地下矿山特种作业人员应当具有高中以上文化程度。严格井下劳动定员管理,不得超定员安排人员下井作业,提高井下艰苦岗位津贴。取消井下劳务派遣用工,矿山企业或承包单位对欠薪应依法承担清偿责任。

(二)《煤矿安全生产条例》

为了加强煤矿安全生产工作,防止和减少煤矿生产安全事故,保障人民群众生命财产安全,2023 年 12 月 18 日国务院第 21 次常务会议通过了《煤矿安全生产条例》,该条例自 2024 年 5 月 1 日起施行。

《煤矿安全生产条例》就煤矿安全生产做了以下相关规定:

(1) 煤矿企业应当履行安全生产主体责任,加强安全生产管理,建立健全并落实全员安全生产责任制和安全生产规章制度,加大对安全生产资金、物资、技术、人员的投入保障力度,改善安全生产条件,加强安全生产标准化、信息化建设,构建安全风险分级管控和隐患排查治理双重预防机制,健全风险防范化解机制,提高安全生产水平,确保安全生产。

煤矿企业主要负责人(含实际控制人,下同)是本企业安全生产第一责任人，对本企业安全生产工作全面负责。其他负责人对职责范围内的安全生产工作负责。

(2) 煤矿企业从业人员有依法获得安全生产保障的权利，并应当依法履行安全生产方面的义务。

(3) 煤矿企业从业人员负有下列安全生产职责：

① 遵守煤矿企业安全生产规章制度和作业规程、操作规程，严格落实岗位安全责任；

② 参加安全生产教育和培训，掌握本职工作所需的安全生产知识，提高安全生产技能，增强事故预防和应急处理能力；

③ 及时报告发现的事故隐患或者其他不安全因素。

对违章指挥和强令冒险作业的行为，煤矿企业从业人员有权拒绝并向县级以上地方人民政府负有煤矿安全生产监督管理职责的部门、所在地矿山安全监察机构报告。

煤矿企业不得因从业人员拒绝违章指挥或者强令冒险作业而降低其工资、福利等待遇，无正当理由调整工作岗位，或者解除与其订立的劳动合同。

(4) 煤矿企业主要负责人和安全生产管理人员应当通过安全生产知识和管理能力考核，并持续保持相应水平和能力。

煤矿企业从业人员经安全生产教育和培训合格，方可上岗作业。煤矿企业特种作业人员应当按照国家有关规定经专门的安全技术培训和考核合格，并取得相应资格。

(5) 煤矿企业应当为从业人员提供符合国家标准或者行业标准的劳动防护用品，并监督、教育从业人员按照使用规则佩戴、使用。

煤矿井下作业人员实行安全限员制度。煤矿企业应当依法制定井下工作时间管理制度。煤矿井下工作岗位不得使用劳务派遣用工。

(6) 煤矿的采煤、掘进、机电、运输、通风、排水、排土等主要生产系统和防瓦斯、防煤(岩)与瓦斯(二氧化碳)突出、防冲击地压、防火、防治水、防尘、防热害、防滑坡、监控与通信等安全设施,应当符合煤矿安全规程和国家标准或者行业标准规定的管理和技术要求。

煤矿企业及其有关人员不得关闭、破坏直接关系生产安全的监控、报警、防护、救生设备、设施,或者篡改、隐瞒、销毁其相关数据、信息,不得以任何方式影响其正常使用。

(三)《生产安全事故报告和调查处理条例》

《生产安全事故报告和调查处理条例》是为了规范生产安全事故的报告和调查处理,落实生产安全事故责任追究制度,防止和减少生产安全事故而制定的,自 2007 年 6 月 1 日起施行。

该条例将事故划分为特别重大事故、重大事故、较大事故和一般事故 4 个等级。

(1) 特别重大事故,是指造成 30 人以上死亡,或者 100 人以上重伤(包括急性工业中毒,下同),或者 1 亿元以上直接经济损失的事故。

(2) 重大事故,是指造成 10 人以上 30 人以下死亡,或者 50 人以上 100 人以下重伤,或者 5 000 万元以上 1 亿元以下直接经济损失的事故。

(3) 较大事故,是指造成 3 人以上 10 人以下死亡,或者 10 人以上 50 人以下重伤,或者 1 000 万元以上 5 000 万元以下直接经济损失的事故。

(4) 一般事故,是指造成 3 人以下死亡,或者 10 人以下重伤,或者 1 000 万元以下直接经济损失的事故。

注:“以上”包括本数,“以下”不包括本数。

事故报告应当及时、准确、完整,任何单位和个人对事故不得迟报、漏报、谎报或者瞒报。事故发生后,事故现场有关人员应当立即向本单位负责人报告;单位负责人接到报告后,应当于 1 小时内向事故发生地县级以上人民政府安全生产监督管理部门和负有安全生产监督管理职责的有关部门报告。

(四)《工伤保险条例》

《工伤保险条例》是为了保障因工作遭受事故伤害或者患职业病的职工获得医疗救治和经济补偿,促进工伤预防和职业康复,分散用人单位的工伤风险而制定的,自2004年1月1日起施行。该条例于2010年12月20日进行了修订,自2011年1月1日起施行。

《工伤保险条例》主要内容包括总则、工伤保险基金、工伤认定、劳动能力鉴定、工伤保险待遇、监督管理、法律责任、附则等。

该条例规定用人单位应当按时缴纳工伤保险费,职工个人不缴纳工伤保险费;职工因工作遭受事故伤害或者患职业病进行治疗,享受工伤医疗待遇;职工因工作遭受事故伤害或者患职业病需要暂停工作接受工伤医疗的,在停工留薪期内,原工资福利待遇不变,由所在单位按月支付;生活不能自理的工伤职工在停工留薪期需要护理的,由所在单位负责。

职工有下列情形之一的,应当认定为工伤:

① 在工作时间和工作场所内,因工作原因受到事故伤害的;

② 工作时间前后在工作场所内,从事与工作有关的预备性或者收尾性工作受到事故伤害的;

③ 在工作时间和工作场所内,因履行工作职责受到暴力等意外伤害的;

④ 患职业病的;

⑤ 因工外出期间,由于工作原因受到伤害或者发生事故下落不明的;

⑥ 在上下班途中,受到非本人主要责任的交通事故或者城市轨道交通、客运轮渡、火车事故伤害的;

⑦ 法律、行政法规规定应当认定为工伤的其他情形。

职工有下列情形之一的，不得认定为工伤或者视同工伤：

① 故意犯罪的；

② 醉酒或者吸毒的；

③ 自残或者自杀的。

（五）《国务院关于进一步加强企业安全生产工作的通知》

国务院以国发〔2010〕23号文件下发了《国务院关于进一步加强企业安全生产工作的通知》。其总体要求是：坚持“安全第一、预防为主、综合治理”的方针，全面加强企业安全管理，健全规章制度，完善安全标准，提高企业技术水平，夯实安全生产基础；坚持依法依规生产经营，切实加强安全监管，强化企业安全生产主体责任落实和责任追究，促进我国安全生产形势实现根本好转。

企业要加强对生产现场监督检查，严格查处违章指挥、违章作业、违反劳动纪律的“三违”行为。凡超能力、超强度、超定员组织生产的，要责令停产停工整顿。要经常性开展安全隐患排查，并切实做到整改措施、责任、资金、时限和预案“五到位”。主要负责人和领导班子成员要轮流现场带班。煤矿、非煤矿山要有矿领导带班并与工人同时下井、同时升井。

煤矿要安装安全避险“六大系统”等技术装备；企业要建立完善安全生产动态监控及预警预报体系，每月进行一次安全生产风险分析；要提高工伤事故死亡职工一次性赔偿标准，依照《工伤保险条例》的规定，对因生产安全事故造成的职工死亡，其一次性工亡补助金标准调整为按全国上一年度城镇居民人均可支配收入的20倍计算，发放给工亡职工近亲属。

（六）《国务院办公厅关于进一步加强煤矿安全生产工作的意见》

为了深刻汲取事故教训，坚守发展决不能以牺牲人的生命为代价的红线，始终把矿工生命安全放在首位，大力推进煤矿安全治本攻坚，建立健全煤矿安全长效机制，坚决遏制煤矿重特大事故发生，经国务院同意，国务院办公厅以国办发〔2013〕99号文件下发了《国务院办公厅关于进一步加强煤矿安全生产工作的意见》。

该意见指出，煤矿矿长要落实安全生产责任，切实保护矿工生命安全；要保护煤矿工人权益，研究确定煤矿工人小时最低工资标准，提高下井补贴标准，提高煤矿工人收入，严格执行国家法定工时制度，停产整顿煤矿必须按期发放工人工资；煤矿必须依法配备劳动保护用品，定期组织职业健康检查，加强尘肺病防治工作，建设标准化的食堂、澡堂和宿舍；要提高煤矿工人素质，加强煤矿班组安全建设，加快变“招工”为“招生”，强化矿工实际操作技能培训与考核，所有煤矿从业人员必须经考试合格后持证上岗。

（七）《关于防范遏制矿山领域重特大生产安全事故的硬措施》

为坚决防范遏制矿山领域重特大生产安全事故，针对当前矿山安全存在的突出问题，国务院安全生产委员会于2024年1月16日印发了《关于防范遏制矿山领域重特大生产安全事故的硬措施》（以下简称《硬措施》）。《硬措施》出台的意义如下：

第一，《硬措施》是贯彻落实习近平总书记关于安全生产重要论述的迫切需要。《硬措施》是安全发展理念、“两个至上”、红线意识的细化、深化、具体化，必须坚决守住守牢。第二，《硬措施》是实现高质量发展和高水平安全良性互动的迫切需要。《硬措施》完整、准确、全面贯彻新发展理念，为托住矿山安全生产之底、稳控当前形势提供强力支撑。第三，《硬措施》是推动矿山安全治理模式向事前预防转型的现实需要。《硬措施》突出“防”字，聚焦矿山安全生产“一件事”全链条全方位压实责任，着力推动矿山安全治理模式向事前预防转型。第四，《硬措施》是扭转当前矿山领域重特大事故多发势头的现实需要。《硬措施》从“八个方面”回答了防范遏制矿山领域重特大生产安全事故要做什么、怎么做、不做怎么办，为扭转当前被动局面指明方向、提供路径、明确方法。

《硬措施》提出了八个方面的具体措施:① 一体压实各级矿山安全生产责任;② 切实提高风险隐患排查整改质量;③ 重拳出击“打非治违”;④ 强化重大灾害治理;⑤ 大力提升从业人员素质;⑥ 严格项目审批和安全生产许可;⑦ 强化矿山安全国家监察督政;⑧ 严格事故调查和警示教育。

《硬措施》规定:① 从业人员必须熟知各类灾害避灾路线、地面建筑场所的安全疏散通道和自救逃生方法;不熟悉避灾逃生路线,或者不能熟练使用自救器等紧急自救装备的,不得安排上岗作业。② 加大典型事故案例媒体曝光力度,警醒各地、各部门、各矿山企业深刻吸取教训,切实做到“一方出事故、多方受教育,一地有隐患、全国受警示”,形成齐抓共管的良好氛围。

## 三、安全生产规章、细则、行业标准

### (一)《煤矿安全规程》

《应急管理部关于修改〈煤矿安全规程〉的决定》经 2021 年 8 月 17 日应急管理部第 27 次部务会议审议通过,该规程自 2022 年 4 月 1 日起施行。《煤矿安全规程》是煤矿企业必须遵守的法定规程,制定目的是保障煤矿安全生产和从业人员的人身安全与健康,防止煤矿事故与职业病危害。

《煤矿安全规程》主要内容包括:总则、地质保障、井工煤矿、露天煤矿、职业病危害防治、应急救援、附则和附录等。

《煤矿安全规程》中的每一项条款都是一起起事故经验的总结。条条规程血染成,不要用血再验证,不能让事故一而再、再而三地重演。因此,通过加深对《煤矿安全规程》的学习和理解,增强关注安全、关爱生命的责任感,提高遵章指挥、遵章作业、遵守劳动纪律的自觉性,实现矿井本质安全。

《煤矿安全规程》有关煤矿班组长的规定如下:

(1) 严格执行敲帮问顶及围岩观测制度。开工前,班组长必须对工作面安全情况进行全面检查，确认无危险后，方准人员进入工作面。

(2) 当井下出现瓦斯超限、煤与瓦斯突出、火灾、水灾等事故时，班组长有权责令现场作业人员停止作业，停电撤人。

(3) 爆破前，班组长必须亲自布置专人将工作面所有人员撤离警戒区域，并在警戒线和可能进入爆破地点的所有通路上布置专人担任警戒工作。警戒人员必须在安全地点警戒。警戒线处应当设置警戒牌、栏杆或者拉绳。

(4) 井下爆破要执行“三人连锁爆破”制度，即爆破工、班组长、瓦检工三人必须同时自始至终参加爆破工作过程，并执行换牌制。

(二)《防治煤与瓦斯突出细则》

为了加强防治煤(岩)与瓦斯(二氧化碳)突出工作，预防煤矿事故，保障从业人员生命安全，国家煤矿安全监察局于 2019 年 7 月 16 日颁布了《防治煤与瓦斯突出细则》，该细则自 2019 年 10 月 1 日起施行。

《防治煤与瓦斯突出细则》主要内容包括：总则、一般规定、区域综合防突措施、局部综合防突措施、防治岩石与二氧化碳(瓦斯)突出措施和附则。

煤与瓦斯突出矿井的所有管理人员以及作业人员都必须认真学习《防治煤与瓦斯突出细则》，只有这样才能实现防突工作过程管理标准化与规范化，从而达到突出煤层消灭瓦斯突出动力现象、突出矿井全面消灭突出事故的高标准防突目标。该细则相关规定如下：

(1) 防突工作必须坚持“区域综合防突措施先行、局部综合防突措施补充”的原则，按照“一矿一策、一面一策”的要求，实现“先抽后建、先抽后掘、先抽后采、预抽达标”。突出煤层必须采取两个“四位一体”综合防突措施，做到多措并举、可保必保、应抽尽抽、效果达标，否则严禁采掘活动。

(2) 突出矿井的管理人员和井下工作人员必须接受防突知识的培训，经考试合格后方可上岗作业。

各类人员的培训达到下列要求：

① 突出矿井的井下工作人员的培训内容包括防突基本知识以及与本岗位相关的防突规章制度。

② 突出矿井的区(队)长、班组长和有关职能部门的工作人员应当全面熟悉两个"四位一体"综合防突措施、防突的规章制度等内容。

③ 突出矿井的防突工属于特种作业人员，必须接受防突知识、操作技能的专门培训，并取得特种作业操作证。

④ 有突出矿井的煤矿企业技术负责人和突出矿井的矿长、总工程师应当接受防突专项培训，具备突出矿井的安全生产知识和管理能力。

(三)《煤矿防灭火细则》

为了加强煤矿防灭火工作，有效防控煤矿火灾事故，保障煤矿安全生产及从业人员生命安全和健康，国家矿山安全监察局于 2021 年 10 月 12 日颁布了《煤矿防灭火细则》，该细则自 2022 年 1 月 1 日起施行。

《煤矿防灭火细则》主要内容包括：总则、一般规定、井下火灾监测监控、防火技术、应急处置、井下火区管理、露天煤矿防灭火和附则。

《煤矿防灭火细则》是指导现阶段煤矿防灭火工作的指南，更是《煤矿安全规程》对煤矿防灭火基本要求的延伸与细化，所以我们必须认真学习、领悟精髓、严格落实，这也是每一名煤矿从业人员保证自己生命安全的需要，更是煤矿企业免受火灾威胁与保障健康发展的需要。该细则相关规定如下：

(1) 煤矿防灭火工作必须坚持预防为主、早期预警、因地制宜、综合治理的原则，制定井上、下防灭火措施。

(2) 井下严格实行明火管制，并符合下列规定：

① 严禁在采掘工作面进行电焊、气割等动火作业。

② 严禁携带烟草和点火物品，严禁穿化纤衣服入井。

③ 井下严禁使用灯泡取暖和使用电炉。

④ 井下爆破作业时，应当按照矿井瓦斯等级选用煤矿许用炸药和雷管，并严格按施工工艺进行爆破。

⑤ 井口和井下电气设备必须装设防雷击和防短路的保护装置。

(3) 当井下发现自然发火征兆时，必须停止作业，立即采取有效措施处置。在发火征兆不能得到有效控制时，必须撤出人员，封闭危险区域。进行封闭施工作业时，其他区域所有人员必须全部撤出。

(4) 任何人发现井下火灾时，应当视火灾性质、灾区通风和瓦斯情况，立即采取一切可能的方法直接灭火，控制火势，并迅速报告矿调度室。矿调度室在接到井下火灾报告后，应当立即按灾害预防和处理计划通知有关人员组织抢救灾区人员和实施灭火工作。

(5) 煤矿值班调度和在现场的区、队、班组长应当依照灾害预防和处理计划的规定，将所有可能受火灾威胁区域中的人员撤离，并组织人员灭火。电气设备着火时，应当首先切断其电源；在切断电源前，必须使用不导电的灭火器材进行灭火。

(6) 抢救人员和灭火过程中，必须指定专人检查甲烷、一氧化碳、煤尘以及其他有害气体浓度和风向、风量的变化，并采取防止瓦斯、煤尘爆炸和人员中毒的安全措施。

(四)《煤矿防治水细则》

为了加强煤矿防治水工作，防止和减少事故，保障职工生命安全和健康，国家煤矿安全监察局于 2018 年 6 月 4 日颁布了《煤矿防治水细则》,该细则自 2018 年 9 月 1 日起施行。

《煤矿防治水细则》主要内容包括:总则、矿井水文地质类型划分及基础资料、矿井水文地质补充勘探、井下探放水、矿井防治水技术、露天煤矿防治水、水害应急处置和附则。

《煤矿防治水细则》体现了煤矿防治水工作从防治理念到技术与管理的科学性和先进性,是煤矿防治水工作的指南,更是煤矿开展防治水工作的强制性规范,所以煤矿从业人员必须认真学好与用好《煤矿防治水细则》,才能真正使煤矿水患治理工作方法科学、技术先进、措施合理、治理高效。该细则相关规定如下:

(1) 煤矿防治水工作应当坚持预测预报、有疑必探、先探后掘、先治后采的原则,根据不同水文地质条件,采取探、防、堵、疏、排、截、监等综合防治措施。

(2) 煤矿主要负责人必须赋予调度员、安检员、井下带班人员、班组长等相关人员紧急撤人的权力,发现突水(透水、溃水,下同)征兆、极端天气可能导致淹井等重大险情,立即撤出所有受水患威胁地点的人员,在原因未查清、隐患未排除之前,不得进行任何采掘活动。

(3) 煤炭企业、煤矿应当对井下职工进行防治水知识的教育和培训,对防治水专业人员进行新技术、新方法的再教育,提高防治水工作技能和有效处置水灾的应急能力。

(五)《防治煤矿冲击地压细则》

为了加强煤矿冲击地压防治工作,有效预防冲击地压事故,保障煤矿职工安全,国家煤矿安全监察局于 2018 年 5 月 2 日颁布了《防治煤矿冲击地压细则》,该细则自 2018 年 8 月 1 日起施行。

《防治煤矿冲击地压细则》主要内容包括:总则,一般规定,冲击危险性预测、监测、效果检验,区域与局部防冲措施,冲击地压安全防护措施和附则。

《防治煤矿冲击地压细则》，细化了《煤矿安全规程》对煤矿冲击地压防治与防控工作的规定，增强了《煤矿安全规程》的可执行性与操作性，对规范冲击地压矿井的冲击地压防治与防控管理工作具有重大意义。因此，只有全面学习、掌握《防治煤矿冲击地压细则》的相关规定，才能更有效地防治煤矿冲击地压，确保煤矿开采安全。该细则相关规定如下：

（1）冲击地压是指煤矿井巷或工作面周围煤（岩）体由于弹性变形能的瞬时释放而产生的突然、剧烈破坏的动力现象，常伴有煤（岩）体瞬间位移、抛出、巨响及气浪等。

（2）冲击地压防治应当坚持“区域先行、局部跟进、分区管理、分类防治”的原则。

（3）冲击地压矿井必须依据冲击地压防治培训制度，定期对井下相关的作业人员、班组长、技术员、区队长、防冲专业人员与管理人员进行冲击地压防治的教育和培训，保证防冲相关人员具备必要的岗位防冲知识和技能。

（六）《煤矿地质工作细则》

为了加强和规范煤矿地质工作，为煤矿安全生产提供地质保障，有效预防煤矿事故，国家矿山安全监察局于 2023 年 12 月 29 日颁布了《煤矿地质工作细则》，该细则自 2024 年 3 月 1 日起施行。

《煤矿地质工作细则》主要内容包括：总则、煤矿地质类型划分及基础资料、煤矿隐蔽致灾地质因素普查、煤矿地质补充调查与勘探、煤矿地质观测与综合分析、煤矿建设阶段地质工作、煤矿生产阶段地质工作、煤矿闭坑阶段地质工作、煤矿地质数字化工作、附则和附录等。该细则相关规定如下：

（1）煤矿地质工作应当坚持“综合勘查、科学分析、预测预报、保障安全”的原则。

（2）煤矿地质工作的主要任务包括：

① 研究煤矿地层、地质构造、煤层、煤质、瓦斯、水文地质、冲击地压、工程地质和其他开采地质条件等地质特征及其变化规律，开展地质类型划分；

② 查明影响煤矿安全生产的各种隐蔽致灾地质因素；

③ 进行地质补充调查与勘探、地质观测、资料编录和综合分析，提供煤矿建设和生产各个阶段所需要的地质资料，解决煤矿安全生产中的各种地质问题；

④ 估算和核实煤矿煤炭资源储量以及煤矿瓦斯（煤层气）资源储量，掌握资源储量动态，为合理安排生产提供可靠依据；

⑤ 调查、研究煤矿含煤地层中共（伴）生矿产的赋存情况和开采利用价值。

（七）《煤矿重大事故隐患判定标准》

为了准确认定、及时消除煤矿重大事故隐患，应急管理部于2020年11月2日颁布了《煤矿重大事故隐患判定标准》，该判定标准自2021年1月1日起施行。

该判定标准规定，煤矿重大事故隐患包括下列15个方面：

（1）超能力、超强度或者超定员组织生产。

（2）瓦斯超限作业。

（3）煤与瓦斯突出矿井，未依照规定实施防突出措施。

（4）高瓦斯矿井未建立瓦斯抽采系统和监控系统，或者系统不能正常运行。

（5）通风系统不完善、不可靠。

（6）有严重水患，未采取有效措施。

（7）超层越界开采。

（8）有冲击地压危险，未采取有效措施。

（9）自然发火严重，未采取有效措施。

（10）使用明令禁止使用或者淘汰的设备、工艺。

(11) 煤矿没有双回路供电系统。

(12) 新建煤矿边建设边生产，煤矿改扩建期间，在改扩建的区域生产，或者在其他区域的生产超出安全设施设计规定的范围和规模。

(13) 煤矿实行整体承包生产经营后，未重新取得或者及时变更安全生产许可证而从事生产，或者承包方再次转包，以及将井下采掘工作面和井巷维修作业进行劳务承包。

(14) 煤矿改制期间，未明确安全生产责任人和安全管理机构，或者在完成改制后，未重新取得或者变更采矿许可证、安全生产许可证和营业执照。

(15) 其他重大事故隐患。

### (八)《煤矿安全生产标准化管理体系考核定级办法》和《煤矿安全生产标准化管理体系基本要求及评分方法》

为进一步加强煤矿安全生产基础建设，提升煤矿安全保障能力，国家矿山安全监察局组织制定了《煤矿安全生产标准化管理体系考核定级办法》和《煤矿安全生产标准化管理体系基本要求及评分方法》，自 2024 年 11 月 1 日起施行。

#### 1.《煤矿安全生产标准化管理体系考核定级办法》

(1)《煤矿安全生产标准化管理体系考核定级办法》规定，煤矿安全生产标准化管理体系等级分为一级、二级、三级 3 个等级，所应达到的要求为：

一级：煤矿安全生产标准化管理体系考核总得分不低于 90 分，重大灾害防治、专业管理部分评分不低于 90 分，安全基础管理部分评分不低于 85 分，且不存在下列情形：

① 发生生产安全死亡事故，自事故发生之日起，一般事故未满 1 年、较大及重大事故未满 2 年、特别重大事故未满 3 年的；

② 安全生产标准化管理体系一级检查考核未通过，自考核定级

部门检查之日起未满1年的；

③ 被降级或撤销等级未满1年的；

④ 被列入安全生产严重失信主体名单管理期间的。

二级：煤矿安全生产标准化管理体系考核总得分及各管理部分得分均不低于80分，且不存在下列情形：

① 发生生产安全死亡事故，自事故发生之日起，一般事故未满半年、较大及重大事故未满1年、特别重大事故未满2年的；

② 被降级或撤销等级未满半年的。

三级：煤矿安全生产标准化管理体系考核总得分及各管理部分得分均不低于70分。

(2) 煤矿安全生产标准化管理体系等级实行分级考核定级。

申报一级的煤矿由省级煤矿安全生产标准化工作主管部门组织初审，国家矿山安全监察局组织考核定级。申报二级、三级的煤矿，初审和考核定级部门由省级煤矿安全生产标准化工作主管部门确定。

(3) 煤矿安全生产标准化管理体系考核定级按照企业自评申报、初审、考核、公示、公告的程序进行。煤矿安全生产标准化管理体系考核定级部门原则上应在收到煤矿企业申请后的60个工作日内完成考核定级。煤矿和各级煤矿安全生产标准化工作主管部门，应通过国家矿山安全监察局"矿山安全生产综合信息系统—安全生产标准化"(以下简称"信息系统")，完成申报、初审、考核、公示、公告等各环节工作。未按照规定的程序和信息化方式开展考核定级等工作的，不予公告确认。

2.《煤矿安全生产标准化管理体系基本要求及评分方法》

煤矿是安全生产的责任主体，必须建立健全煤矿安全生产标准化管理体系，通过制定安全生产目标，设置机构，配备人员，建立并落实安全生产责任制和安全管理制度，提升从业人员素质，开展安全风险分级管控、隐患排查治理，聚焦重大灾害防治，抓好各专业管理，不断规范、持续改进安全生产管理，实现安全生产。

煤矿安全生产标准化管理体系考核定级执行《煤矿安全生产标准化管理体系基本要求及评分方法》。

煤矿安全生产标准化管理体系包括安全基础管理、重大灾害防治、专业管理三个部分。

（九）《国家卫生健康委办公厅关于进一步加强用人单位职业健康培训工作的通知》

为贯彻落实《国家职业病防治规划（2021—2025 年）》，强化用人单位主体责任，严格落实职业健康培训制度，国家卫生健康委员会办公厅于 2022 年 12 月 29 日发布了《国家卫生健康委办公厅关于进一步加强用人单位职业健康培训工作的通知》。通知对职业健康培训做了如下规定：

（1）建立健全职业健康培训管理制度。用人单位要建立健全职业病防治宣传教育培训制度，明确职业健康培训工作的管理部门和管理人员，制定职业健康培训年度计划，做好职业健康培训保障，规范职业健康培训档案资料管理。职业健康培训档案应包括年度培训计划，主要负责人、职业健康管理人员和劳动者培训相关记录材料等。记录材料应包括培训时间、培训签到表、培训内容、培训合格材料，以及培训照片与视频材料等。

（2）按时接受职业健康培训。用人单位主要负责人、职业健康管理人员和劳动者应按时接受职业健康培训。主要负责人和职业健康管理人员应当在任职后 3 个月内接受职业健康培训，初次培训不得少于 16 学时，之后每年接受一次继续教育，继续教育不得少于 8 学时。劳动者上岗前应接受职业健康培训，上岗前培训不得少于 8 学时，之后每年接受一次在岗培训，在岗培训不得少于 4 学时。煤矿新工人上岗前培训内容包括：职业健康相关法律法规、单位职业健康管理制度和操作规程、职业病危害防治基础知识、职业健康管理知识及职业健康相关工作。

(3) 加强职业健康培训组织管理。用人单位应当按照本单位的培训制度以及年度培训计划组织开展劳动者上岗前和在岗期间职业健康培训,提高劳动者职业健康素养和技能。因变更工艺、技术、设备、材料,或者岗位调整导致劳动者接触的职业病危害因素发生变化的,用人单位应当重新对劳动者进行上岗前职业健康培训。用人单位可以自行组织开展劳动者职业健康培训,无培训能力的用人单位也可委托职业健康培训机构组织开展。放射工作人员培训内容及学时根据《放射工作人员职业健康管理办法》等相关规定执行。对主要负责人、职业健康管理人员的培训,用人单位可以根据本单位情况及卫生健康行政部门的要求,聘请相关专家进行培训,或参加职业健康培训机构开展的培训。用人单位应当加强对存在矽尘、石棉粉尘、高毒物品等严重职业病危害因素岗位劳动者的职业健康培训,经培训考核合格后方可安排劳动者上岗作业。

(4) 提高职业健康培训实效。用人单位要根据所属行业特点和劳动者接触职业病危害因素情况,合理确定培训内容和培训时间,明确培训方式、培训考核办法和合格标准,满足不同岗位劳动者的培训需求。确保用人单位主要负责人和职业健康管理人员具备与所从事的生产经营活动相适应的职业健康知识和管理能力,劳动者具备职业病防护意识,了解职业病防治法律法规,熟悉相关职业健康知识和职业卫生权利义务,掌握岗位操作规程,能够正确使用职业病防护设施和职业病防护用品。

(5) 规范劳务派遣劳动者等人员的职业健康培训工作。使用劳务派遣劳动者的用人单位应当将被派遣劳动者纳入本单位职业健康培训对象统一管理。外包单位应当对劳动者进行必要的职业健康教育和培训。接收在校学生实习的用人单位应当对实习学生进行上岗前职业健康培训，提供必要的职业病防护用品；对实习期超过一年的实习学生进行在岗期间职业健康培训。

## 第三节 煤矿从业人员安全生产的权利与义务

### 一、煤矿从业人员安全生产的权利

#### （一）劳动保护和提请劳动争议处理权

职工有要求用人单位保障职工的劳动安全、防治职业病危害的权利。职工与用人单位建立劳动关系时，应当要求订立劳动合同，劳动合同应当载明为职工提供符合国家法律、法规、标准规定的劳动安全卫生条件和必要的劳动防护用品，工作场所存在的职业病危害因素以及有效的防护措施，对从事有毒有害作业的职工定期进行健康检查，依法为职工办理工伤保险等。

当职工的劳动保护权益受到损害时，或者因劳动保护问题与用人单位发生纠纷时，有向有关部门提请劳动争议处理的权利。

#### （二）安全生产知情权

职工有权了解作业场所和工作岗位存在的危险因素、危害后果，以及针对危险因素应采取的防范措施和事故应急措施，用人单位必须向职工如实告知，不得隐瞒和欺骗。如果用人单位没有如实告知，职工有权拒绝工作，用人单位不得因此做出对职工不利的处分。进入工作面前，职工有权要求跟班干部或班长检查工作面，并制定具体安全措施。

#### （三）参与安全生产管理权

职工有权参与本单位安全生产工作的民主管理和民主监督，对本单位的安全生产工作提出意见和建议，对不符合党和国家安全生产方针和法律、法规的规章、制度有权提出修改意见。用人单位应当重视和尊重职工的意见和建议，并及时做出答复。

（四）安全生产监督权

职工有权对企业贯彻、执行党和国家安全生产方针的情况，有关安全生产法规及管理制度的执行情况，管理干部行为，作业现场的安全情况，安全技术措施专项费用使用情况进行监督。

（五）安全生产教育培训权

职工享有参加安全生产教育培训的权利。用人单位应依法对职工进行安全生产法律、法规、规程及相关标准的教育培训，使职工掌握从事岗位工作所必须具备的安全生产知识和技能。用人单位没有依法对职工进行安全生产教育培训或特殊工种作业人员未取得操作资格证书的，职工有权拒绝上岗作业。

（六）职业健康防治权

对于从事接触职业病危害因素或可能导致职业病作业的职工，有权进行职业健康检查并了解检查结果。对于被诊断为患有职业病的职工有依法享受职业病待遇，接受治疗、康复和定期检查的权利。煤矿从业人员离开煤矿企业时，有权索取本人职业健康监护档案复印件，煤矿企业必须如实、无偿提供，并在所提供的复印件上签章。

（七）拒绝违章指挥权

违章指挥是指用人单位的有关管理人员违反安全生产法律、法规和有关安全规程、规章制度的规定，指挥从业人员进行作业的行为。强令冒险作业是指用人单位的有关管理人员明知开始或继续作业可能会导致重大危险，却仍然强迫职工进行作业的行为。违章指挥、强令冒险作业违背了“安全第一”的方针，侵犯了职工的合法权益，职工有权拒绝；违章操作，职工有权制止；跟班干部擅离工作岗位，职工有权向有关部门报告。用人单位不得因职工拒绝违章指挥和强令危险作业而打击报复，降低其工资、福利等待遇或解除与其订立的劳动合同。

（八）停止作业避险权

职工发现直接危及人身安全的紧急情况时，有权停止作业，或者在采取可能的应急措施后，撤离作业场所。用人单位不得因职工在紧急情况下停止作业或者采取紧急撤离措施而降低其工资、福利待遇或者解除与其订立的劳动合同。但职工在行使这一权利时要慎重，要尽可能正确判断险情危及人身安全的程度。例如，火灾初起阶段很容易扑灭，职工应尽快组织灭火，如火灾扩大无法扑灭，则应立即撤离。

（九）工伤保险和民事索赔权

用人单位应当依法为职工办理工伤保险，为职工缴纳工伤保险费。职工因安全生产事故受到伤害，除依法享受工伤保险外，还有权向用人单位提出民事赔偿要求，并且工伤保险和民事赔偿不能互相取代。

（十）批评、检举和控告权

职工有权向煤矿企业和煤炭管理部门、工会组织举报违反有关安全生产法律、法规、制度的行为；有权检举违章指挥、违章作业者；有权反映作业现场安全管理情况和不安全因素。职工检举可以署名，也可以不署名；可以用书面形式，也可以用口头形式。但是，职工在行使这一权利时，应注意检举和控告的情况必须真实，要实事求是。用人单位不得因职工行使上述权利而对其进行打击、报复，包括不得因此而降低其工资、福利待遇或者解除与其订立的劳动合同。在进行安全生产监督检查时，职工如果受到打击报复和迫害，有权向上级或政府有关部门、工会组织投诉和控告；有权对忽视安全、玩忽职守造成事故的责任者进行检举；有权对隐瞒事故的单位和责任者提出控告。

## 二、煤矿从业人员安全生产的义务

（一）遵守安全生产规章制度和操作规程的义务

职工不仅要严格遵守安全生产有关的法律、法规，还应当遵守用人单位的安全生产规章制度和操作规程，这是职工在安全生产方面的一项法定义务。职工必须增强法纪观念，自觉遵章守纪，从维护国家利益、集体利益以及自身利益出发，把遵章守纪、按章操作落实到具体的工作中。

（二）服从安全生产管理的义务

职工要服从煤矿安全检查、安全监察管理；自觉服从安全监督部门、安全监察部门的指挥，自觉配合安全监察人员的工作，协助他们执行公务，并提供真实信息和有关资料。

煤矿企业安全生产管理人员一般具有丰富的安全生产知识和经验。职工服从管理，可以维持生产经营活动的秩序，有效避免或减少生产安全事故的发生。因此，职工应当服从管理，这也是职工在安全生产方面的一项法定义务。当然，职工对于违章指挥、强令冒险作业的行为，有权拒绝。

（三）正确佩戴和使用劳动防护用品的义务

劳动防护用品是保障职工在劳动过程中安全与健康的一种防御性装备，不同的劳动防护用品有其特定的佩戴和使用规则，只有正确佩戴和使用，方能真正起到防护作用。用人单位在为职工提供符合国家或行业标准的劳动防护用品后，职工有义务正确佩戴和使用劳动防护用品。

（四）发现事故隐患及时报告并参加抢险救灾的义务

职工发现事故隐患和不安全因素后，应及时向现场安全生产管理人员或本单位负责人报告，接到报告的人员应当及时予以处理。一般来说，职工报告得越早，接收报告的人员处理得越早，事故隐患和其他职业危险因素造成的危害就越小。煤矿发生事故后，应急救援部门应积极参与抢救，不能以任何借口逃避抢救工作。

（五）接受安全生产培训教育的义务

职工应依法接受安全生产教育和培训，掌握所从事岗位工作所需的安全生产知识，提高安全生产技能，增强事故预防和应急处理能力。特殊性工种作业人员和有关法律法规规定须持证上岗的作业人员，必须经培训考核合格，依法取得相应的资格证书或合格证书后，方可上岗作业。

（六）改善工作环境和爱护生产设施、设备的义务

职工在工作中，积极参加技术革新活动，提出合理化建议，不断改善劳动条件和工作环境。

煤矿企业的生产设备及设施是安全生产的保证，职工要自觉维护其正常运转和安全使用，使其发挥保障安全生产的作用。

# 第三章　矿井灾害防治

## 第一节　瓦斯灾害防治

### 一、矿井瓦斯

瓦斯是在成煤过程中伴生的一种气体。广义上说，它是指煤矿井下生产过程中从煤层和围岩涌出的以甲烷为主的有毒有害气体的总称，这些气体主要有甲烷、二氧化碳、一氧化碳、二氧化硫、硫化氢、乙烷、乙烯及少量的氢气，有时单独指甲烷。

瓦斯是无色、无味、无臭的气体，必须用仪器检测才能发现。瓦斯虽然无毒，但如果空气中的瓦斯浓度升高，则氧气浓度相对降低，使空气具有窒息性。瓦斯的化学性质不活泼，微溶于水，具有燃烧性、爆炸性，这一特性会给煤矿带来巨大的灾难。

### 二、矿井瓦斯等级的划分

矿井瓦斯等级应当依据实际测定的瓦斯涌出量、瓦斯涌出形式以及实际发生的瓦斯动力现象、实测的突出危险性参数等确定。瓦斯等级可划分为：煤（岩）与瓦斯（二氧化碳）突出矿井（以下简称突出矿井）、高瓦斯矿井、瓦斯矿井。

### 三、瓦斯爆炸及其预防

瓦斯的危害与瓦斯爆炸

瓦斯爆炸就是甲烷（$CH_4$）在高温火源的作用下，与空气中的氧气发生剧烈的化学反应，生成二氧化碳和水蒸气，同时产生大量的热，形成高温、高压环境，并以极高的速度向外冲击而产生的动力现象。

(一) 瓦斯爆炸条件

瓦斯发生爆炸必须同时具备三个基本条件:一是瓦斯浓度在爆炸界限内,一般为5%～16%;二是混合气体中氧气的浓度不小于12%;三是有足够能量的点火源,温度为650～750 ℃。瓦斯爆炸的三个条件必须同时满足。

(二) 瓦斯爆炸的预防措施

预防瓦斯爆炸应从瓦斯爆炸的三个条件入手,由于井下空气需供工人呼吸,因此氧气浓度肯定大于12%,即应采取措施防止瓦斯积聚和出现引火火源;一旦出现瓦斯爆炸,还要防止爆炸事故扩大。

(1) 防止瓦斯积聚的措施。瓦斯积聚是指在0.5 $m^3$及以上空间中瓦斯浓度达到2%及以上浓度的现象。防止瓦斯积聚需要落实瓦斯防治“十二字方针”:先抽后采、监测监控、以风定产,从源头上消除瓦斯的危害。防止瓦斯积聚的基本方法如下:

① 加强通风;

② 加强瓦斯浓度和通风情况的检查;

③ 及时处理局部积聚的瓦斯。

(2) 防止瓦斯引燃的措施:

① 防止明火;

② 防止电火花;

③ 防止爆破引燃瓦斯;

④ 防止机械摩擦、冲击火花。

瓦斯爆炸防治措施

(三) 限制瓦斯爆炸范围扩大的措施

(1) 实行分区通风。

(2) 装有主要通风机的出风井口应安装防爆门,以防止发生爆炸时通风机被毁坏,造成救灾和恢复生产困难。

(3) 开采有煤尘、瓦斯爆炸危险的矿井,都必须用水棚或岩粉棚隔开。

(4) 每年必须由煤矿技术负责人组织编制矿井灾害预防和处理计划。

**四、煤与瓦斯突出及其预防**

煤与瓦斯突出是指在压力作用下,破碎的煤与瓦斯由煤体内突然向采掘空间大量喷出,这是一种瓦斯的特殊涌出方式。

(一) 煤与瓦斯突出的预兆

(1) 无声预兆。工作面顶板压力增大,使支架变形、煤壁外鼓、片帮、掉渣、顶板下沉或底板鼓起,煤层层理紊乱,煤暗淡无光泽,煤质变软,瓦斯涌出量异常,煤壁发凉,打钻时有顶钻、卡钻、喷瓦斯等现象。

(2) 有声预兆。煤层在变形过程中发生劈裂声、闷雷声、机枪声、响煤炮,声音由远到近、由小到大,有短暂的、有连续的,间隔时间长短也不同。煤壁发生震动和冲击,顶板来压,支架发出断裂声。

煤与瓦斯突出的预兆

特别注意:瓦斯突出前,并不是所有预兆都出现,仅出现其中一种或数种,而且有的预兆不明显;有些预兆距发生突出的时间很短。因此,发现任何预兆都要格外警惕,及时报告、躲避。

(二) 煤与瓦斯突出的危害

大量的煤与瓦斯在短时间内向采掘空间突然喷出,突出的煤流或岩石流抛出会掩埋井下作业人员、堵塞巷道,造成风流逆转,破坏井下设施、设备和通风系统。井巷中充满高浓度瓦斯会引起人员缺氧,导致窒息死亡。当突出瓦斯与新鲜风流汇合后,遇到火源还可能发生燃烧或爆炸,使灾害事故扩大。

煤与瓦斯突出事故的预防

(三) 煤与瓦斯突出事故的预防

防突工作必须坚持“区域综合防突措施先行、局部综合防突措施补充”的原则,按照“一矿一策、一面一策”的要求,实现“先抽后建、先抽后掘、先抽后采、预抽达标”。瓦斯突出煤层必须采取两个“四位一体”综合防突措施，做到多措并举、可保必保、应抽尽抽、效果达标，否则严禁采掘活动。

## 第二节　矿尘灾害防治

### 一、矿尘概述

粉尘是指能够较长时间悬浮在空气中的固体颗粒。生产过程中，产生的粉尘称为生产性粉尘。在煤矿生产过程中，打眼、爆破、掘进、割煤、喷浆、运输等工序的作业中，会产生大量的粉尘粒子漂浮在生产环境中，这部分粉尘称为矿尘。

我国煤矿大多数为井工开采矿井，在掘进、采煤、爆破、装载等各个生产环节都会产生大量粉尘。井下粉尘较多的地点有：采煤或掘进工作面、自溜运输巷道、带式输送机的转载点、煤仓和溜煤眼的上下口以及井口的卸载点等。随着煤矿生产规模的扩大和机械化程度的提高，煤矿粉尘的产生量也随之迅速增大。另外，井下施工用的粉状材料有时会成为高浓度的有害粉尘，如锚喷作业时喷射水泥砂浆或混凝土会产生大量的水泥和砂粒粉尘。

### 二、矿尘的危害

矿尘具有很大的危害性，主要表现为以下方面：

(1) 煤尘爆炸是煤矿主要灾害之一，煤尘爆炸时的破坏性很大，尤其是爆炸后产生的大量一氧化碳会引起工作人员中毒死亡。

(2) 污染工作场所。煤矿工人在生产活动中长期接触较高浓度的生产性粉尘，可引起健康损害，较常见的疾病有尘肺病、鼻咽炎、慢性支气管炎和皮肤病。

(3) 加速机械磨损，缩短精密仪器的使用寿命。

(4) 降低工作场所能见度，增加工伤事故的发生概率。工作面能见度低，往往会导致误操作，造成人员意外伤亡。

| 矿井粉尘的危害 | 矿井粉尘防治措施 |
| --- | --- |

## 三、煤尘爆炸及其预防

风速过高会引起采掘工作面和运输巷道煤尘飞扬，而风速过低产尘点产生的煤尘无法排出则会增加浮尘量。带式输送机各转载点如不采取有效的防尘措施，则会造成煤尘飞扬。当煤尘含量达到爆炸临界点时，遇电气设备漏电产生的火花、爆破产生的火焰等引爆火源，就会发生煤尘爆炸事故。

（一）煤尘爆炸事故灾害类型

（1）在采掘生产过程中，特别是采掘工作面在爆破、落煤、运输过程中都会产生大量煤尘。一旦煤尘浓度达到爆炸界限，电气设备漏电产生火花、爆破产生火焰时，就会发生煤尘爆炸事故。

（2）煤尘爆炸时会产生高温、高压、有毒有害气体，造成人员伤亡、机械设备和巷道的破坏。强大的冲击波会造成风流逆转、通风系统紊乱，还可能引起其他地点的连续爆炸。

煤尘爆炸事故的危害

（3）采掘工作面及其回风巷发生煤尘爆炸事故时，将影响本采区；当引起连续爆炸时，影响范围扩大，直至影响整个矿井；进风井附近发生煤尘爆炸事故时将影响其进风流中的所有工作地点，反风不及时将影响整个矿井。

（二）煤尘爆炸的条件

煤尘发生爆炸必须同时具备三个基本条件：一是煤尘本身具有爆炸性，并且浮游煤尘要达到一定浓度，下限为 45 g/m$^3$，上限为 1 500～2 000 g/m$^3$；二是混合气体中氧气的浓度不小于 18%；三是有足够能量的点火源，温度在 610～1 050 ℃之间。

（三）煤尘爆炸预防措施

（1）矿井开采新水平、新煤层，要及时对煤层进行煤尘爆炸性鉴定。根据鉴定结果采取相应的安全措施，将作业场所的煤尘浓度降低到《煤矿安全规程》规定的浓度以下。

（2）建立煤尘监测制度，加强采掘工作面和主要场所的煤尘监测，消除煤尘隐患。

煤尘爆炸事故的防治措施

（3）加强巡查及管理，防止井下出现明火、爆破火焰、电气火花等引爆火源。

（4）按照“源头治理、科学防治”的原则，认真落实减尘、捕尘、洗尘有关规定。完善防尘洒水系统，采取湿式钻眼，使用水炮泥，爆破前后冲洗煤壁，爆破时采用高压喷雾或压气喷雾降尘，采掘面回风巷按规定安设自动控制风流净化水幕等。转载点采用自动喷雾降尘或密闭尘源除尘器抽尘净化等措施。

## 第三节　矿井火灾防治

### 一、矿井火灾概述

凡发生在井下或井口附近能够危害到井下安全的火灾，都叫作矿井火灾。发生矿井火灾的原因有两种：一是外部火源引起，二是煤炭物理化学性质的内在因素引起。因此，矿井火灾分为两类：外因火灾和内因火灾。

外因火灾，又称外源火灾，如违章在井下吸烟、在井下拆卸矿灯、放明炮、电焊、气焊等，都可能引起外因火灾。内因火灾，又称煤炭自燃火灾。

| 火灾事故的分类及发生条件 | 煤炭自燃的预防措施 | 外因火灾的预防措施 |
| --- | --- | --- |

## 二、煤炭自燃的初期预兆

煤矿内因火灾事故隐患主要表现为煤炭自然发火。煤炭自燃的初期预兆有如下几种：

(1) 巷道内湿度增加，出现雾气、水珠。煤炭氧化初期生成水分，往往使巷道内湿度增加，出现雾气或在巷道壁上挂有水珠；浅部开采时，冬季在地面钻孔或塌陷处会出现冒出水蒸气或冰雪融化现象。

(2) 煤炭自燃放出焦油味。煤炭从“发烧”(自热)到自燃过程中，氧化时会产生多种碳氢化合物，并放出煤油味、汽油味、松节油味或焦油味等。当嗅到这些气味时，说明煤已燃烧到了一定程度。

(3) 巷道内发热，气温升高。煤炭氧化自燃过程中要释放出大量热量，因此，从自然发火的地方流出的水和空气的温度比平时要高，人的皮肤可以直接感觉到。

煤炭自燃的预兆

(4) 人有疲劳感。煤炭氧化自燃过程中，会放出有害气体，如二氧化碳、一氧化碳、二氧化硫等，这些有害气体会使人感到头痛、闷热、精神不振、不舒服、有疲劳感，尤其是多数人有同感时，应提高警惕，查明原因，以防矿井火灾的发生。

## 三、井下火灾的灭火方法

煤矿灭火方法有直接灭火、隔绝灭火和封闭火区等。

### （一）直接灭火

（1）采用灭火剂或挖出火源等方法把火直接扑灭，称为直接灭火法。常用的灭火剂有水、泡沫、干粉、二氧化碳、四氯化碳、卤代烷、惰气、砂子和岩粉等。

| | | | |
|---|---|---|---|
| 矿井火灾<br>灭火方法 | 二氧化碳灭火<br>器使用方法 | 干粉灭火器<br>使用方法 | 消火栓<br>使用方法 |

① 水。水是不燃液体，是消防上常用的灭火剂之一，使用方法有水射流和水幕两种形式。

② 泡沫。泡沫是一种体积小，表面被液体围成的气泡群。泡沫的比重小，且流动性好，可实现远距离立体灭火，具有持久性和抗燃烧性，导热性能低，黏着力大。

③ 干粉。干粉灭火剂是目前公认的灭火效率较高的一种新型的化学灭火剂，应用范围比较广泛。

④ 卤代烃灭火剂。常用的卤代烃灭火剂是用氟、氯、溴取代甲烷和乙烷中的氢而成的，因此也叫卤代烷灭火剂。

⑤ 砂子和岩粉。砂子和岩粉在煤矿中广泛应用于扑灭电气火灾。

（2）消除可燃物。

直接灭火除了向火源喷射灭火剂以外，在有些条件下还可以采用挖除火源清除可燃物，以消除燃烧的物质基础。

(3) 采用凝胶处理高温点和自燃火源。

凝胶是近年来应用于煤矿井下防灭火较为广泛的材料，由基料[硅酸盐(水玻璃)]＋促凝剂(碳酸氢氨等盐类)＋水(90％左右)组成。

(4) 灌浆灭火。

灌浆灭火是煤矿井下常用的一种灭火方法。灌浆灭火的方法因火源位置而异。常用的方法有：井下巷道打钻灌浆、在火区密闭墙上插管灌浆和地面钻孔注浆三种。

(二) 隔绝灭火

当不能直接将火扑灭时，为了迅速控制火势，使其熄灭，可在通往火源的所有巷道内砌筑密闭墙，使火源与空气隔绝。

(三) 封闭火区

封闭火区的方法分为以下三种：

(1) 锁风封闭火区。从火区的进回风侧同时构筑密闭，封闭火区时不通风。这种方法适用于氧气浓度低于瓦斯爆炸界限(＜12％)的火区。

(2) 通风封闭火区。在保持火区通风的条件下，同时构筑进回风两侧的密闭。

(3) 注惰气封闭火区。

## 第四节　矿井水灾防治

### 一、矿井涌水来源及危害

矿井水来源于地表水和地下水。

(一) 地表水

地表水主要是指矿区附近地面的江河、湖泊、池沼、水库、废弃的露天坑和塌陷坑积水以及雨水和冰雪融化汇集的水。

降雨和春季冰雪融化是地表水的主要来源。在开采浅部煤层时，由于地面形成塌陷区，地表水可能沿开采塌陷裂缝涌入井下；雨季不能及时排出矿区降雨时，雨水可能通过土层的孔隙和岩层的细小裂缝渗透到井下，在较短时间内把井巷或整个矿井淹没。

矿区附近的江河、湖泊、池沼、水库、低洼地、废弃的露天坑道等蓄存积水，可通过断层、裂隙、石灰岩溶洞与井下沟通，使地表水有可能进入井下造成突水事故。

（二）地下水

地下水主要是指含水层水、断层裂缝水和老空积水。这些水源可能从各种通道和岩层裂缝渗透进入矿井，是水灾的主要水源。

（三）矿井水的危害

(1) 井下巷道和采掘工作面出现淋水时空气潮湿，人易患风湿病。

(2) 矿井水会腐蚀井下各种金属设备、支架、轨道等。

(3) 如果发生了突水和透水事故，就可能淹没采掘工作面或矿井，造成人员伤亡。

## 二、矿井水灾事故的防治

防治水工作要坚持以防为主、防治结合，以及当前与长远、局部与整体、地面与井下、防治与利用相结合的原则；坚持“预测预报、有疑必探、先探后掘、先治后采”的十六字方针；落实“探、防、堵、疏、排、截、监”七项措施。根据不同的水文地质条件，采用不同的防治方法，因地制宜，统一规划，综合治理。具体措施如下：

(1) 严格按照规定留设防隔水煤(岩)柱。

(2) 在必要的地点或井下设置截水建(构)筑物，如防水闸门和防水闸墙。

(3) 建立完善的井下排水系统。

(4) 严格按照有关规定进行矿井探放水。

## 三、透水事故及其防治

矿区内大气降水、地表水、地下水通过各种通道涌入井下，成为矿井涌水。当矿井涌水量超过矿井正常排水能力时即会发生水患，称为矿井水灾，通常也称为透水。

煤矿水害是指发育于主要开采煤层顶底板直接或间接含水层中的水，在矿井采掘过程中通过天然或人为扰动的导水通道进入矿井，并给矿井带来灾害的过程与结果。煤层或岩层透水前，一般都有预兆，井下工作人员都应该熟悉发生透水事故前的各种预兆，以便及时采取防范措施。

矿井水灾的特点

### （一）透水预兆

煤矿常见的透水预兆有：

① 煤层发潮发暗；

② 巷道壁或顶板“挂汗”；

③ 煤层变凉；

④ 工作面顶板淋水加大，或出现压力水头；

⑤ 从煤层或岩层裂缝中挤出“嘶嘶”的水叫声；

⑥ 工作面有害气体增加；

⑦ 煤壁或巷道“挂红”等。

透水事故的预兆

因此，当发现工作面有涌水预兆或发生大量涌水时，说明已接近水区，应停止作业，迅速向矿调度室汇报，及时采取措施。

### （二）透水事故的处理措施

发生透水事故或矿井被淹，首先是救出井下人员，其次是排出积水，尽快恢复生产。采掘工作面或其他地点发现有突水预兆时，必须发出警报，撤出所有受水威胁地点的人员。

最先发现透水的现场工作人员，一方面报告矿调度室，另一方面迅速组织抢救。工作人员需要打木垛或用密集柱，堵住出水点，防止事故继续扩大;水势猛来不及进行加固时,人员应向高处撤退,安全出井。

## 第五节　顶板灾害防治

### 一、顶板冒落的预防

(1) 采取有效的支护措施。

(2) 及时处理局部漏顶,以免引起大范围冒顶。

| | |
|---|---|
| 顶板事故的分类、特点及原因 | 顶板事故的预防 |

(3) 坚持"敲帮问顶"制度。在进入采掘工作面装煤、支护前,要"敲帮问顶",处理已离层的顶板。如果处理不了,要用点柱先支撑。

(4) 严格按照规程作业。严禁空顶作业,所有支架必须架设牢固并采取防倒柱措施,严禁在浮煤或浮矸上架设支架。

### 二、顶板冒落的预兆

(1) 响声。顶板连续发出断裂声,这是由于直接顶和基本顶发生离层,或顶板切断发出的声音。有时采空区内顶板会发出像闷雷的声音,这是基本顶和上方岩层产生离层或断裂的声音。岩层下沉断裂、顶板压力急剧加大时,支架会发出很大的声响。

(2) 掉渣。顶板岩石已有裂缝和碎块,其中小矸石稍受震动就掉落。

(3) 片帮。冒顶前煤壁所受压力增加,变得松软,片帮煤比平时多。

(4) 漏顶。破碎的伪顶或直接顶在大面积冒顶以前，有时因为背顶不严或支架不牢而出现漏顶。

(5) 裂缝。顶板的裂缝张开，裂缝增多。

(6) 脱层(离层)。检查顶板是否脱层要用“敲帮问顶”的方法，如果声音清脆，表明顶板完好；如果顶板发出“空空”的响声，说明上下岩层已经脱离。

顶板冒落的预兆

(7) 瓦斯涌出量突然增大。

(8) 顶板淋水增大。

## 三、冒顶处置措施

### (一) 采煤工作面冒顶处置措施

(1) 当冒落的煤、矸埋压人时，不可惊慌，应在区队长、班组长和有经验的老工人的指挥下，严密监视冒落的顶板及两帮情况，加固冒顶处 10 m 范围内支护，用长柄工具捣掉悬矸、危岩后，由有经验的工人由外向里进行支护，动作要迅速，并设专人观察顶板。同时，留好退路，严防顶板继续冒落伤人，组织人力积极抢救被埋人员。

(2) 抢救时要仔细侦察，分析遇险者位置和被压情况，尽量不破坏冒落矸石的堆积状态，小心搬开煤、矸救出伤员，严禁用锹、镐等强挖硬刨。

(3) 救出伤员后及时对其进行止血、包扎、骨折固定等，对发生休克的伤员要立即进行人工呼吸等现场救助并迅速送往医院。

(4) 若垮落、冒顶将人员堵在独头巷道时，被堵人员要沉着、冷静，不要慌乱、乱喊乱叫，要设法自救。

(5) 若冒顶面积大，处理时间长，被堵人员要静卧休息，节约矿灯电量、食物和水，减少氧气消耗，有压风管路时可打开阀门，放入空气供人呼吸。若冒落的煤和矸不太大，可扒出通道口时，应由有经验的老工人监视顶板，其他人员轮流撬扒出通道进行自救。同时，应间断性地敲击金属物发出求救信号。

(二)掘进、巷修工作面冒顶处置措施

(1)当发生冒顶事故时,现场人员不可惊慌,要在区队长、班组长和有经验的老工人指挥下,严密监视顶板及两帮的情况,在确保安全的前提下立即加强、加固冒顶处10 m范围内的支护。

(2)处理冒顶时,要用长钎捣掉可能冒落的悬矸、危岩,由有经验的老工人由外向里进行支护。一般采用架设木垛的方法,在没有冒落危险的情况下,设专人观察顶板,留好退路,迅速架好支架,排好护顶木垛,一直到冒顶最高点将顶托住。

(3)当冒落的煤、岩石埋压住人员时,要仔细侦察、分析遇险人员的位置和被埋压情况,在安全的前提下组织抢救工作。抢救中要尽量不破坏冒落岩石的堆积状态,小心搬开冒落的岩石,严禁使用锹、镐等强挖硬刨,严防对埋压人员造成二次伤害。

(4)救出的伤员要及时进行止血、包扎、骨折固定等,发生休克的要立即进行人工呼吸等现场救助并迅速送往医院。

(5)若冒落的矸石将人员堵在独头巷道内时,被堵人员要沉着、冷静,不要乱喊乱叫。若冒顶面积大,处理的时间长,被堵人员应立即静坐休息,注意节约矿灯电量、食物和水,减少氧气消耗,保持足够的体力。有压风管的应打开压风阀门,保持良好的通风;若冒顶面积不太大,被堵人员应在区队长、班组长和有经验的老工人指挥下,专人监视顶板情况,采用轮番攉扒冒落岩石的方法组织自救,并间断性敲打铁管、钢轨等发出呼救信号,等待救援。

(6)当冒顶的范围大,影响通风或人员被堵,可采用小断面快速修复的方法,架设比原来巷道规格小的临时支护,采用撞楔法把冒落的岩石控制住,从巷道两侧清理岩石,且边清理边维护,防止煤矸流入巷道。帮顶维护好后,就可以架设永久支护。

(7)当冒顶的长度大,不易处理时,可采用打绕道的方法,绕过冒落区去抢救被堵人员,或绕过冒落区后再转入正常掘进。

# 第四章　煤矿自救、互救与现场急救

大量煤矿事故证明，当矿井发生灾害事故后，事故现场人员在万分危急的情况下，依靠自己的智慧和力量，积极正确地开展自救和互救工作，是最大限度地减少事故损失的重要环节。因此，班组长必须掌握自救、互救与现场急救的基本方法。

## 第一节　煤矿事故班组应急处置

### 一、班组长应急处置的责任

煤矿班组长作为煤矿企业最基层组织的“一把手”，为班组应急管理的第一责任人。发生突发事故后，班组长应主动担负起责任，发挥自己的主观能动性，及时如实地向作业区领导上报事故情况，同时积极组织协调人力、物力，恢复设备的正常运转。班组长的职责体现在以下几个方面：

(1) 对本班组应急处置负全面责任。

(2) 负责组织全班职工学习煤矿（包括区队）各类灾害应急预案，掌握应急处置的方法，会扑灭初期火灾或处置其他初期事故。特别是对于逃生路线、紧急集合地点、报警电话、急救方法等要教导本班组成员牢记。

(3) 负责组织救人、逃生、报警等演练，并对演习效果进行评价和改进。

(4) 发生突发事故后，以保护人身安全为第一目的，同时兼顾设备和环境的保护，尽量减少灾害的损失程度。事故发生后，立即组织班组全体成员救人、逃生，集中后清点人数，发现未到者及时向上级汇报。

(5) 判断突发事故灾情后，立即指挥抢救人员作业，向事故现场人员发送指令，同时向上级汇报。

## 二、煤矿各类灾害事故的处置要点

煤矿各类灾害事故的处置要点包括避难硐室避难、佩戴自救器逃生和创伤急救等。

### (一) 避难硐室避难

(1) 在避难硐室中避难时，全体避难人员要团结互助、坚定信心；应在避难硐室外留有衣物、生产工具、矿灯等明显标志，以便救护人员发现。

(2) 避难过程中，硐室内只留一盏矿灯照明，其余矿灯全部关闭，留作再次撤退时使用；避难时间过长获救后，不要马上过多饮水、进食和见强光，以防止损坏消化系统和眼睛。

(3) 避难时应保持冷静，尽量俯卧在巷道底部，不急躁，保持精力，减少氧气消耗和避免吸入更多的有害气体；定期敲打铁管或岩帮等发出呼救信号。有条件时，打开矿用自动呼救器(矿井寻人仪)，及时给营救人员提供避难地点的方位。

### (二) 佩戴自救器逃生

作业人员入井时，必须戴好安全帽，并随身携带自救器和矿灯。每次领取自救器时，都要仔细检查自救器的封锁装置等是否完好，外壳有没有损坏。若发现自救器有安全隐患，应及时更换。在携带自救器过程中，一定要倍加爱护，不得人为破坏，更不能无故打开自救器。若发生灾难事故时，应保持冷静，不能慌张，撤离灾区的同时应迅速按正确的方法佩戴好自救器。

### (三) 创伤急救

如果发现被救出的人身上有外伤时，应立即把伤员抬到安全的地点，并尽快脱掉（或剪开）伤员身上的衣服进行伤口止血，包扎时切不可用脏布；不可以用水清洗伤口里的煤渣，包扎时应避免用手直接触及伤口。

## 第二节　煤矿井下安全避险“六大系统”

煤矿井下安全避险“六大系统”是指监测监控系统、人员定位系统、紧急避险系统、压风自救系统、供水施救系统和通信联络系统。

为提高矿山安全生产保障能力，国家强制要求全国煤矿及非煤矿山都必须建立和完善“六大系统”。“六大系统”将对保障矿山安全生产发挥重大作用，为地下矿山安全生产提供良好的条件。

（一）监测监控系统

监测监控系统的功能：一是“测”，即监测各种环境安全参数、设备工况参数、过程控制参数等；二是“控”，即根据监测参数去控制安全装置、报警装置、生产设备、执行机构等。

煤矿企业必须按照《煤矿安全监控系统及检测仪器使用管理规范》(AQ 1029—2019)的要求，建设完善监测监控系统，实现对煤矿井下甲烷和一氧化碳浓度、温度、风速等的动态监控，为煤矿安全管理提供决策依据。监测监控系统地面中心站执行 24 h 值班制度，当系统发出报警、断电、馈电等异常信息时，能够迅速采取断电、撤人、停工等应急处置措施，充分发挥系统的安全避险预警作用。

（二）人员定位系统

人员定位系统是集井下人员考勤、跟踪定位、灾后急救、日常管理等于一体的综合性管理系统，集合了识别技术、传输技术、软件技术等顶尖的产品和技术。

人员定位系统通过对所有入井人员携带的识别卡（或具备定位功能的无线通信设备）的识别读取，能够及时、准确地将井下各个区域的人员动态情况反映到地面计算机系统，使管理人员能够随时掌握井下人员分布的状况和运行轨迹，以便进行更加合理的调度管理。当事故发生时，救援人员也可以根据人员定位系统所提供的数据、图形，迅速掌握有关人员的位置情况，及时采取相应的救援措施，提高应急救援的工作效率。

（三）紧急避险系统

紧急避险系统的设施有自救器、救生舱、避难所、防透水型固定式避难所等。

煤矿企业必须按照《煤矿安全规程》的要求，为入井人员配备额定防护时间不低于 30 min 的自救器。突出矿井必须建设采区避难硐室，突出煤层的掘进巷道长度及采煤工作面推进长度超过 500 m 时，应当在距离工作面 500 m 范围内建设临时避难硐室或其他临时避险设施。其他矿井应当建设采区避难硐室，或者在距离采掘工作面 1 000 m 范围内建设临时避难硐室或其他临时避险设施。

（四）压风自救系统

压风自救系统是能够在灾变期间给所有采掘作业地点提供压风供气，为事故现场人员提供宝贵氧气的系统。压风自救系统通常采用空气压缩机供风，空气压缩机一般设置在地面。但是对于深部多水平开采的矿井，空气压缩机安装在地面难以保证对井下作业地点进行有效供风时，可在其供风水平以上两个水平的进风井井底车场，选择一个安全可靠的位置安装空气压缩机。突出矿井的采掘工作面要设置压风自救装置，其他矿井掘进工作面要安设压风管路并设置供气阀门。

（五）供水施救系统

供水施救系统是指为了满足发生火灾、爆炸等事故现场人员的用水需要而设置的供水系统。

系统管道铺设线路：矿井地面蓄水池→井筒→井底车场→水平

运输大巷→采区上(下)山→区段集中巷→区段斜巷→工作面两巷。

所有采掘工作面和其他人员较集中的地点、井下各作业地点及避难硐室(场所)处应设置供水阀门,保证各采掘作业地点在灾变期间能够实现应急供水。系统应按照《煤矿安全规程》要求设置三通及阀门。

(六)通信联络系统

为了更好地进行煤矿生产,井下一般都有电话通信系统。在主副井绞车房、井底车场、运输调度室、采区变电所、水泵房等主要机电设备硐室和采掘工作面以及采区、水平最高点等地方都装有防爆电话机。通过电话联络,可以随时掌握井下及地面生产情况;当矿井发生灾变时,电话机是指挥救灾的必需设施。

井下避难硐室、井下主要水泵房、井下中央变电所和突出煤层采掘工作面、爆破时撤离人员集中地点等,必须设有直通矿调度室的电话。要积极推广使用井下无线通信系统、井下广播系统,完善通信联络系统。发生险情时,系统能够及时通知井下人员撤离。

## 第三节 自救器的使用

自救器是入井人员在井下发生火灾、瓦斯煤尘爆炸、煤与瓦斯突出时防止有害气体中毒或缺氧窒息的一种随身携带的呼吸保护器具。自救器是一种体积小、重量轻、便于携带的个人防护装备。

煤矿必须使用隔离式自救器。隔离式自救器能防护所有的有害气体,它的作用包括提供氧气、防止窒息和防止有害气体中毒。隔离式自救器有压缩氧自救器和化学氧自救器,目前常用的是压缩氧自救器。

压缩氧自救器是指利用压缩氧气供氧的隔离式呼吸保护器。多用于灾区大气环境中缺氧或存在有毒有害气体的情况,是一种可重复使用的自救器,每次使用后只需要更换吸收二氧化碳的吸收剂和重新充装氧气即可重复使用。

## 一、压缩氧自救器使用方法

（1）佩戴位置。将专用腰带穿入自救器腰带环内，固定在背部右侧腰间，如图 4-1(a)所示。

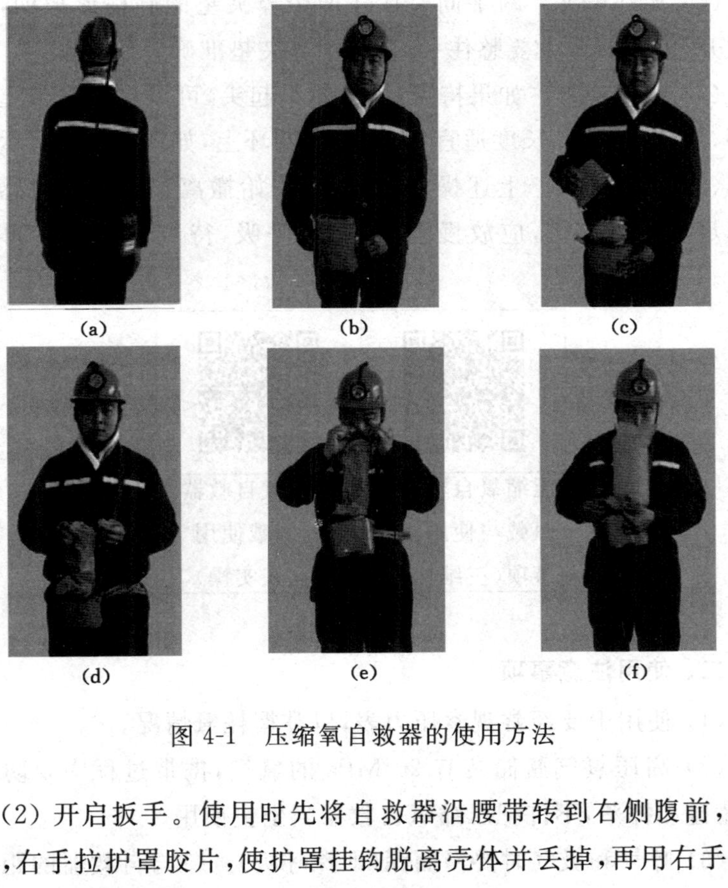


图 4-1　压缩氧自救器的使用方法

（2）开启扳手。使用时先将自救器沿腰带转到右侧腹前，左手托底，右手拉护罩胶片，使护罩挂钩脱离壳体并丢掉，再用右手掰锁口带扳手至封印条断开，丢开锁口带，如图 4-1(b)所示。

（3）去掉上外壳。左手抓住下外壳，右手将上外壳用力拔下、扔掉，如图 4-1(c)所示。

（4）套上挎带。将挎带套在脖子上，如图 4-1(d)所示。

(5) 提起口具并立即戴好。用力提起口具,此时气囊逐渐鼓起,立即拔掉口具塞并同时将口具塞入口中,口具片置于唇齿之间,牙齿紧紧咬住牙垫,紧闭嘴唇,如图 4-1(e)所示。若尼龙绳被拉断,气囊未鼓起,可以直接拉启动环。

(6) 夹好鼻夹。两手同时抓住两个鼻夹垫的圆柱形把柄,将鼻夹拉开,此时佩戴人要憋住一口气,用鼻夹垫准确夹住鼻子。

(7) 调整挎带。如果挎带过长,抬不起头,可以拉动挎带上的大圆环,使挎带缩短,长度适宜后,系在小圆环上,如图 4-1(f)所示。

(8) 退出灾区。上述操作完成后,开始撤离灾区。途中感到吸气不足时不要惊慌,应放慢脚步,做深呼吸,待气量充足后再快步行走。

| | |
|---|---|
| 压缩氧自救器的佩戴与使用注意事项(三维仿真) | 压缩氧自救器的佩戴使用(真人实操) |

## 二、使用注意事项

(1) 使用中要经常观察压力表,以掌握耗氧情况。

(2) 高压氧气瓶储装有 20 MPa 的氧气,携带过程中要防止撞击、磕碰和摔落,不许把压缩氧自救器当坐垫使用。

(3) 呼气和吸气时要慢而深(即深呼吸)。口与自救器的距离不能过近,以免气囊内的呼气软管打折,增加呼气阻力。

(4) 使用中应防止利器刺伤、划伤气囊。

(5) 在未达到安全地点时严禁摘下自救器。

(6) 要经常练习佩戴自救器,做到 30 s 内盲戴。

# 第四节　避灾自救

## 一、避难硐室避灾

避难硐室是井下发生灾害事故后，人员无法撤离灾区时的避难场所。避难硐室分事先构筑好的永久避难硐室和由避灾人员用身边现有材料建造的临时避难硐室两种。

### （一）永久避难硐室

1. 概述

永久避难硐室预先设在井底车场附近或采区工作地点安全出口的路线上，距工作地点不能太远（即在自救器的有效工作时间内可到达）。避难硐室原则上应能容纳采区的全体人员。硐室内应备有供避灾人员呼吸用的供气装备（如压风自救装置）、通信设备、自救器、药品、食物等。需要注意两个问题：一是硐室内的供气装置要有保障，即空气气源能长时间供气，遇险人员使用的呼吸装置要佩戴方便、迅速，呼吸自如舒畅。二是硐室内要存放一定数量的自救器，其防护时间要足够长（如 30 min 以上的压缩氧自救器），确保遇险人员在条件允许时，能够佩戴自救器从避难硐室撤到安全地点或井上。

2. 人员进入避难硐室生存区的操作步骤和方法

① 人员走到避难硐室第一道防爆密闭门前→向上旋转防爆密闭门外把手→迅速进入避难硐室过渡室。

② 进入过渡室的人员关闭第一道防爆密闭门→向下旋转门上的内把手→锁紧第一道防爆密闭门→打开避难硐室内部压风总阀→打开喷淋装置→使用喷淋装置喷洗 30 s。

③ 所有人员喷洗完毕之后→向上旋转第二道密闭门的把手→打开第二道密闭门→迅速进入避难硐室生存区→关闭第二道密闭门。

3. 人员进入避难硐室摘取自救器操作步骤和方法

避难人员进入生存区→找到避难硐室巷帮悬挂的“七合一”传感器→按下传感器右侧的开关按钮→观察传感器屏幕显示数值→确认传感器显示环境参数正常→摘下自救器。

4. 避难硐室的压风供氧装置操作步骤和方法

避难硐室的压风供氧装置有以下两种操作模式：

(1) 压风供氧模式：人员打开避难硐室压风控制柜→打开压风管路的阀门→调节压风控制柜风流量不小于每人每分钟 100 L。

(2) 自备氧供氧模式：人员确认避难硐室巷道顶部悬挂的压风管道上的散流器无风流及流量表无读数→检查避难硐室压风总阀、压风控制柜内各阀门、散流器阀门处于打开状态→关闭硐室压风总阀→关闭第一道防爆密闭门及第二道密闭门上的超压排气阀→启动自备氧供氧。

5. 避难硐室空气净化装置操作步骤和方法

人员确认避难硐室内传感器显示有毒有害气体浓度超标→打开避难硐室中所有的空气净化器→拿出储物座椅中相应的有毒有害气体吸收药剂并平铺至药剂床中。

操作注意事项：当传感器显示二氧化碳浓度降低后又升高，并再次提示有毒有害气体浓度超标时，应更换空气净化器中的二氧化碳吸附剂。

(二) 临时避难硐室

临时避难硐室是矿井出现灾变事故时，遇险人员在等待救援的过程中利用现场的材料临时搭建的设施。临时避难硐室是利用独头巷道、硐室或两道风门之间的巷道，由避灾人员临时修建的，所以，应在这些地点事先准备好所需的木板、木桩、风筒、黏土、砂子或砖等材料，还应装有带阀门的压气管。避灾时，若无构筑材料，避灾人员可用衣服和身边现有的材料临时构筑避难硐室，以减少有害气体的侵入。密闭门应该打两道，工人应在门内施工。

（三）在避难硐室避难时的注意事项

（1）进入避难硐室前，应在硐室外留有矿灯、衣服、工具等明显标志，以便矿山救护队及时发现。

（2）避难人员在避难硐室中应保持安静，不急躁，尽量俯卧于巷道底部，避免不必要的体力和氧气消耗，以便延长避难时间。

（3）在避难中，要保持良好的精神状态和心理状态，坚持克服各种困难，坚定信心。

（4）硐室内只留一盏矿灯照明，其余熄灭，以备人员撤离时使用。自救器、急救袋暂时可以不用的应停止使用，一方面以备延长待救时间，另一方面以备重伤员抢救之用。

（5）在避难硐室内可间断地敲打铁器、岩石等，发出呼救信号。

（6）避难时要密切注意避难地点附近风流和瓦斯的情况，要不断争取待救时间（进入有压风管的避难硐室时应立即打开压风管）。若避难地点条件恶化，危及人员生命安全时，应立即转移到附近安全地点。

（7）被水堵在上山的人员，不要向下跑，不要盲目探险。水被排走露出顶板时，也不要急于出来，以防二氧化硫、硫化氢等气体中毒。

（8）看到救护队员后不要过于激动，以防血管破裂。避难时间过长被救后，不能过多饮食和接受强烈光线，以防损伤消化器官和眼睛。

## 二、敲击救援联络信号

如果人员被困地点有通信联络装置，应立即向矿调度室报告灾情、遇险人数和计划采取的避灾自救措施等；也可利用坚硬物体敲击管路、铁轨、钻杆等发出“5432”救援联络信号。联络信号有 4 组：5 声“呼救”、4 声“报数”、3 声“收到”、2 声“停止”。联络信号具体内容如下。

5 声——寻求联络(被困人员敲击 5 声为求救信号;救援人员敲击 5 声为寻求联络信号)。

4 声——询问被困人员数量(救援人员敲击 4 声为询问信号,被困人员确认收到后,按被困人数敲击为回复信号)。

3 声——收到(敲击 3 声表示“收到”对方信号和意图)。

2 声——停止(被困人员敲击 2 声为“停止”,表示停止给养补给或遇突发情况需停止行动)。

每次敲击间隔 1 s,分组发出信号,每组信号间隔 30 s。明白意图后敲击 3 声回复“收到”,未“收到”回复可重复敲击发出信号。

为便于记忆,班组长可以按照以下方式来记:5 声——快来救救我;4 声——有几个人;3 声——知道了;2 声——停止。

**三、瓦斯爆炸事故避灾自救**

(1) 当灾害发生时一定要镇静清醒,不要惊慌失措、乱喊乱跑。当听到或感觉到爆炸声响和空气冲击波时,应立即背朝声响和气浪传来的方向、脸朝下、双手置于身体下面、闭上眼睛迅速卧倒。头部要尽量低,有水沟的地方最好趴在水沟边上或坚固的障碍物后面。

(2) 立即屏住呼吸,用湿毛巾捂住口鼻,防止吸入有毒的高温气体,避免中毒和灼伤气管和内脏。

(3) 用衣服将自己身上的裸露部分尽量盖严,以防止火焰和高温气体灼伤皮肉。

(4) 迅速戴好自救器,以防止吸入有毒气体。

瓦斯爆炸事故的应急避险

(5) 高温气浪和冲击波过后应正确辨别方向,以最快的时间进入新鲜风流中,并按照避灾路线尽快逃离灾区。

(6) 无法逃离灾区时,应立即选择进入避难硐室中,充分利用现场的一切器材和设备来保护人员安全。进入避难硐室后要注意安全，最好找到离水源近的地方，设法堵好硐口，防止有害气体进入。注意节约矿灯用电和食品，室外要做好标记，有规律地敲打连接外部的管道、轨道等，发出求救信号。

**四、煤与瓦斯突出事故避灾自救**

(1) 佩戴隔离式自救器保护自己。

(2) 寻找可避难的场所。

(3) 新鲜风流区域的职工应主动正确参加救护工作。

**五、煤尘爆炸事故避灾自救**

发生煤尘爆炸事故后的危险区域，救援人员只能在救人的情况下才能进入，但必须采取有效措施，保证救援人员的安全。

(1) 井下发生煤尘爆炸事故时，一般有较大声响和较强的冲击波以及煤尘飞扬。如发生以上情况，立即采取如下措施：

① 无论任何人，凡发现灾害事故时，不论灾害程度如何、波及范围大小，都应立即向矿调度室汇报，并详细说明事故发生的地点、时间、类别及事故现场情况、冲击波的方向、事故可能波及的地点；

② 事故现场的区队长或工程技术人员及通风、安检部门人员应立即组织在场人员采取一切有效措施进行自救和抢险救灾，将事故消灭在初发阶段；

③ 不能有效消除危险时，应立即组织灾区人员和受威胁区域的人员迅速沿避灾路线撤离；

④ 采煤工作面发生事故时，受灾人员要以事故区为中心，分别由上、下顺槽撤退，转入安全的进风巷道。

煤尘爆炸事故的应急避险

(2) 在发生煤尘爆炸事故、灾区人员无法迅速撤离时，应考虑下述方法避灾：

① 避灾人员要佩戴自救器或用湿毛巾堵住嘴和鼻子，以隔绝火焰和防止高温有害气体的伤害，待爆炸冲击波过去后，迅速撤到安全地点；

② 不能撤离的人员应迅速进入避难硐室或独头巷道(最好是岩石巷道)等安全地点,关停局部通风机,切断电源,断开风筒,堵住入口,防止有毒气体侵入,并在躲避地点巷道口悬挂矿灯、工具,定时敲打管道、铁轨等发出呼救信号,等待救援;

③ 避灾地点若有压风管,可设法打开压风管路,以便向避难人员输送新鲜空气。

## 六、矿井火灾事故避灾自救

(1) 井下若发现烟气或明火等火灾灾情,应立即通知在附近工作的人员及调度室。

火灾事故
应急避险

(2) 如果火灾不大,应立即组织力量扑灭。

(3) 如果火灾范围大或是火势凶猛,则应在撤出灾区人员、保证自身安全的前提下,采取稳定风流、控制火势发展、防止人员中毒和预防瓦斯或煤尘爆炸的措施,并随时保持与地面指挥部的联系,根据指挥部的命令行事。

(4) 见到火或突然接到火警通知时,需要立即撤退人员,要在判明灾情和自己实际处境以及应采取的应急措施的前提下采取行动。

## 七、矿井水灾事故避灾自救

矿井发生突水事故时,要根据灾情迅速采取以下有效措施进行紧急避险:

(1) 在突水迅猛、水流急速的情况下,现场人员应立即避开出水口和泄水流,躲避到硐室内、拐弯巷道或其他安全地点。如情况紧急来不及转移躲避时,可抓牢棚梁、棚腿或其他固定物体,防止被涌水冲倒或冲走。

(2) 当老空水涌出,使所在地点有毒有害气体浓度增高时,现场职工应立即佩戴好隔离式自救器。在未确定所在地点空气成分能否保证人员生命安全时,任何人禁止随意摘掉自救器的口具和鼻夹，以避免中毒窒息。

(3) 井下发生突水事故后，决不允许任何人以任何借口在不佩戴防护器具的情况下冒险进入灾区；否则，不仅达不到抢险救灾的目的，反而会造成自身伤亡、扩大事故。

水灾事故
应急避险

(4) 水害事故发生后，现场及附近地点工作的人员在脱离危险后，应迅速观察和判断突水地点、涌水程度、现场被困人员情况等，并立即报告矿调度室。同时，应利用电话或其他联络方式及时向下部水平和其他可能受到威胁区域的人员发出警报通知。

**八、顶板事故避灾自救**

(1) 迅速撤离。当发现工作地点有即将发生冒顶的征兆而当时又难以采取措施防止顶板冒落时，要迅速离开危险区，撤退到安全地点。

(2) 及时躲避。当冒顶发生又来不及撤至安全地点时，应靠煤帮贴身站立避灾，但要注意煤壁片帮伤人；如靠近木垛，也可撤至木垛处避灾。

(3) 立即求救。冒落基本稳定后，遇险人员应立即采用呼叫、敲打(不要敲打对自己有威胁的支架、物料和岩块)等方法，发出有规律、不间断的求救信号，以便撤离的人员了解灾情，组织力量进行抢救。

(4) 自救和互救。事故发生后，遇险人员要听从灾区班组长和有经验的老工人的指挥，在保证安全的前提下，积极开展自救和互救。正视已发生的灾害，注意保持体力，未受伤和受轻伤人员，要采取切实可行的措施设法营救被掩埋人员，并尽可能脱离险区或转移到较安全地点等待救援。

冒顶事故
应急避险

(5) 配合营救。发生冒顶埋人事故时，被埋压的人员不要惊慌失措，切忌激烈挣扎；被隔堵的人员应在遇险地点保护好自身安全，构筑脱险通道，配合外部的营救工作。

## 第五节　现场急救

现场急救的关键在于“及时”，时间上突出一个“急”字，技术上突出一个“救”字，争取在最短的时间内有效完成急救和安全转运任务。

现场互救必须遵守转运原则：初步止血、骨折简易固定、保证生命体征平稳、医护全程护送、边救边送、就近医院救治。

现场急救必须遵守“三先三后”的原则：

(1) 对窒息(呼吸道完全堵塞)或心跳、呼吸骤停的伤员，必须先进行人工呼吸或心脏复苏后再搬运。

(2) 对出血的伤员，先止血后搬运。

(3) 对骨折的伤员，先固定后搬运。

现场急救的方法包括心肺复苏、止血、创伤包扎、骨折临时固定和伤员的搬运护送等。

### 一、心肺复苏

煤矿井下每名职工都要掌握急救相关知识。一旦发现有人晕倒应采取如下 4 个步骤措施：第一步判断意识；第二步呼救；第三步翻转体位；第四步胸外心脏按压，如图 4-2 所示。

#### (一) 胸外心脏按压

胸外心脏按压部位位于胸部正中，乳头连线水平(两乳头连线中点)，右手中、食指沿一侧肋弓向内上方滑动至胸骨下端，左手掌根靠紧食指，放于胸骨上，按压频率 100～120 次/分钟，按压深度 5～6 cm，如图 4-3(a)所示。

心肺复苏
操作步骤

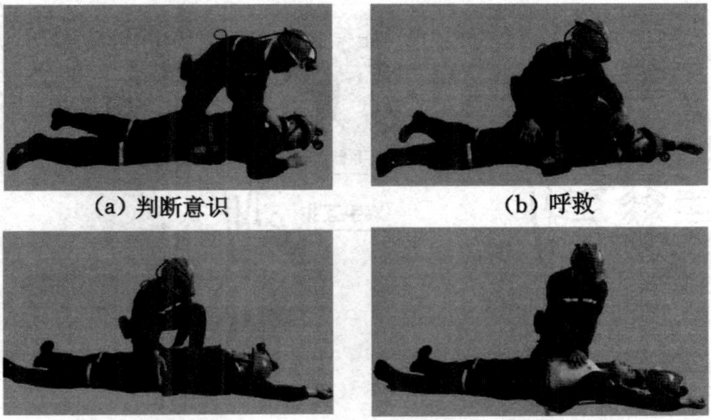

(a) 判断意识　(b) 呼救

(c) 翻转体位　(d) 胸外心脏按压

图 4-2 发现有人晕倒的处理程序

胸外心脏按压操作方法如下：首先使伤员仰卧在木板上或地上，解开其上衣和腰带，脱掉其胶鞋。救护者位于伤员右侧，手掌面与前臂垂直，一手掌面压在另一手掌面上，使双手重叠置于伤员胸骨 1/3 处(其下方为心脏)，以双肘和臂肩之力有节奏地、冲击式地向脊柱方向用力按压，使胸骨下陷至少 5～6 cm；按压后，迅速抬手使胸骨复位，以利于心脏的舒张。按压次数以每分钟 100～120 次为宜。按压过快，心脏舒张不够充分，心室内血液不能完全充盈；按压过慢，动脉压力低，效果也不好，如图 4-3(b)所示。

进行胸外心脏按压时的注意事项如下：

(1) 按压的力量应因人而异。对身强力壮的伤员按压力量可大些，对年老体弱的伤员力量宜小些。按压的力量要稳健有力、均匀规则，重力应放在手掌根部，着力仅在胸骨处，切勿在心尖部按压。同时注意用力不能过猛，否则可致肋骨骨折、心包积血或引起气胸等。

(2) 胸外心脏按压与口对口吹气法最好同时施行，无论单人心

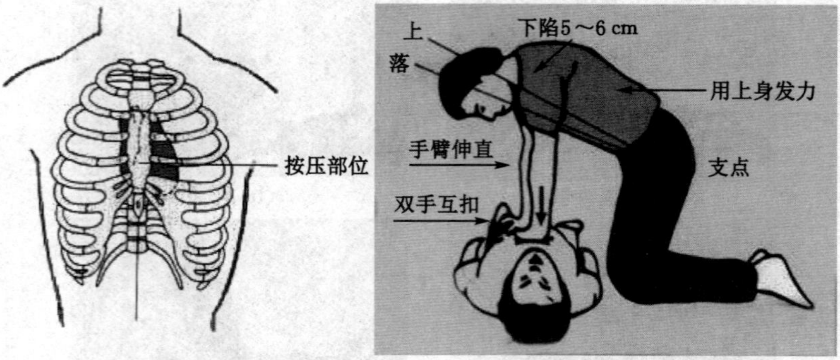


(a) 按压部位　　(b) 操作方法

图 4-3　胸外心脏按压示意图

肺复苏还是双人心肺复苏，均为每按压心脏 30 次，做口对口人工呼吸 2 次。

(3) 按压显效时，可摸到颈总动脉、股动脉搏动，散大的瞳孔开始缩小，皮肤转为红润。

(二) 人工呼吸

适用于休克、溺水、有害气体中毒、窒息或外伤窒息等引起的呼吸停止、假死状态者。

在施行人工呼吸前，先将伤员运送到安全、通风良好的地点，然后将伤员领口解开，注意保持体温，腰背部垫上软的衣服等。先清除口中脏物，把舌头拉出或压住，防止堵住喉咙，妨碍呼吸。各种有效的人工呼吸都必须在呼吸道畅通的前提下进行。常用的方法有口对口吹气法、仰卧压胸法和俯卧压背法 3 种。

(1) 口对口吹气法。它是效果最好、操作最简单的一种人工呼吸方法。操作前使伤员仰卧，救护者在其头的一侧，一只手托起伤员下颌，并尽量使其头部后仰，另一只手将其鼻孔捏住，以免吹气时从鼻孔漏气；救护者深吸一口气，紧贴伤员的口将气吹入，使伤员吸气，然后松开捏鼻的手，并用手压其胸部以帮助伤员呼气。如此有节律、均匀地反复进行，每分钟应吹气14～16次。注意吹气时切勿过猛、过短，也不宜过长，以占一次呼吸周期的1/3为宜。

(2) 仰卧压胸法。先让伤员仰卧，救护者跨跪在伤员大腿两侧，两手拇指向内，其余四指向外伸出，平放在其胸部两侧乳头之下，借半身重力压伤员胸部，挤出伤员肺内空气；然后救护者身体后仰，除去压力，伤员胸部依其弹性自然扩张，使空气吸入肺内。如此有节律地进行，要求每分钟压胸16～20次。

此方法不适用于胸部外伤或二氧化硫、二氧化氮中毒者，也不能与胸外心脏按压法同时进行。

(3) 俯卧压背法。此法与仰卧压胸法操作大致相同，只是伤员俯卧，救护者跨跪在伤员大腿两侧。因为这种方法便于排出肺内水分，因而对溺水者急救较为适合。

## 二、止血

### (一) 少量出血的处理

表面伤口和擦伤，应该用干净的水冲洗，用创可贴或干净的纱布、手绢包扎伤口。

### (二) 严重出血的止血方法

(1) 直接压迫止血，如图4-4所示。

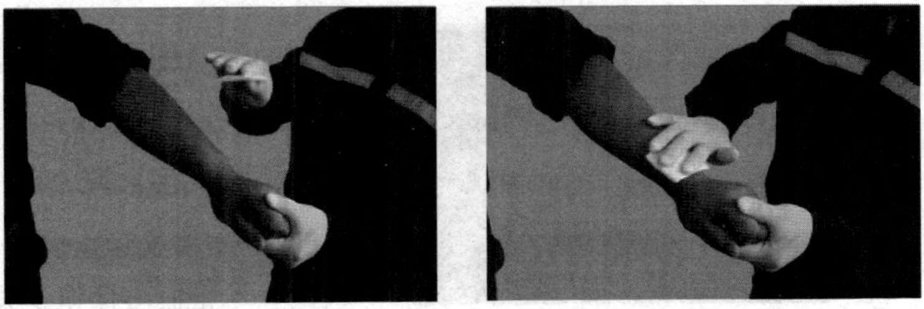

图4-4　直接压迫止血示意图

（2）加压包扎止血，如图 4-5 所示。

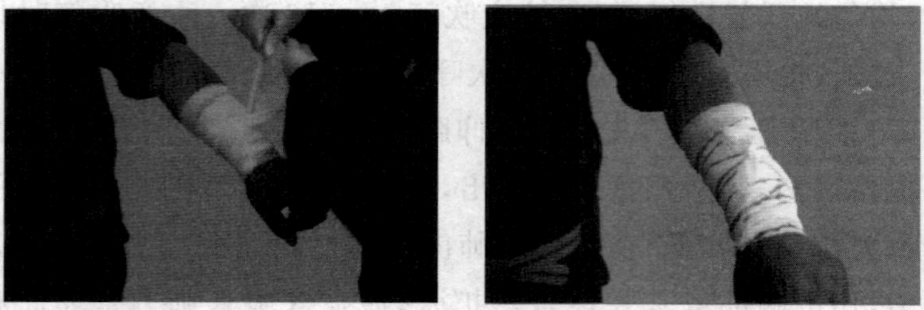

图 4-5　加压包扎止血示意图

（3）止血带止血。

① 表带式止血带止血，如图 4-6 所示。

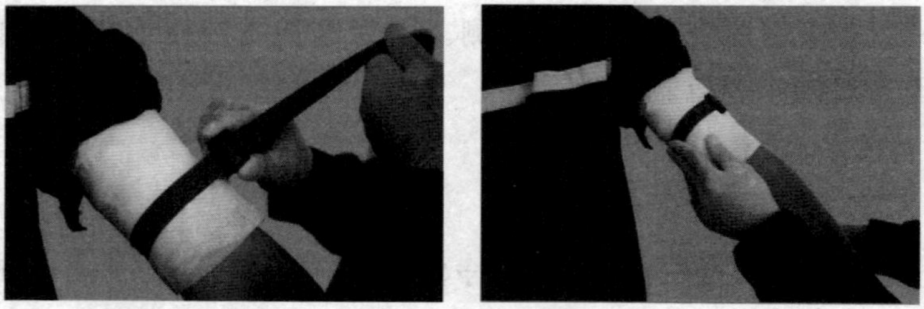

图 4-6　表带式止血带止血示意图

② 橡胶管止血带止血，如图 4-7 所示。

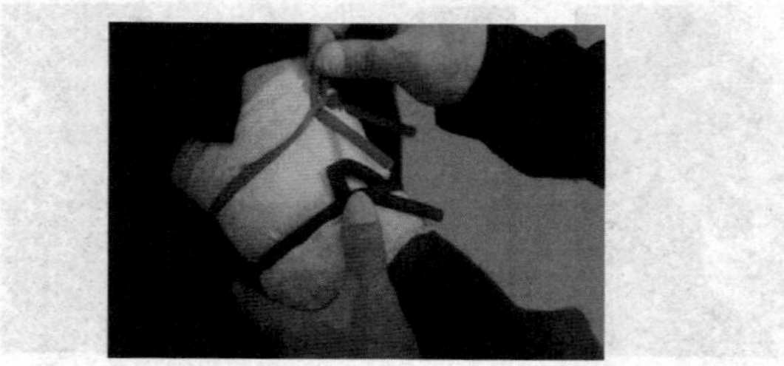

图 4-7　橡胶管止血带止血示意图

橡胶管止血带
止血法操作步骤

（4）布带止血带止血，如图 4-8 所示。

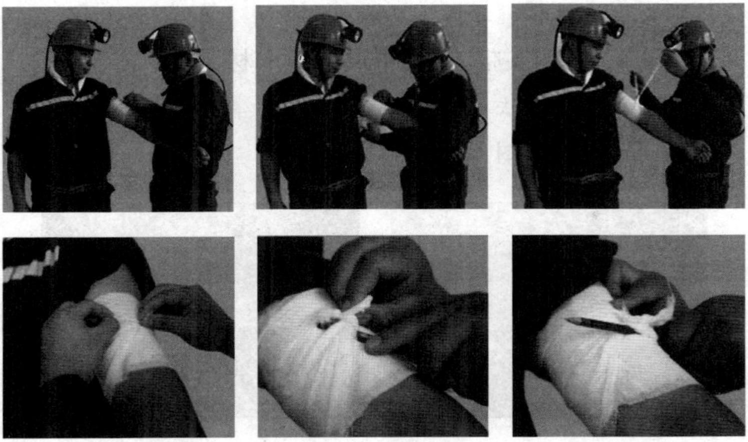

图 4-8　布带止血带止血示意图

使用止血带的注意事项如下：

① 止血带不能直接缠在皮肤上。

② 上肢出血扎在上臂上 1/3 处，下肢出血扎在大腿中上部。

③ 松紧适度。

④ 做好明显标记。

⑤ 每隔 40～50 min 放松一次，每次放松 2～3 min。放松时，应采取指压止血。

⑥ 不能用铁丝、电线、绳索等代替止血带。

⑦ 结扎止血带的时间一般不应超过 2 h。

## 三、创伤包扎

### （一）包扎的目的

止血、保护伤口、防止感染、固定夹板和敷料。

### （二）包扎的要求

应先用敷料盖住伤口再包扎，包扎时应紧密贴合、松紧适度，以保护伤口免受进一步损伤和污染。

绷带包扎
操作步骤

(三) 包扎的材料

绷带、三角巾、四头带、多头带或就地取材。

(四) 绷带包扎方法

(1) 环形包扎,如图 4-9 所示。

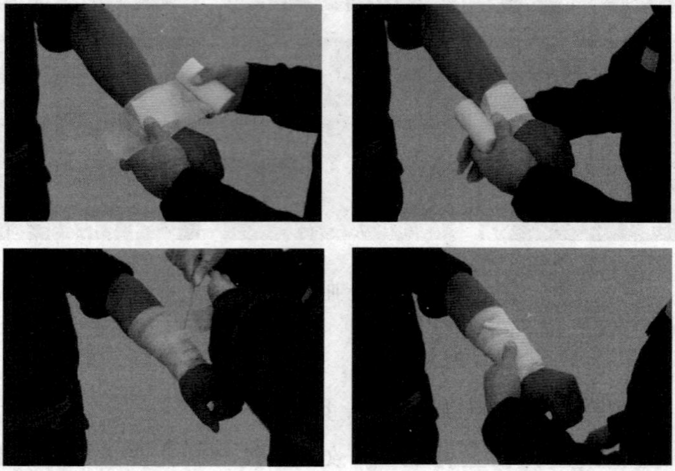

图 4-9　环形包扎示意图

(2) 螺旋包扎,如图 4-10 所示。

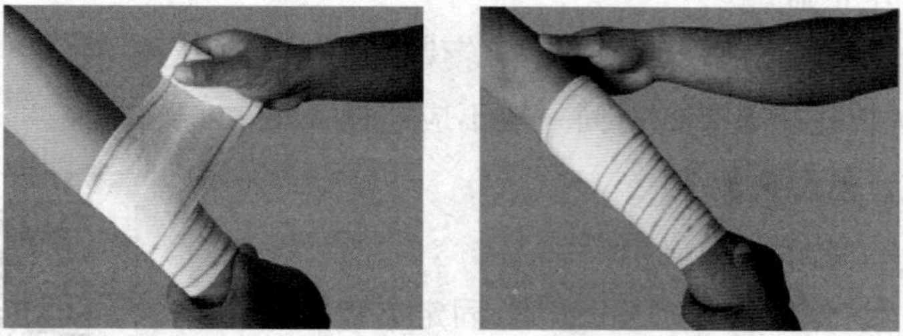

图 4-10　螺旋包扎示意图

(3) 螺旋反折包扎,如图 4-11 所示。

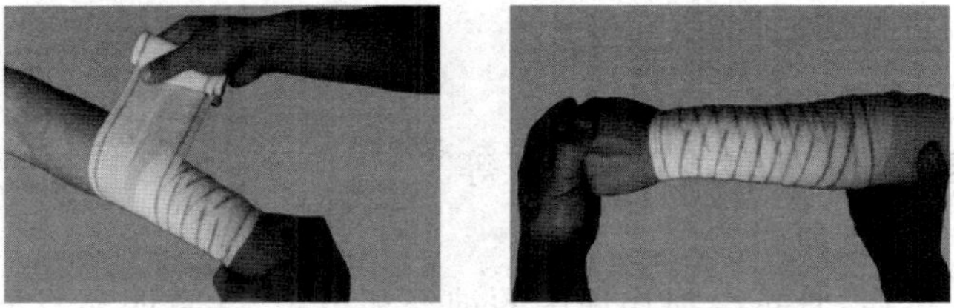

图 4-11　螺旋反折包扎示意图

(4)“8”字包扎,如图 4-12 所示。

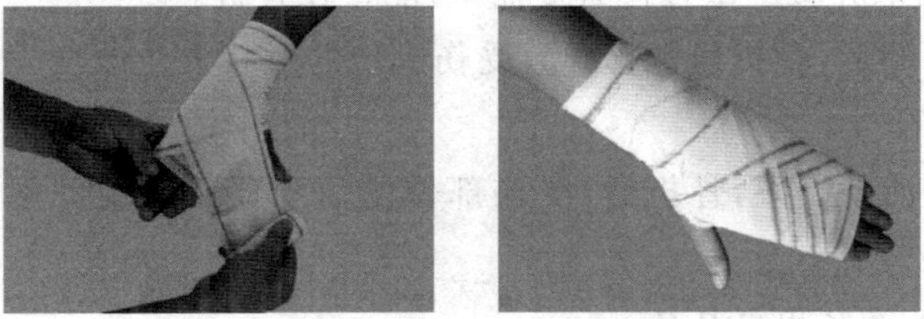

图 4-12　“8”字包扎示意图

(5)三角巾包扎,如图 4-13 所示。

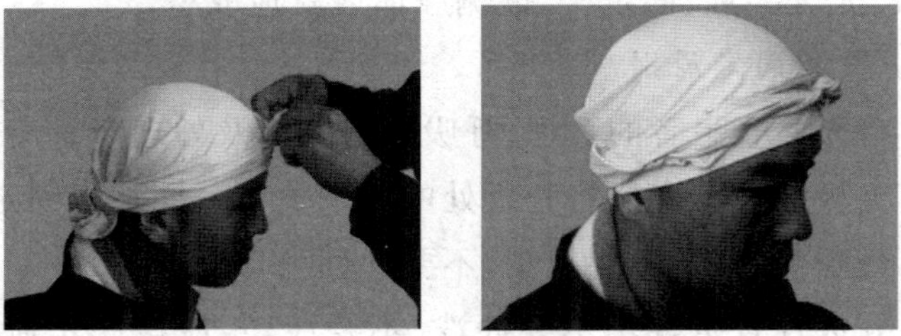

图 4-13　三角巾包扎示意图

三角巾包扎操作步骤

## 四、骨折临时固定

### （一）骨折原因

跌倒、撞击、机械或冒顶挤压等。

### （二）骨折的判定

（1）疼痛：骨折会损伤周围的神经和组织，导致明显且剧烈的疼痛，特别是在活动或触碰受伤部位时，疼痛会加剧。

（2）肿胀：受伤后，局部血管可能破裂，血液和组织液渗出，形成肿胀。如果肿胀严重且伴有疼痛，可能存在骨折。

（3）畸形：骨折通常会导致受伤部位的形状发生改变，如肢体弯曲、缩短等。

（4）活动受限：骨折后，受伤部位的活动通常会受到限制，无法正常完成动作。

### （三）骨折固定目的

固定受伤部位，避免再次损伤，利于搬运。

### （四）骨折固定材料

夹板、充气夹板、固定架、健侧肢体或就地取材。

### （五）骨折固定原则

（1）首先检查患者的意识、呼吸、脉搏，以及处理严重出血情况。

（2）夹板的长度应能将骨折处的上下关节一同加以固定。

（3）骨断端暴露，不要拉动，不要送回伤口内。

（4）开放性骨折现场不要冲洗、不要涂药，应该先止血包扎，再固定。

（5）暴露肢体末端，以便观察血液循环情况。

### （六）骨折固定方法

（1）锁骨骨折固定方法，如图 4-14 所示。

（2）上肢（上臂）骨折、上臂下段（髁上）骨折固定方法，如图 4-15 所示。

图 4-14　锁骨骨折固定方法

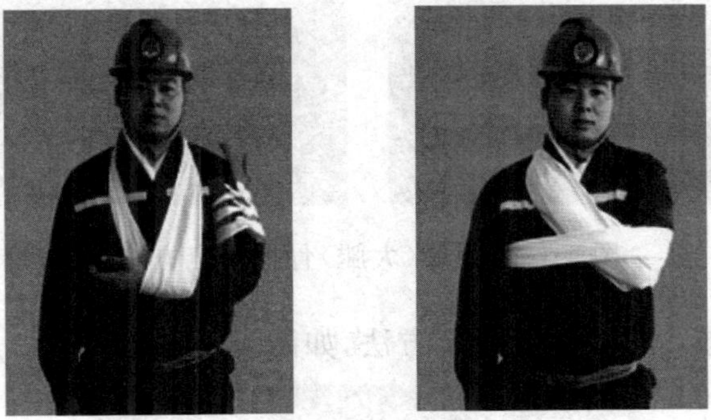

图 4-15　上肢骨折固定方法

| | | |
|---|---|---|
| 上肢骨折固定操作步骤 | 大腿骨折固定操作步骤 | 小腿骨折固定操作步骤 |

(3) 前臂骨折固定方法，如图 4-16 所示。

图 4-16　前臂骨折固定方法

(4) 下肢(大腿)骨折固定方法,如图 4-17 所示。

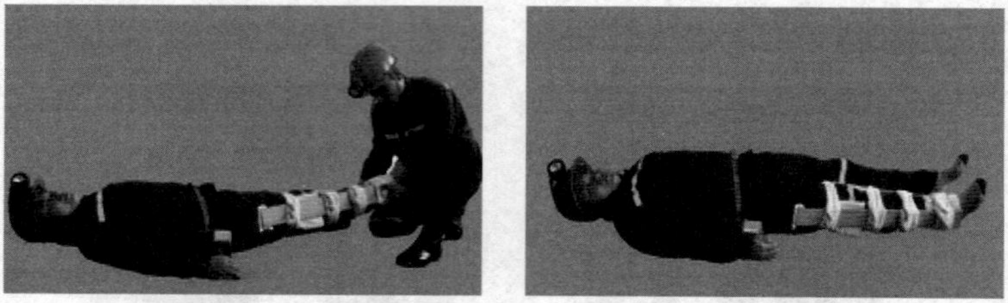

图 4-17　下肢(大腿)骨折固定方法

(5) 下肢(小腿)骨折固定方法,如图 4-18 所示。

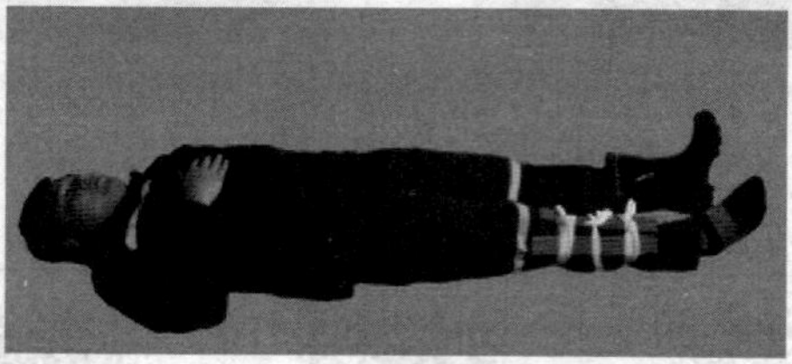

图 4-18　下肢(小腿)骨折固定方法

## 五、伤员的搬运护送

搬运时应尽量不增加伤员的痛苦,避免造成新的损伤及并发症。

### (一) 单人徒手搬运法

(1) 扶行法,如图 4-19 所示。

(2) 背负法，如图 4-20 所示。

图 4-19　扶行法

图 4-20　背负法

(3) 拖行法(腋下拖行、衣服拖行、毛毯拖行)，如图 4-21 所示。

(a) 腋下拖行　(b) 衣服拖行　(c) 毛毯拖行

图 4-21　拖行法

(4) 爬行法，如图 4-22 所示。

图 4-22　爬行法

单人搬运法

### (二) 双人徒手搬运法

(1) 轿杠式,如图 4-23 所示。

图 4-23　轿杠式

(2) 椅拖式,如图 4-24 所示。

图 4-24　椅拖式

| | |
|---|---|
| 双人搬运法 | 三人搬运法 |

### (三) 三人徒手搬运法

三人徒手搬运法如图 4-25 所示。

图 4-25　三人徒手搬运法

（四）四人徒手搬运法

四人徒手搬运法如图 4-26 所示。

图 4-26　四人徒手搬运法

（五）担架搬运

担架搬运如图 4-27 所示。

图 4-27　担架搬运

## 六、对不同伤员的现场急救

（一）对中毒或窒息人员的急救

（1）立即将伤员从危险区抢运到新鲜风流中，取平卧位。

（2）立即将伤员口、鼻内的黏液、血块、泥土、碎煤等除去，解开其上衣和腰带，脱掉其胶鞋。

（3）用衣服覆盖在伤员身上保暖。

（4）根据心跳、呼吸、瞳孔等特征和伤员的神智情况，初步判定伤情的轻重。

(5) 当伤员出现眼红肿、流泪、畏光、喉痛、咳嗽、胸闷现象时，说明是二氧化硫中毒所致。当出现眼红肿、流泪、喉痛及手指、头发呈黄褐色现象时，说明是二氧化氮中毒。一氧化碳中毒的显著特征是嘴唇呈桃红色，两颊有红斑点。对二氧化硫、二氧化氮的中毒者只能进行口对口的人工呼吸，不能进行压胸或压背法的人工呼吸。

(6) 人工呼吸持续的时间以恢复自主性呼吸或到伤员真正死亡时为止。当救护队来到后，转由救护人员用苏生器苏生。

(二) 对外伤人员的急救

对外伤人员、烧伤人员、出血人员和骨折人员的急救，应分别采用包扎创面、止血和骨折临时固定等急救措施，然后迅速送往地面，到医院救治。

(三) 对溺水者的急救

突水中，人员溺水时，可能造成呼吸困难而窒息死亡。对溺水者应采取如下措施急救：

(1) 转送：把溺水者从水中救出后，立即送到比较温暖和空气流动的地方，松开腰带，脱掉湿衣服，盖上干衣服保暖。

(2) 检查：检查溺水者的口鼻，如果有泥水和污物堵塞，应迅速清除，擦洗干净，以保持呼吸道通畅。

(3) 控水：将溺水者取俯卧位，用木料、衣服等垫在其肚子下面；施救者左腿跪下，把溺水者的腹部放在右侧大腿上，使其头朝下；按压其背部，迫使水从体内流出。

(4) 上述控水效果不理想时，应立即做俯卧压背法人工呼吸或口对口吹气，或胸外心脏按压。

(四) 对触电者的急救

(1) 立即切断电源，或使触电者脱离电源。

(2) 迅速观察伤员有无呼吸和心跳。如发现已停止呼吸或心音微弱，应立即进行人工呼吸或胸外心脏按压。

(3) 若呼吸和心跳都已停止,应同时进行人工呼吸或胸外心脏按压。

(4) 对遭受电击者,若有其他损伤,如跌伤、出血等,应做相应的急救处理。

(五) 对冒顶埋压人员现场急救

(1) 扒伤员时须注意不要损伤其身体。靠近伤员身边时,扒掘动作要轻巧稳重,以免对伤员造成伤害。

(2) 如果确知伤员头部位置,应先扒去其头部煤岩块,以使头部尽早露出。头部扒出后,要立即清除口腔、鼻腔的污物,与此同时扒出身体其他部位。

(3) 此类伤员常常发生骨折,因此在扒掘与抬离时必须十分小心。严禁用手去拖拉伤员双脚或用其他粗鲁动作,以免使伤势加重。

(4) 当伤员呼吸困难或停止呼吸时,可进行口对口人工呼吸。

(5) 有大出血者,应立即止血。

(6) 有骨折者,应用夹板固定。如怀疑有脊柱骨折者,应该用硬板担架转运,千万不能由人扶持或抬运。

(7) 转运时须有医务人员护送,以便对发生的危险情况给予急救。

(六) 对长期被困在井下的人员急救

(1) 严禁用矿灯照射遇险者的眼睛,应用毛巾、衣服、纸张等蒙住其眼睛。

(2) 用棉花或纸张堵住其双耳。

(3) 注意保暖。

(4) 不能立即升井,应将其放在安全地点,使其逐渐适应环境和稳定情绪。待情绪稳定,体温、脉搏、呼吸及血压等稍有好转后,方可升井送医院。

(5) 搬运时要轻抬轻放、缓慢行走，注意伤情变化。

(6) 升井后和治疗初期，劝阻亲属探视，以免伤员因过度兴奋发生意外。

(7) 不能让其吃过量或硬的食物，限量吃一些稀软、易消化的食物，以使肠胃功能逐渐恢复。

# 第五章　煤矿职业危害及职业病防治

## 第一节　煤矿职业危害因素及职业病类型

### 一、职业病及职业危害因素概述

职业病是指企业、事业单位和个体经济组织（以下统称用人单位）的劳动者在职业活动中，因接触粉尘、放射性物质和其他有毒、有害物质等因素而引起的疾病。

职业病危害因素是指在生产过程、劳动过程和生产环境这三项劳动条件中，对从业人员的健康和劳动能力产生有害作用的作业场所的危害因素。职业病危害因素包括：职业活动中存在的各种有害的化学、物理、生物因素，以及在作业过程中产生的其他有害因素。

职业病是由于职业活动而产生的疾病，但并不是所有工作中得的病都是职业病。要构成职业病，必须具备以下四个条件：

（1）患病主体必须是用人单位的劳动者。

（2）必须是在从事职业活动过程中患病的。

（3）必须是因接触粉尘、放射性物质和其他有毒、有害物质等职业病危害因素引起的。

（4）必须是国家公布的职业病分类和目录所列的职业病。

### 二、煤矿常见职业病危害因素

煤矿生产中主要的职业病危害因素有粉尘、有毒有害气体、噪声和振动、不良气候条件等。

#### （一）粉尘

粉尘是煤矿的主要职业病危害因素之一。煤矿生产中，采煤、掘进、支护、提升运输、巷道维修等生产环节均会产生粉尘，这些粉尘可能使从业人员患上尘肺病。

（二）有毒有害气体

由于井下爆破、煤氧化、煤中放出等原因，矿井空气中含有甲烷（$CH_4$）、一氧化碳（CO）、二氧化碳（$CO_2$）、二氧化氮（$NO_2$）、硫化氢（$H_2S$）、二氧化硫（$SO_2$）、氨气（$NH_3$）等有毒有害气体，会导致职业中毒。

（三）噪声和振动

煤矿噪声和振动主要来源于井下机械化生产，其危害取决于生产过程、生产工艺和所使用的工具，如风动凿岩机和局部通风机的噪声和振动等。职工长期在噪声下工作，可能造成听力下降，甚至引起耳聋；长期接触振动，可能导致局部疼痛，甚至引起内脏器官损伤。

（四）不良气候条件

煤矿井下的不良气候条件有气温高、湿度大，不同地点风速大小不等和温差大等。长期在潮湿环境下工作的人员易患风湿性关节炎等。此外，劳动强度大、作业姿势不良也是煤矿井下工作的特点，易造成井下从业人员腰腿疼和各种外伤。

**三、煤矿常见职业病**

（一）硅肺

硅肺是由于职工在生产活动中长期在含游离二氧化硅10%以上、粉尘浓度大于2 mg/m³或含游离二氧化硅10%以下、粉尘浓度大于10 mg/m³的环境中工作，吸入含游离二氧化硅的呼吸性粉尘（硅尘）而引起的以肺组织弥漫性纤维化为主的全身性疾病。

尘肺病

（二）煤工尘肺

煤工尘肺是由于职工在煤炭生产活动中长期吸

入煤尘并在肺内滞留而引起的以肺组织弥漫性纤维化为主的全身性疾病。煤工尘肺病是我国煤炭行业累计患病人数、每年发病人数最多,对煤矿工人身体健康危害最大的职业病。

（三）水泥尘肺

水泥尘肺是由于职工在生产活动中长期吸入较高浓度的水泥粉尘而引起的一种尘肺病。水泥尘肺发病工龄较长,病情进展缓慢,发病工龄多在10～15年。

（四）职业性噪声聋

职业性噪声聋是由于职工在生产活动中长期接触高噪声而发生的一种进行性的听觉损伤。患者早期会出现听力下降,长期接触后,听力损失不能完全恢复,由功能性改变发展为器质性推行性病变。

## 四、从业人员和用人单位职业病预防的权利和义务

（一）从业人员职业卫生保护权利

(1) 获得职业卫生教育、培训。

(2) 获得职业健康检查、职业病诊疗、康复等职业病防治服务。

(3) 了解工作场所产生或者可能产生的职业病危害因素、危害后果和应当采取的职业病防护措施。

(4) 要求用人单位提供符合防治职业病要求的职业病防护设施和个人使用的职业病防护用品,改善工作条件。

(5) 对违反职业病防治法律、法规以及危及生命健康的行为提出批评、检举和控告。

(6) 拒绝违章指挥和强令进行没有职业病防护措施的作业。

(7) 参与用人单位职业卫生工作的民主管理,对职业病防治工作提出意见和建议。

用人单位应当保障劳动者行使上述权利。因劳动者依法行使正当权利而降低其工资、福利等待遇或者解除、终止与其订立的劳

动合同的，其行为无效。

（二）从业人员职业卫生保护义务

劳动者应当学习和掌握相关的职业卫生知识，增强职业病防范意识，遵守职业病防治法律、法规、规章和操作规程，正确使用、维护职业病防护设备和个人使用的职业病防护用品，发现职业病危害事故隐患应当及时报告。劳动者不履行上述规定义务的，用人单位应当对其进行教育。

（三）用人单位职业卫生保护义务

（1）配备防护设施、治理职业危害。

（2）对作业场所职业病危害因素进行评价与管理。

（3）对劳动者进行健康监护（上岗前、在岗中、离岗时）。

（4）按规定用不同的形式将职业病危害因素告知劳动者（合同告知、工作场所警示告知、培训教育）。

（5）建立危害监测和劳动者健康档案。

（6）职业病报告义务。

（7）对患职业病的劳动者救治、安置。

（8）为劳动者依法参加工伤劳动保险。

（9）落实职业危害治理和职业病防治经费。

（10）对未成年工、女工进行保护。

## 第二节 煤矿主要职业危害因素防治措施

煤矿职业病的防治，坚持“预防为主、防治结合”的方针，遵循三级预防的原则。第一级预防是使劳动者尽可能不接触职业危害因素，即使在职业危害不可避免的情况下，采取措施降低生产环境中职业危害因素浓度或强度，使之达到国家职业卫生标准；第二级预防是通过早期发现职业损害，并及时处理，防止进一步发展；第三级预防是对已患职业病者,及时做出诊断和进行恰当的治疗,防止病情恶化和发生并发症,促进康复。

煤矿生产中主要的职业病危害有粉尘、有毒有害气体、噪声和振动、不良气候条件等,应积极采取防治措施,降低乃至消除煤矿职业病危害因素。煤矿职业病危害因素防治措施主要包括以下内容。

## 一、粉尘的概念及其浓度限值

煤矿粉尘主要是煤尘、岩尘和水泥尘。煤尘进入人肺使人患煤肺病,岩尘进入人肺使人患硅肺病,水泥尘进入人肺使人患水泥肺病,通称为尘肺病。

《煤矿安全规程》规定,作业场所空气中粉尘(总粉尘、呼吸性粉尘)浓度应当符合表 5-1 的要求。不符合要求的,应当采取有效措施进行处理。

**表 5-1 作业场所空气中粉尘浓度要求**

| 粉尘种类 | 游离二氧化硅含量/% | 时间加权平均容许浓度/($mg/m^3$) | |
|---|---|---|---|
| | | 总尘 | 呼尘 |
| 煤尘 | <10 | 4.0 | 2.5 |
| 矽尘 | 10~50 | 1.0 | 0.7 |
| | 50~80 | 0.7 | 0.3 |
| | ≥80 | 0.5 | 0.2 |
| 水泥尘 | <10 | 4.0 | 1.5 |

注:时间加权平均容许浓度是以时间加权数规定的 8 h 工作日、40 h 工作周的平均容许接触浓度。

## 二、矿尘的防治

井工煤矿必须建立防尘洒水系统。永久性防尘水池容量不得小于 200 $m^3$,且贮水量不得小于井下连续 2 h 的用水量,备用水池贮水量不得小于永久性防尘水池的50%。防尘管路应当铺设到所有能产生粉尘和沉积粉尘的地点，没有防尘供水管路的采掘工作面不得生产。防尘措施如下：

(1) 减尘措施。减少采掘作业时的粉尘产生量，包括煤层注水、采空区灌水、湿式打眼、水炮泥爆破等措施。

(2) 降尘措施。包括各产尘点设喷雾洒水装置净化风流、转载点封闭、泡沫除尘等。

(3) 通风排尘。调整合适的风速，加强排尘。

**三、有毒有害气体的防治**

矿井空气中含有甲烷($CH_4$)、一氧化碳(CO)、二氧化碳($CO_2$)、二氧化氮($NO_2$)、硫化氢($H_2S$)、二氧化硫($SO_2$)、氨气($NH_3$)等有毒有害气体，会导致职业中毒。有毒有害气体的防治措施如下：

(1) 消除有毒有害气体。煤矿井下的有毒有害气体主要来源于炮烟和煤氧化、火灾等。由于很多有毒有害气体是易溶于水的，通过加强通风和喷雾洒水可以排除和降低有毒有害气体含量，净化空气，这是消除毒物危害的最根本、最有效的措施。

(2) 加强个人防护。炮烟未散去或作业现场空气质量太差时，不要着急进入工作面，待炮烟散尽、现场空气质量好转时再进入工作面。同时应用好防护服、防护面具、防尘口罩、自救器等。

(3) 提高机体抵抗能力。对于在有害物质场所作业的人员，给予必要的保健待遇，加强营养和锻炼。

(4) 加强对有害物质的监测，掌握有害物质浓度含量，做到心中有数，控制其危害程度。

(5) 对受到危害的人员及时进行健康检查。必要时实行转岗、换岗作业。

(6) 加强有害物质及预防措施的宣传教育工作。建立健全安全生产责任制、卫生责任制和岗位安全责任制。

## 四、生产性噪声的防护

噪声危害会损害听觉，引起各种病症，引发安全事故。预防噪声危害的措施如下：

(1) 控制噪声传播。隔声：用吸声材料、吸声结构和隔声装置将噪声源封闭，防止噪声传播。消声：用吸声材料铺装室内墙壁或悬挂于室内空间，吸收辐射和反射声能，降低传播中噪声的强度水平。

(2) 采用合理的防护措施。使用耳塞防护，合适的耳塞隔声效果可达 30～40 dB(A)，对高频噪声的阻隔效果较好。

(3) 合理安排劳动制度。工作时间穿插休息时间，休息时间离开噪声环境，限制噪声工作时间，可减轻噪声对人体的危害。

(4) 卫生保健措施。对受到噪声危害的人员定期体检，听力下降者需要及时治疗，严重者调离噪声作业岗位。就业前体检或定期体检中发现有听觉器官疾病、心血管疾病、神经系统器质性疾病者，不得从事噪声环境工作。

## 五、生产性振动的危害和防护

在生产过程中，按振动作用于人体的方式可分为局部振动和全身振动两种。其中局部振动是最常见的和危害较大的振动。

振动危害的预防措施：

(1) 局部振动的减振措施。改革工艺和设备，改革工作制度，合理使用减振用品，建立合理的劳动制度，限制作业人员接触振动时间。煤矿井下的振动危害主要来自风动凿岩机、综采综掘及其他机械。

(2) 全身振动的减振措施。在有可能产生较大振动的设备周围设置隔离地沟，衬以橡胶、软木等减振材料，以确保振动不能外传。对振动源采取减振措施，如用弹簧等减振阻尼器，减少振动的传递距离。在井下采煤机、掘进机、柴油车等座椅下加泡沫垫等，减弱运行中由于各种原因传来的振动。另外，利用尼龙件代替金属件，可减少机器的振动，及时检修设备，可以防止因零件松动引起的振动。

### 六、高温作业的防护

高温作业对人体的循环系统、消化系统、泌尿系统、神经系统等都有危害。高温作业的防护措施如下：

(1) 通风降温。加大风速排除热量，合适的风速可使温度降到一定的程度。

(2) 喷雾洒水降温。在工作面喷雾洒水既可以降温又可以降尘。

(3) 保健防护。供给含盐饮料，以补充人体所需水分和盐分。

(4) 发放保健食品。高温环境下作业，人体能量消耗快，应增加蛋白质、热量、维生素等的摄入，以减轻疲劳，提高工作效率。

(5) 个人防护。给工作人员提供结实、耐热、宽大、便于操作的工作服、工作帽、防护眼镜、隔热面具、隔热靴等。

(6) 医疗防护。对高温条件下作业人员进行就业前体检，凡有心血管系统疾病、高血压、溃疡病、肺气肿、肝病、肾病等疾病不宜从事高温作业的人员，不得安排其从事高温作业或调离高温作业。

## 第三节　职业病诊断、鉴定与职业病患者保障

### 一、职业病诊断与鉴定

劳动者健康出现损害需要进行职业病诊断、鉴定的，煤矿企业应当如实提供职业病诊断、鉴定所需的劳动者职业史和职业病危害接触史、作业场所职业病危害因素检测结果等资料。

#### (一) 职业病诊断

职业病诊断必须在职业病诊断机构进行，应选择用人单位所在地、劳动者本人户籍所在地或者经常居住地的职业病诊断机构进行职业病诊断。职业病诊断机构应组织 3 名以上单数职业病诊断医师

进行集体诊断。职业病诊断医师独立分析、判断并提出诊断意见，任何单位和个人无权干预。职业病诊断机构做出职业病诊断结论后，出具职业病诊断证明书，证明书包括诊断结论和诊断时间。

（二）职业病鉴定

当事人如果对职业病诊断结果或职业病鉴定结论存在异议，可以在接到职业病诊断证明书之日起30日内，向职业病诊断机构所在地设区的市级卫生行政部门申请鉴定。当事人对设区的市级卫生行政部门职业病鉴定结论不服的，可以在接到鉴定书之日起15日内，向原鉴定组织所在地省级卫生行政部门申请再次鉴定。职业病鉴定实行两级鉴定制，省级职业病鉴定为最终鉴定。

（三）职业健康监护档案

煤矿应当为劳动者个人建立职业健康监护档案，并按照有关规定的期限妥善保存。职业健康监护档案应当包括劳动者个人基本情况、劳动者职业史和职业病危害接触史，历次职业健康检查结果及处理情况，职业病诊疗等资料。劳动者离开煤矿时，有权索取本人职业健康监护档案复印件，煤矿必须如实、无偿提供，并在所提供的复印件上签章。

## 二、职业健康监护

职业健康监护是指以预防为目的，根据劳动者的职业接触史，通过定期或不定期的医学健康检查和健康相关资料的收集，连续监测劳动者的健康状况，分析劳动者健康变化与所接触的职业病危害因素之间的关系，并及时将健康检查和资料分析结果报告给用人单位和劳动者本人，以便及时采取干预措施，保护劳动者健康。

（一）职业健康检查分类

职业健康检查分为上岗前职业健康检查、在岗期间职业健康检查和离岗时职业健康检查。

（二）职业健康检查项目及体检周期

根据《职业健康监护技术规范》(GBZ 188)的基本要求，按照《煤

矿作业场所职业病危害防治规定》,与煤炭行业有关的职业健康检查项目及周期如下:

(1) 游离二氧化硅粉尘,检查周期 1 年。

(2) 煤尘,检查周期 2 年。

(3) 水泥尘、电焊烟尘,检查周期 2 年。

(4) 噪声,检查周期:作业场所噪声 8 h 等效声级大于等于 85 dB(A),1 年 1 次;作业场所噪声 8 h 等效声级大于等于 80 dB(A)且小于 85 dB(A),2 年 1 次。

(5) 高温,检查周期 1 年,应在每年高温季节到来之前进行。

(6) 手传振动,检查周期 2 年。

(7) 氮氧化物,检查周期 1 年。

(8) 一氧化碳,检查周期 3 年。

(9) 硫化氢,检查周期 3 年。

《煤矿作业场所职业病危害防治规定》中规定:煤矿不得安排未经上岗前职业健康检查的人员从事接触职业病危害的作业;不得安排有职业禁忌的人员从事其所禁忌的作业;不得安排未成年工从事接触职业病危害的作业;不得安排孕期、哺乳期的女职工从事对本人和胎儿、婴儿有危害的作业。劳动者接受职业健康检查应当视同正常出勤,煤矿企业不得以常规健康检查代替职业健康检查。

# 第二篇　班组管理篇

# 第六章　班组长应具备的基本素质与能力

## 第一节　表达与沟通能力

煤矿班组长在口头表达方面常存在如言辞模糊不清、声音低微、语速过快等问题，导致他人难以理解；或者存在词不达意、逻辑混乱等问题，使信息传达产生偏差，或者存在不善于倾听他人意见以及缺乏自信、过于严肃等问题，可能影响沟通效果。

### 一、口头表达能力

#### （一）具备良好口头表达能力的作用

班组长既履行普通员工的岗位职责，又承担一定的基层管理职责，而所有权利与职责的履行都离不开良好的口头表达能力。良好口头表达能力的作用如图 6-1 所示。

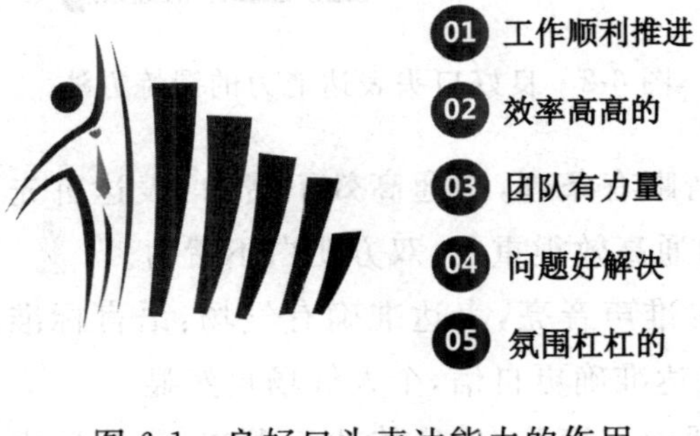


图 6-1　良好口头表达能力的作用

(1) 工作顺利推进：说话清楚明白，工作指示准确传达，避免误解，工作才能顺利开展。

（2）效率高高的：减少沟通障碍，避免时间浪费，提高工作效率。

（3）团队有力量：获得组员信任，增强团队凝聚力。

（4）问题好解决：协调资源，解决矛盾，保障工作质量。

（5）氛围杠杠的：积极交流，营造良好的工作氛围，激发大家的干劲。

（二）良好口头表达能力的锻炼方法

良好口头表达能力的锻炼方法如图 6-2 所示。

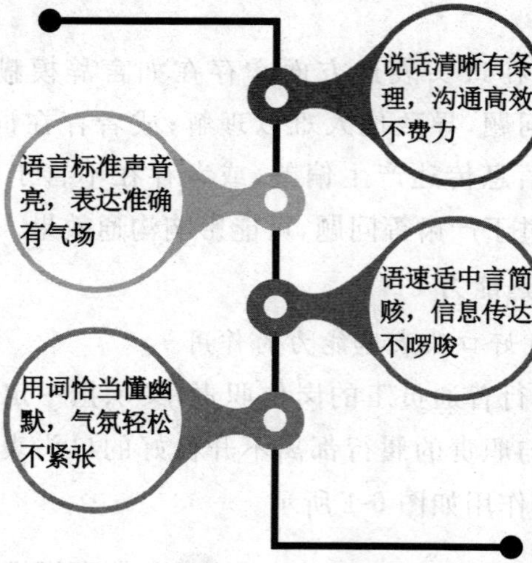


图 6-2　良好口头表达能力的锻炼方法

（1）说话清晰有条理，沟通高效不费力：表达首先要清晰，说话条理不能乱，沟通高效很重要，双方明白不费力。

（2）语言标准声音亮，表达准确有气场：语言标准是基础，声音洪亮有底气，表达准确更自信，个人气场自然显。

（3）语速适中言简赅，信息传达不啰嗦：语速适中要注意，言简意赅抓重点，信息传达要清楚，避免啰嗦省时间。

（4）用词恰当懂幽默，气氛轻松不紧张：用词恰当须思考，懂得幽默添趣味，气氛轻松又愉快，交流沟通不紧张。

## 二、书面表达能力

### （一）存在的问题

书面表达能力存在的主要问题见表 6-1。

**表 6-1　书面表达能力存在的主要问题**

| 存在的问题 | 具体表现 |
|---|---|
| 术语过多 | 使用大量专业术语，不易理解 |
| 安全意识弱 | 描述工作流程或措施时，忽略重要细节 |
| 数据不准确 | 报告中的数据错误，影响决策和效率 |
| 缺乏图表 | 复杂情况或数据表达不清 |
| 文件不规范 | 不符合行业或企业的要求，导致执行困难 |

### （二）具备精确书面表达能力的作用

（1）安全保障：精确规定防事故，安全生产有保障。

（2）效率提升：清晰任务提效率，工作轻松又顺利。

（3）凝聚增强：良好沟通促信任，团队凝聚力量大。

（4）管理优化：合理计划与措施，管理升级效果佳。

（5）问题解决：详细记录助改进，问题解决不再难。

（6）专业展示：高质量文件显能力，专业素养人人夸。

（7）信息共享：准确信息促共享，协同工作更顺畅。

（8）经验传承：书面留痕传经验，新人成长速度快。

### （三）书面表达能力的改进方法

书面表达能力的改进方法如图 6-3 所示。

（1）深度掌握煤矿知识：全面了解采煤、掘进、通风等专业知识，丰富行业术语，使表达更具专业性。

（2）安全至上原则明确：在书面沟通中，将安全置于首位，用词精准，避免歧义，确保员工清晰理解。

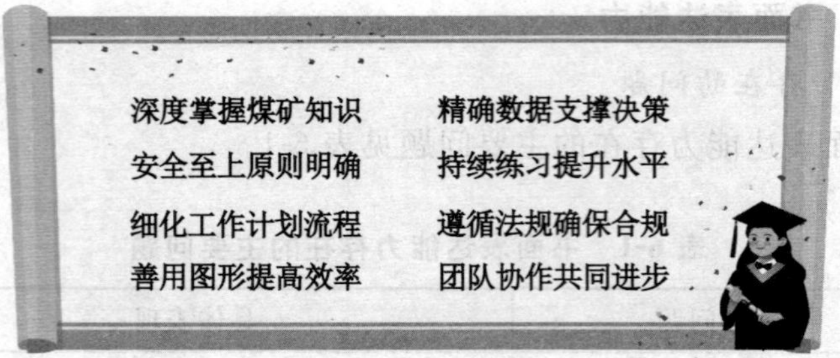


图 6-3　书面表达能力的改进方法

(3) 细化工作计划流程:依据煤矿特殊环境和任务需求,详细制订书面工作计划和操作流程。

(4) 善用图形提高效率:针对复杂情况和数据,巧妙运用图表、示意图等直观展示信息,增强沟通效果。

(5) 精确数据支撑决策:保证书面报告和记录中的数据准确无误,为决策和解决问题提供坚实依据。

(6) 持续练习提升水平:定期进行写作训练,撰写工作总结、报告等,通过实践不断提高书面表达能力。

(7) 遵循法规确保合规:深入学习并严格遵守煤炭行业相关法规和标准,确保书面内容合法合规。

(8) 团队协作共同进步:与同事积极交流写作经验和技巧,相互学习,共同提升精确表达能力。

## 三、有效沟通技巧

班组长不仅要经常与班组员工进行沟通,达成共识,还要把"沟通"升级为"有效沟通"。在沟通方面存在如下问题:专业术语使用不准确,让组员难以理解;忽视组员情绪,影响团队氛围;不熟悉新技术,导致沟通效率低下;在应急情况下,沟通指挥不畅,影响救援效果。针对这些问题,班组长可以通过学习、培训和实践,提高自身的沟通能力,确保信息准确传递,团队高效协作。

（一）具备高效沟通技巧的作用

具备高效沟通技巧的作用如图 6-4 所示。

图 6-4　具备高效沟通技巧的作用

(1) 安全无小事：煤矿环境复杂，班组长的“安全大喇叭”得时刻在线，让组员把安全规则牢记心间。

(2) 团队合作要默契：采煤如作战，班组长得是“沟通大师”，让团队紧密协作，战斗力爆表。

(3) 技术更新跟得上：新设备、新工艺不断涌现，班组长要当“科技达人”，给组员传授新技能。

(4) 突发情况不慌张：面对瓦斯突出、顶板事故等“大敌”，班组长要做“冷静指挥官”，把指令传达得明明白白。

(5) 团队氛围要活跃：班组长得是“心灵捕手”，和组员多交流，让团队充满活力。

（二）高效沟通技巧的锻炼方法

高效沟通技巧的锻炼方法如图 6-5 所示。

(1) 莫急莫慌，心平气和：遇到沟通问题，就像遇到瓦斯超限一样，不能慌，稳住，找出原因所在。

(2) 找准问题，对症下药：就像找煤层一样，仔细分析，追本溯源。

(3) 沟通方式，多种多样：面对面不行，就试试写信、发短信，总

图 6-5　高效沟通技巧的锻炼方法

有一种方法能打通“任督二脉”。

(4) 耳朵张开，嘴巴闭上：多听听组员的“牢骚”，别总是自己说个不停。

(5) 说话简单，别绕圈子：能一句话说清楚的，就别说得那么复杂。

(6) 共同商量，解决问题：大家一起出主意，就像挖煤一样，齐心协力把“沟通大山”挖掉。

(7) 学习进步，天天向上：多看看沟通技巧的书，就像学习煤矿安全知识一样，每天进步一点点。

**四、听取反馈能力**

班组长在听取反馈时，可能会表现出各种问题。比如，有的像“耳背”一样，对安全隐患和设备故障视而不见；有的则像“火爆”的瓦斯，一点就着，听不进不同意见；还有的就像“挑食”的矿工，只喜欢听好话，对改进建议却置之不理。此外，有些班组长缺乏耐心，心不在焉，或对问题麻木不仁，粗心大意，甚至反应迟钝，对组员的反馈处理缓慢。

（一）具备谦逊听取反馈能力的作用

听取反馈能力的作用如图 6-6 所示。

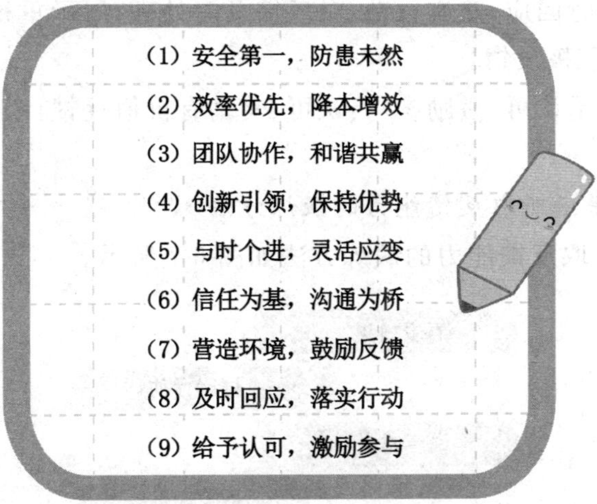


图 6-6　听取反馈能力的作用

（1）安全第一，防患未然：煤矿工作环境复杂，危险因素多，班组长应听取关于安全隐患的反馈，能及时采取措施，确保矿工生命安全。

（2）效率优先，降本增效：采煤等作业过程中，问题影响效率，班组长应倾听流程优化、设备改进等反馈，提高生产效率。

（3）团队协作，和谐共赢：煤矿工作需团队协作，班组长应关注协作问题和个人发展需求反馈，营造和谐团队氛围。

（4）创新引领，保持优势：煤矿行业技术更新快，班组长应鼓励创新和管理改进建议，以利于企业竞争保持优势。

(5) 与时俱进,灵活应变:煤矿受市场、政策等因素影响大,班组长应及时了解反馈,更好地适应变化并做出决策。

(6) 信任为基,沟通为桥:高风险行业,良好的沟通氛围很重要,班组长应善于倾听反馈,让矿工更信任,工作开展更顺利。

(7) 营造环境,鼓励反馈:班组长应建立开放、尊重的氛围,让组员敢反馈、愿反馈。

(8) 及时回应,落实行动:对反馈及时处理,展示重视,让组员知其价值,更积极反馈。

(9) 给予认可,激励参与:认可、奖励有价值反馈,激励组员继续积极参与。

### (二) 谦逊听取反馈能力的锻炼方法

谦逊听取反馈能力的锻炼方法如图 6-7 所示。

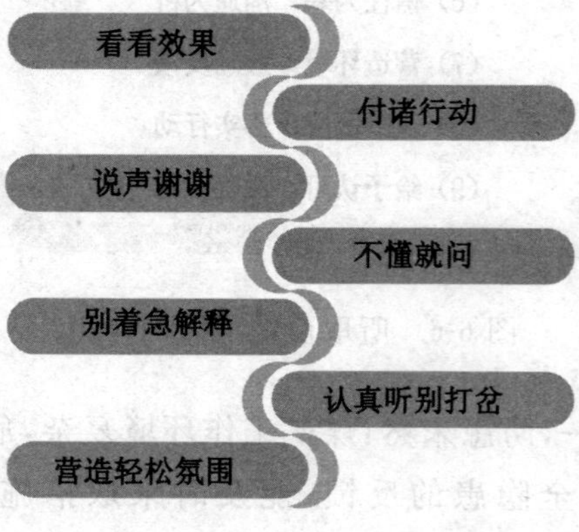


图 6-7 谦逊听取反馈能力的锻炼方法

(1) 营造轻松氛围:让大家知道你想听真话,有啥说啥别拘束。

(2) 认真听别打岔:别人说话时,别急着插嘴,先听人家说完。

(3) 别着急解释:听到不同意见,别急着辩解,换位思考一下。

(4) 不懂就问:有不明白的地方,别不好意思,大胆问清楚。

(5) 说声谢谢:对给你提意见的人,真诚地说声谢谢。

（6）付诸行动：有了好建议，别光说不练，得真刀真枪地干。

（7）看看效果：时不时地检查一下改进的情况，有问题就调整。

## 第二节　团队建设能力

班组团队建设，大多数基于班组长个人魅力，如做出样子，做出表率，用自己的言行示范去影响班组员工。班组长通过自己的言行示范，让班组员工感受到班组长对人对事的重视，从行到心得到班组员工的认可。这种认可，很容易让班组员工产生心锚。所谓的心锚是一种条件反射，是“触景生情”的一种，用自己的言行示范去影响班组员工，形成合力，从而完成好各项工作任务。但这往往需要班组长有较强的人格魅力，多数班组长停留在“望尘莫及”的边缘。

班组长可能会碰到一些难题。比如说，环境乱糟糟，大家说话听不清，消息传得慢，工作效率不高。不同工种的人一起干活，配合得不好，老有矛盾，活就干得慢了。班组长要是较为软弱，带不好队，活就干不好。该如何破局呢？

### 一、组建高效团队

#### （一）组建高效团队的作用

在煤矿作业中，班组长一旦组建了高效团队，简直就有如神助。首先，高效团队能够让工作效率“嗖嗖嗖”地往上涨，产量也可以跟着“蹭蹭蹭”地增加。同时，大家都知道煤矿作业的安全非常重要，一个高效的团队可以大大减少安全事故的发生，真正内化于心实现零死亡甚至零伤亡的目标。

此外，团队成员之间默契十足，不仅会让工作更顺利，还能让每个人都更有干劲。有了高效团队的“神助攻”，班组长管理起来也会更得心应手，就像是有了一群得力助手，工作既轻松又高效。这样的团队，谁能不爱呢？

## （二）组建高效团队的方法

组建高效团队的方法如图 6-8 所示。

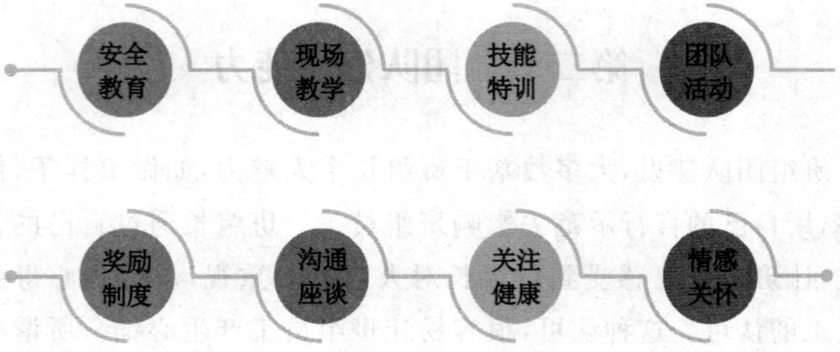


图 6-8 组建高效团队的方法

（1）安全教育：在班前会上，班组长可以分享一些近期的煤矿安全事故案例，尤其是身边人身边事。如未正确使用瓦斯检测仪器而导致的事故，让矿工们时刻保持警惕，明白瓦斯检测的重要性。

（2）现场教学：班组长在井下作业时，亲自示范正确的操作技巧，如采煤机的使用、顶板支护等。在掘进工作面，班组长可以手把手教新员工如何正确使用锚杆钻机，确保支护质量。

（3）技能特训：定期组织技能培训，针对煤矿工作中的特定技能进行讲解和练习，提升学习针对性。比如举办煤机操作培训，让矿工熟悉各种煤机的操作方法和维护要点。

（4）团队活动：组织矿工参加户外拓展活动，增强团队凝聚力。可进行一些团队合作游戏，如搭建矿井模型比赛，让大家在游戏中培养协作精神。

（5）奖励制度：设立奖励制度，对于工作表现出色的矿工给予物质和精神奖励。比如，颁发“安全之星”奖章，或者奖励一些实用的工具和生活用品。

（6）沟通座谈：定期组织矿工座谈会，让大家有机会表达自己的意见和建议。班组长要认真倾听，及时解决矿工反映的问题，改善工作环境。

(7) 关注健康：关注矿工的身体健康，提供必要的防护设备和健康检查。可以组织工间操活动，让矿工在工作之余适当活动身体，预防职业病。

(8) 情感关怀：班组长要学会将心比心，多站在矿工的角度思考问题，站在大局的高度看待问题。遇到问题时，不自作主张，和工友一起协商解决。对受到批评或处罚的人，单独与其谈心，讲明批评或处罚的原因，消除其抵触情绪。

## 二、培养团队协作精神

在煤矿工作中，班组长注重培养团队协作精神意义重大。通过团队协作，矿工彼此照应，如同安全网一般，为安全生产提供坚实保障。各工种间默契配合，犹如高效运转的机器，大幅提升工作效率。“老带新”的传统使团队整体技能水平不断提高，应对各种挑战更加从容。在面对突发状况时，团队的凝聚力和协同作战能力成为解决问题的关键。此外，紧密团结的团队宛如一个大家庭，共同为煤矿的稳定发展贡献力量。

### (一) 培养团队协作精神的作用

培养团队协作精神的作用如图 6-9 所示。

(1) 安全多一道防线：在煤矿工作中，大家相互关照，就像多了一双眼睛，能及时发现隐患，避免事故发生。

(2) 干活儿更利索：采煤、掘进、运输等各个环节紧密配合，就像齿轮一样，转得又快又稳，提高工作效率。

(3) 本事学得快：老师傅带徒弟，徒弟有问题随时问，大家一起进步，整个团队的能力“蹭蹭”往上涨。

(4) 遇事不慌：碰到突发情况，大家一起上，齐心协力解决问题，煤矿生产有保障。

图 6-9 培养团队协作精神的作用

(5) 心齐力量大:大家团结一心,就像一家人,有活儿一起干,有困难一起扛。

(二) 培养团队协作精神的方法

1. 明确班组长在其中扮演的角色(见图 6-10)

图 6-10 班组长的角色定位

(1) 带头大哥:班组长要有带头大哥的气度,把自己班组的矿工当作兄弟,带着兄弟们一起向前冲,为了共同目标一起去努力。

(2) 和事佬:大家在工作中难免有摩擦,班组长就是那个能调解矛盾、让大家一团和气的和事佬。

(3) 主心骨:遇到困难的时候,班组长得站出来稳定军心,给大家吃下定心丸。

(4) 传声筒:班组长要把上面的指示传达给下面的每个组员,也要把下面的情况反映给上面,起到上下沟通的桥梁作用。

(5) 老师傅:班组长得有几把刷子,自身专业素质得过硬,把自己的经验和技能教给组员，让大家都能进步。

（6）啦啦队队长：班组长要会给组员加油打气，鼓励大家好好干，提高大家的工作积极性。

（7）大当家的：关键时刻，班组长得果断决策，给大家指明方向，带着大家一起干。

2.培养团队协作精神的方法（见图6-11）

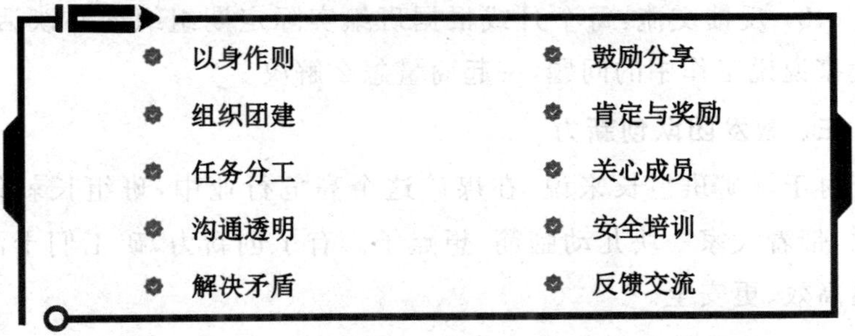


图6-11　培养团队协作精神的方法

（1）以身作则：遇到上级安排的急难险重任务时，班组长要带头，起表率作用。

（2）组织团建：比如举办矿工拔河比赛，大家在比赛中齐心协力，增进彼此的感情。

（3）任务分工：班组长根据每个人的强项，安排合适的任务，大家各司其职，提高工作效率。

（4）沟通透明：班前会上，班组长用通俗易懂的语言说明工作任务，让每个人都明白要做什么。

（5）解决矛盾：两个人工作上有分歧，班组长须第一时间去调解，帮他们找到共同点，达成共识，以解决问题。

（6）鼓励分享：在安全培训时，让经验丰富的矿工讲讲自己的窍门，大家互相学习。

（7）肯定与奖励：哪个班组在安全检查中表现得好，就给他们发放一些实用的奖品，或者可以给予适当的休息时间作为激励。

(8) 关心成员：若知道有成员家里存在困难，班组长可组织大家一起帮忙，让他感受到大家的关心。

(9) 安全培训：组织有针对性的培训，本着“缺啥补啥”原则，由专业老师来到现场，用真实的案例告诉大家团队协作对安全的重要性。

(10) 反馈交流：每个月或根据班组实际定期组织谈心谈话会，让大家说说工作中的问题，一起商量怎么解决。

### 三、激发团队创新力

对于煤矿班组长来说，在煤矿这个高危行业中，班组长就像领头雁，带着大家一块儿动脑筋、想点子。有了创新力，矿工们干活才能更高效、更安全。

#### (一) 激发团队创新力的作用

首先，煤矿工作环境复杂，工作强度大，创新力可以帮助班组长找到更高效、更安全的工作方法，提高工作效率，减轻矿工的工作负担。其次，煤矿工作存在很多安全隐患，创新力可以帮助班组长发现并解决这些隐患，保障矿工的生命安全。与此同时，激发团队创新力可以增强团队的凝聚力和向心力，提高员工的工作满意度，为企业的发展注入新的活力。

#### (二) 激发团队创新力的方法

激发团队创新力的方法如图 6-12 所示。

(1) 沟通开放：鼓励团队成员自由交流，分享想法和经验，让大家感受到尊重和信任。案例：煤矿班组长定期组织团队成员召开“诸葛亮会”，鼓励大家畅所欲言，提出自己的想法和建议。在这个过程中，团队成员可以自由地表达自己的观点，并且不会受到批评和指责。通过这种方式，团队成员之间的信任得到了加强，大家也更加愿意分享自己的想法和经验。

图 6-12 激发团队创新力的方法

(2) 培训学习:组织团队成员参加安全培训和技术培训,让大家掌握最新的安全知识和技术,为创新打下了坚实的基础。案例:购置设备合同中明确了厂家的培训义务,可邀请设备厂家围绕设备原理、结构组成、流程操作等方面,有针对性地开展业务素质培训,帮助班组员工快速适应新生产模式,高效组织生产。

(3) 鼓励尝试:树立"自由畅想,让创意变成现实"的创客理念,鼓励员工提出新的想法和建议,营造创新氛围。案例:班组长鼓励团队成员尝试新的工作方法和技术,并且为他们提供必要的资源和支持。即使有些尝试失败了,班组长也不要轻易批评和指责,而是要帮助团队成员分析原因,总结经验教训。唐口煤业的苏光辉班组通过"采煤机割煤速度分段控制法""沿空侧采取自最外侧过渡架依次向工作面支架方向放煤,对平巷及上下巷煤柱顶煤回收""实体侧自中间向端头过渡架放煤"新工艺等创新活动,提高了生产效率。

(4) 奖励创新:认可创新成果,激发积极性。案例:建立了创新奖励机制,对有创新成果的团队成员进行物质奖励和精神奖励。通过这种方式,团队成员的积极性得到了激发,大家更加愿意在工作中创新。

(5) 引入资源:拓宽视野,学习经验。案例:适时邀请行业专家和设备厂家技术员到企业进行交流和分享,让团队成员了解最新的行业动态和技术创新成果。通过这种方式,团队成员的视野得到了拓宽,为创新提供了更多的灵感和思路。

(6) 关注需求:针对性创新,解决问题。案例:关注团队成员对工作环境和福利待遇的需求,组织团队成员进行讨论和协商,制定改善工作环境和提高福利待遇的方案。通过这种方式,团队成员的需求得到了满足,他们的工作积极性和创新动力也得到了提高。

(7) 给予自主:培养能力,适当放手。案例:给予团队成员一定的自主权,让他们在工作中有更多的自主决策空间。例如,在一些具体的工作任务中,团队成员可以根据自己的经验和判断进行决策,并且可以根据实际情况进行调整和优化。通过这种方式,团队成员的创新能力得到了培养,他们也更加愿意在工作中发挥自己的主观能动性。

(8) 以身作则:展示创新精神,树立榜样。案例:煤矿班组长在工作中展现出了创新精神,带领团队成员改进了工作流程和设备,提高了工作效率和安全水平。通过这种方式,为团队成员树立了榜样,激发了大家的创新动力。

## 四、解决团队冲突与矛盾

对于煤矿班组长来说,解决团队冲突和矛盾就像是他们的“必修课”,非常重要!

### (一) 解决团队冲突与矛盾的作用

解决团队冲突与矛盾的作用如图 6-13 所示。

### (二) 解决团队冲突与矛盾的方法

解决团队冲突与矛盾的方法如图 6-14 所示。

图 6-13　解决团队冲突与矛盾的作用

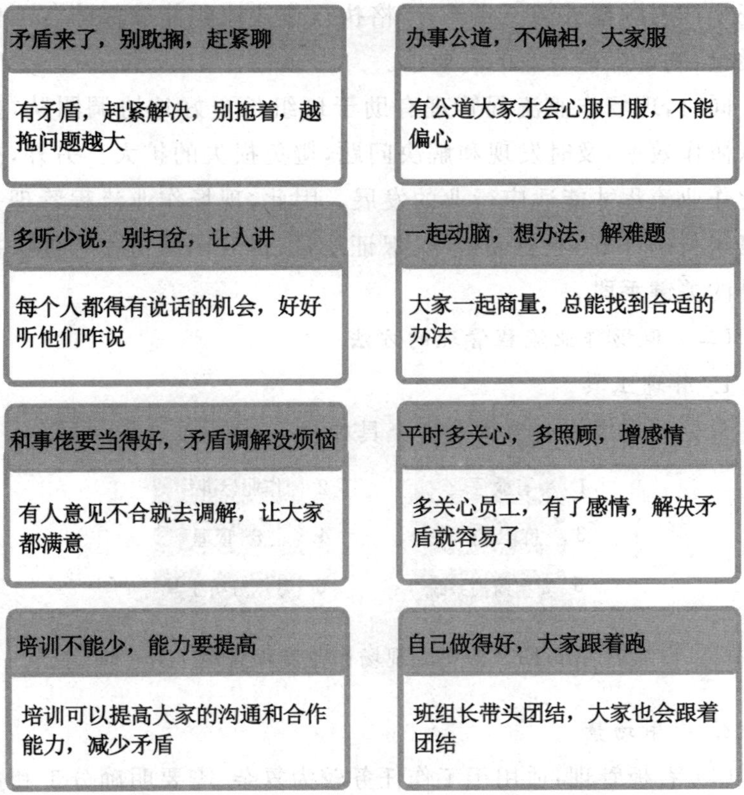


图 6-14　解决团队冲突与矛盾的方法

# 第三节　现场管理能力

## 一、现场作业流程管理能力

### （一）现场作业流程管理的作用

煤矿班组长在工作中开展现场作业流程管理至关重要。首先，这有助于确保员工在高风险的煤矿环境中遵守安全规定，减少事故发生。其次，通过精细化管理作业流程，班组长可以提高生产效率，保证生产的顺畅进行。此外，严格执行作业流程能够保障各项作业的质量，满足煤矿行业的高要求。

同时，现场作业流程管理有助于班组长更好地协调团队，提高团队协作效率，及时发现和解决问题，避免损失的扩大。另外，持续优化作业流程才能适应行业的发展。因此，现场作业流程管理是煤矿班组长确保安全、提高效率、保证质量、提升团队协作和促进持续改进的关键手段。

### （二）现场作业流程管理的方法

1. 管理工具

常见的现场作业流程管理工具如图 6-15 所示。

| | | | |
|---|---|---|---|
| 1 | 看板管理 | 2 | 作业标准化 |
| 3 | PDCA 循环 | 4 | 5S 管理 |
| 5 | 安全监控系统 | 6 | 数据分析工具 |

图 6-15　常见的现场作业流程管理工具

2. 应用场景

（1）看板管理：适用于工作任务较为复杂、需要明确分工和进度跟踪的场景，如采掘工作面、设备维修等。比如采掘工作面，可以设置看板展示当班的工作任务、负责人和完成时间，也可以展示每个采煤小组的采煤区域、采煤进度和预计完成时间，让班组长和员工能够清晰地了解工作进展情况。

（2）作业标准化：适用于操作行为需要规范、重复性较高的场景，如采煤、掘进、运输等作业环节。以采煤作业为例，可以制定标准化的操作步骤，如采煤机启动前的检查、采煤过程中的注意事项等。如制定详细的采煤机操作规程，包括开机前的安全检查、采煤机运行速度、采高控制等，确保员工按照标准操作，提高采煤效率。

（3）PDCA 循环：适用于需要持续改进的场景，如安全管理、生产效率提升等。在安全管理中，可以运用 PDCA 循环改进安全措施。例如，通过定期的安全检查发现隐患，制定整改措施，然后执行整改并进行效果检查，最后总结经验教训，不断完善安全管理制度。

（4）5S 管理：适用于工作环境对安全和效率有较大影响的场景，如井口、巷道、设备存放区等。在设备存放区，实施 5S 管理可以改善工作环境。例如，整理设备存放区域，明确标识设备位置，定期进行清扫和维护，提高设备的可用性和寿命。

（5）安全监控系统：适用于对安全要求较高的场景，如瓦斯监测、顶板管理等。在瓦斯监测中，利用安全监控系统实时监测瓦斯浓度。例如，安装瓦斯传感器，当瓦斯浓度超过设定值时，系统会自动报警，提醒班组长及时采取措施，确保井下作业安全。

（6）数据分析工具：适用于需要通过数据分析来优化作业流程、发现潜在问题的场景，如生产指标分析、设备故障预测等。通过分析设备故障数据，可以发现设备的易损部件和故障频发点。例如，对过去一段时间内设备的故障记录进行统计分析，找出故障发生的规律和原因，为设备维护和更新提供依据。

## 二、生产计划与调度能力

煤矿班组长在煤矿生产中扮演着关键角色，他们需要具备生产计划与调度能力。面对煤矿生产的复杂环境和不确定性，班组长应通过科学合理的生产计划，确保工作任务的高效执行，并能灵活应对突发状况。同时，有效的调度能力可以协调团队工作，保障生产的连续性和安全性。这些能力是班组长领导团队、实现卓越绩效的重要保障。

（一）考虑的因素

生产计划与调度能力重点要考虑的因素如图 6-16 所示。

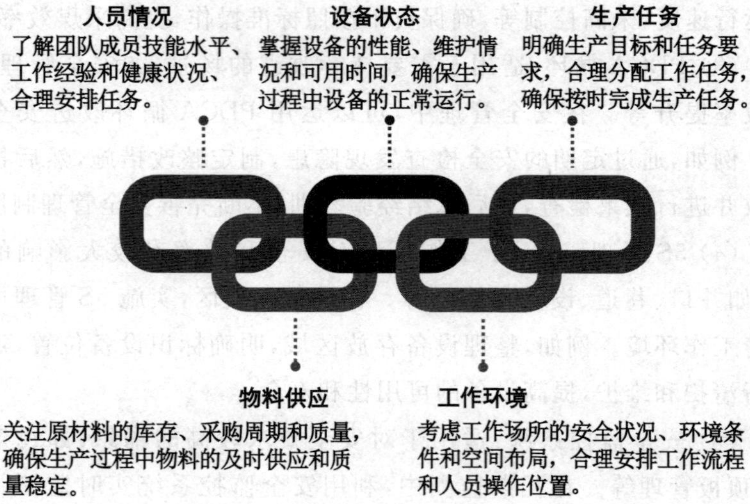


图 6-16　生产计划与调度能力重点要考虑的因素

（二）方法技巧

生产计划与调度能力培养的方法技巧如图 6-17 所示。

## 三、现场问题解决能力

煤矿班组长须具备现场问题解决能力，原因在于：首先，煤矿环境复杂，安全隐患多，班组长需要迅速解决问题，确保员工安全和生产顺利。其次，生产中问题频出，如设备故障、人员短缺等，班组长需及时处理，提高生产效率。再者，产品质量关乎企业效益和形象，班组长要解决现场问题，保证质量。同时，解决问题时的沟通协作学习培训不能少：参加相关课程，增长知识和技能。
- 实践出真知：工作中积累经验，总结反思要做好。
- 数据分析很重要：用好数据工具，计划调度更合理。
- 沟通协调要加强：和团队、领导、其他部门多交流。
- 注重细节别马虎：考虑周全，计划才能行得通。
- 应变能力要培养：遇到问题能应对，生产才能顺顺利利。
- 学习新技术：跟上行业步伐，应用先进方法。
- 团队协作是关键：打造高效团队，一起努力向前冲。
- 安全意识常在心：生产安全第一位，不能有丝毫松懈。
- 持续改进求进步：不断优化，能力提升更上一层楼。

图 6-17　生产计划与调度能力培养的方法技巧

能增强团队凝聚力，面对突发事件，班组长的快速应对能减少损失。总之，这种能力对保障安全、提高效率、保证质量、增强凝聚力和应对突发事件都至关重要。

（一）实用工具

现场问题解决能力培养的实用工具如图 6-18 所示。

图 6-18　现场问题解决能力培养的实用工具

### （二）提高能力的方法

现场问题解决能力提高的办法如图 6-19 所示。

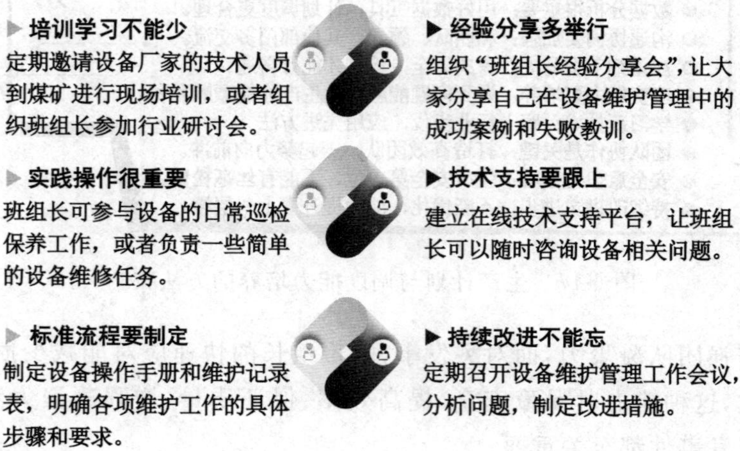


图 6-19　现场问题解决能力提高的办法

## 四、设备与设施维护管理能力

煤矿工作环境复杂，安全至关重要，设备的正常运行是保障安全的关键。因此，煤矿班组长必须具备设备与设施维护管理能力。他们需要通过这种能力，及时发现和解决安全隐患，减少事故发生，同时提高生产效率，降低成本，增强团队协作，并适应技术更新，从而推动煤矿的持续稳定发展。

### （一）具体举措

设备与设施维护管理能力锻炼的具体措施如图 6-20 所示。

### （二）操作工具

设备与设施维护管理能力操作工具如图 6-21 所示。

## 五、标准化管理体系的构建和实施能力

班组建设始于标准、行于标准、成于标准，在煤矿作业中，安全生产是首要任务，而标准化管理体系可以规范操作流程，降低事故

**主动学知识**

把煤矿的安全规定、操作流程和技术标准搞得明明白白，这是解决问题的基础。

**练火眼金睛**

在现场得仔细观察环境、设备、人员操作有啥不对劲的，须第一时间识别出来。

**沟通要得法**

和组员、领导、其他部门打好配合，有问题大家一起解决。

**经验靠积累**

多深入一线处理问题、解决问题，遇到突发情况就不慌了。

**案例多研究**

看看别人出过的事，长点记性，别在自己班上犯同样的错。

图 6-20　设备与设施维护管理能力锻炼的具体措施

**设备手册和操作指南**

提供详细的设备操作步骤、维护要求和常见故障排除方法，帮助班组长快速了解设备。

**维护管理软件**

用于记录设备维护历史、计划维护任务、提醒保养周期等，方便班组长进行设备管理。

**培训视频和在线课程**

通过观看视频和参加在线课程，学习设备维护的理论知识和实际操作技巧。

**设备健康监测工具**

如煤矿粉尘检测仪、无线智能传感器、温振数据接收站等，帮助班组长检测设备运行状况，及时发现潜在问题。

图 6-21　设备与设施维护管理能力操作工具

风险，确保员工的生命安全。同时，标准化管理能够提高生产效率，保证产品质量，增强团队的凝聚力。此外，随着行业标准的不断提升，班组长需要通过实施标准化管理来适应企业、行业变化，培养高素质的员工队伍，以提高企业的竞争力。

（一）适用的工具

标准化管理体系的构建和实施工具如图 6-22 所示。

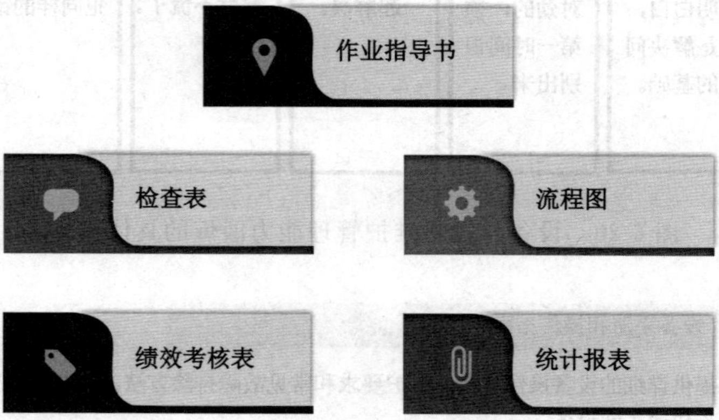


图 6-22　标准化管理体系的构建和实施工具

（1）作业指导书：如针对煤矿采掘工作，制定详细的作业指导书，包括采掘设备的操作步骤、安全注意事项等。

（2）检查表：以煤矿设备检查为例，可以设计检查表，列出设备的各项检查要点，如润滑情况、密封性等。

（3）流程图：以采煤工艺流程为例，绘制流程图，清晰展示各个环节的顺序和关系。

（4）绩效考核表：设定如采煤量、进尺、设备完好率等绩效指标，通过绩效考核表评估班组长和员工的表现。

（5）统计报表：通过统计报表，监测瓦斯浓度、设备运行时间等数据，及时发现异常。

(二) 改进的方法

标准化管理体系的构建和实施改进方法如图 6-23 所示。

1. 培训教育不可少，工具用法要知晓；
2. 实践指导要跟上，应用方法需掌握；
3. 案例分享很重要，成功经验要学到；
4. 持续改进不能忘，效果评估要经常；
5. 建立激励机制好，积极应用有回报；
6. 团队合作力量大，共同努力效果佳。

图 6-23　标准化管理体系的构建和实施改进方法

## 第四节　安全管理能力

### 一、安全规章制度的掌握与执行能力

(1) 多培训：定期给班组长"充电"，把安全规章制度"刻"在脑子里。

(2) 编指南：编制详细的安全操作指南，班组长照着做。

(3) 召开案例分析会：大家一起讨论实际案例，从中吸取教训。

(4) 现场"盯梢"：派人到现场盯着班组长，有问题及时指出，帮助其养成好习惯。

(5) 营造安全氛围：让大家都把安全放心上，形成一种文化，就像每天要吃饭一样重要。

(6) 定期组织演练：多演练，遇到紧急情况就不会手心忙脚乱了。

## 二、风险评估与防范能力

### （一）实施的工具

风险评估与防范能力实施工具如图 6-24 所示。

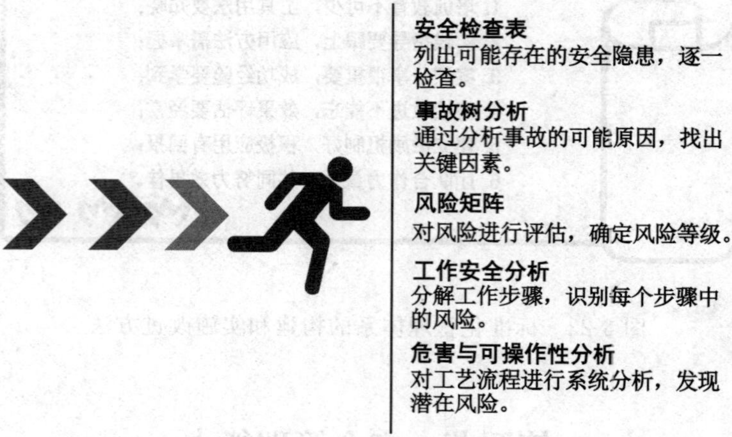


图 6-24　风险评估与防范能力实施工具

### （二）提升的技巧与方法

（1）现场模拟演练：模拟井下可能出现的风险情况，如瓦斯超限、顶板冒落等，让班组长亲身体验并处理。

（2）事故复盘：对以往的煤矿事故进行复盘分析，让班组长从中学到教训，避免类似错误。

（3）安全竞赛：组织安全知识竞赛、技能比武等活动，激发班组长学习和应用风险评估与防范知识的积极性。

（4）与专家互动：邀请安全专家到煤矿举办讲座或进行指导，班组长可以直接与专家交流，解决实际问题。

（5）小组讨论：将班组长分成小组，针对具体的风险场景进行讨论，共同制定防范措施。

（6）可视化管理：使用图表、看板等工具，将风险信息直观地展示出来,方便班组长快速了解和应对。

(7) 定期考核:通过定期的安全考核,检验班组长对风险评估与防范知识的掌握程度,督促其不断提升。

## 三、应急处理与救援能力

事故现场的前几分钟,被称为“救命的黄金时刻”。班组长作为事故灾难预防现场第一响应者,他们的应急能力是企业整体应急能力的基础,直接决定着事故应对的有效性,间接反映了企业整体应急能力的强弱。

### (一) 应急物资准备

(1) 应急预案手册:详细记录各种可能发生的紧急情况及应对措施的手册。

(2) 急救包:包含常用的急救药品和器材,如绷带、止血带、夹板等。

(3) 自救器:在缺氧或有害气体环境下提供呼吸保护的设备。

(4) 灭火器:用于扑灭初期火灾的工具。

(5) 检测仪器:如瓦斯检测仪、一氧化碳检测仪等,用于检测井下环境中的危险气体浓度。

(6) 通信设备:如对讲机、卫星电话等,确保班组长在紧急情况下能与外界保持联系。通信设备涉及工具很多,不限于以上,在具备应急处理与救援能力的同时须备好救援物资。

### (二) 提升的技巧与方法

(1) 定期进行应急演练:组织煤矿班组长参与各种类型的应急演练,如火灾、瓦斯爆炸、顶板事故等,让他们在模拟的紧急情况下实践应对策略。

(2) 加强安全培训:为班组长提供专业的安全培训课程,包括应急处理与救援的理论知识、操作技能等。

(3) 制定详细应急预案:协助班组长制定针对不同灾害的详细

应急预案，明确各成员的职责和行动步骤。

(4) 建立应急通信系统：确保班组长在紧急情况下能够及时与其他人员进行联系，了解现场情况并协调、支持救援工作。

(5) 提供救援装备和工具：配备必要的救援装备和工具，如自救器、灭火器、急救箱等，并让班组长掌握其使用方法。

(6) 案例分析与讨论：定期组织案例分析和讨论会议，分享实际发生的应急事件及处理经验，从中学习。

(7) 与专业救援队伍合作：与专业的救援队伍建立联系，进行联合演练或培训，提高协同救援能力。

## 四、安全培训与宣传能力

### (一) 提升思路

班组长要实施“技能素质提升工程”，提升班组学习力。班组的学习力与职工素质息息相关。把提升班组学习力和职工素质作为班组自主管理上水平的立足点和落脚点，分专业、分岗位制订有针对性的培训计划，采取“主餐＋点餐”“线上＋线下”“理论＋实战”的学习培训模式，培养一专多能的复合型职工。把全员岗位练兵、技术比武下沉到班组，建立学习制度，制订学习计划，不断提升职工的安全素质、技能素质。如开展流程设计比赛，优化综采队班前会流程；开展“班前快餐”活动，通过讲、学、谈等形式，有效解决现场各生产环节遇到的问题。

### (二) 自身强化

作为班组长，要想搞好班组培训与宣传工作，必须提高自身的素养，做一名“知识型”班组长，做业务上的权威、技术上的标杆。

(1) 班组长“有目标”：要让班组成员知道“目标是什么”“为什么这样干”“如何干”“如何才能干好”，不断总结，有了明确的结果目标，为结果而战，团队才能全力以赴，而不是尽力而为。

(2) 班组长“有技能”：首先班组长必须要有一定的实力，其次在团队中，班组员工每个人都必须独当一面，只有这样，班组长才能服众，团队里面的每一位员工才能发挥其技能，既能完美完成工作，又能迎难而上解决问题。在班组管理中，尤其是生产一线的班组长，“如何赢得大家的信任”“如何树立自己的威信”是目前现阶段多数班组长所面临的难题。没有过硬的技术、没有一定的文化素养，在班组管理中很难服众。

企业作为班组长的“娘家”，要为班组长遮风挡雨。政治上，为班组长提供成熟成长的空间，赋予班组长更高荣誉和更强动力；学习上，为班组长搭建提升的平台，创造更多学习、培训、历练的机会；经济上，适当向班组长倾斜，让班组长“劳”有所得、“责”有所得、“能”有所得、“勤”有所得、“专”有所得，既有“里子”又有“面子”。

# 第七章 班组管理重点工作

## 第一节 开好班前会

班前会是由班组长主持,以班组为单位,在工作开始之前,在指定的地点,班组成员集合在一起召开的工作准备会议,其主要目的是安排当天的生产任务和做好安全预防工作。班前会分为室内班前会和现场班前会。

班前会经常出现的问题是:重要的信息忘了讲,想讲的事情没讲清,自认为讲清楚的事情员工没听懂,讲的事和要干的工作脱节。

班前会的有效召开,是做好当班工作的前提和基础,因此要从以下几个方面展开,组织好班前会活动。

### 一、班前会是安全生产第一关

班前会是班组每天工作的开端,是煤矿企业日常生产管理的重要组成部分,也是做好安全生产的第一步。同时,班前会是班组长树立个人威信,提高沟通表达能力,进行有效管理、指导和培训员工的重要平台,是员工学习、成长的重要平台,是创新思维的平台,是团队建设的平台,是企业文化塑造的平台……开好班前会,对于确保生产安全、提高生产效率具有重要意义。

班前会对现场管理、团队和班组长的价值如图 7-1 所示。

### 二、九个目标要落实

(1) 布置生产任务和目标:使员工明确当天的工作任务和目

**班前会的价值**

- 管理的平台
- 沟通的平台
- 学习的平台
- 创新的平台
- 安全的平台
- 成长的平台
- 快乐的平台
- 团队建设的平台
- 文化塑造的平台
- 创新思维的平台
- ……

图 7-1　班前会对现场管理、团队和班组长的价值

标，包括产量、质量等要求，确保班组成员清楚自己的工作职责和任务。

(2) 提高员工安全素养：班前会是班组安全文化建设的重要平台。通过班前会，可以宣传企业的安全文化理念，弘扬安全生产的先进典型，使班组成员在潜移默化中受到安全教育和熏陶，提高他们的安全素养和安全行为能力；向员工传达安全生产信息，通报近期发生的安全事故，提醒大家引以为戒，增强安全防范意识。

(3) 预防安全事故：班前会上，分析工作环境中的危险源和潜在风险，提醒班组成员注意安全事项，做好防范。查找存在的安全隐患和问题，提出改进措施，确保工作场所的安全，预防安全事故的发生。

(4) 学会处理紧急情况：向班组成员介绍紧急情况下的应急处理方法，确保班组成员能够迅速、正确、有效地应对紧急情况，保障

自身和他人的安全。

(5) 提高员工技能水平:班组长可以安排专业人员对班组成员进行培训和学习,提高工作技能和知识水平。培训、学习内容可以包括操作规程、安全知识、新技术、新材料、新工艺、新装备等,使员工更好地完成生产任务。

(6) 开展团队建设:班前会通过建立"轮值机制、评议机制、分享机制、活力机制"等班组人本管理机制,提高团队成员的参与度和积极性,让每个员工都参与到班组管理中来。可以通过组织一些简短的团队活动,如击掌问好、呼喊口号、高唱队歌、安全问答等,活跃团队气氛。可以通过解决问题研讨会、成功经验分享会,增进员工之间的沟通和交流,加强团队协作。通过设立班组目标,让班组成员了解班组的工作方向和重点,明确每个人的责任和义务,增强团队成员的责任感和使命感,提高团队的凝聚力和向心力。通过班前会,加强团队建设,鼓舞班组成员士气,使员工产生良好的精神风貌,形成良好的工作氛围。

(7) 及时解决问题:鼓励班组成员提出工作中遇到的问题或困难。通过问题反馈,可以及时发现生产过程中的问题,班组长及时解答并提供解决方案,确保安全生产。

(8) 提高管理水平:通过班前会,班组长可以了解一线员工的工作情况,及时发现问题、解决问题,不断提高管理水平。

(9) 落实安全生产责任制:班前会可以明确各级各类人员在安全生产中的职责,落实安全生产责任制,确保安全生产责任到人。

班前会的目标如图 7-2 所示。

### 三、简短高效提士气

(1) 简短高效:班前会的时间应控制在合理范围内,避免时间过长导致员工疲劳或注意力不集中。会议内容应简明扼要、重点突出,确保每位员工都能迅速了解关键信息。

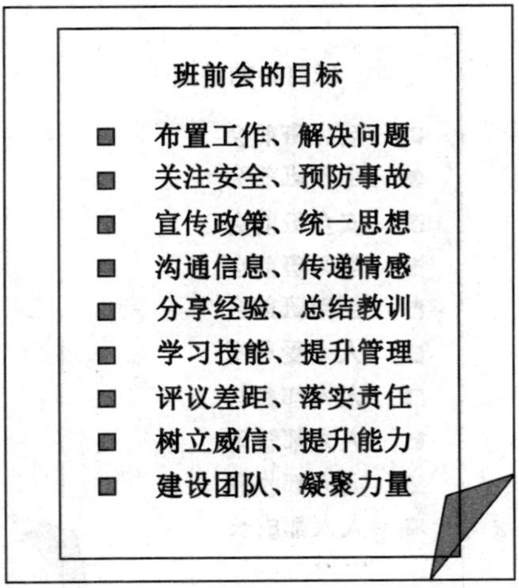


图 7-2　班前会的目标

(2) 互动性强：鼓励员工在班前会中积极参与讨论和提问，分享自己的观点和建议。班前会要充满活力，营造开放、包容、相互尊重的氛围，让员工能够充分表达意见，并最终形成更有创造力的决策。

(3) 激励士气：在班前会中适时给予员工鼓励和认可，肯定他们在工作中的成绩和进步。注意提升员工的士气和自信心，增强团队凝聚力和向心力。

(4) 参与度高：建立轮值机制，通过“人人都是班组长”落实民主、人文管理机制。

班前会的特点如图 7-3 所示。

**四、队形站位有讲究**

班前会在形式上可分为室内班前会和现场班前会。

(1) 室内班前会为了方便班组长能够看到每一名员工，同时也为了方便员工相互间的沟通交流，应采用“长方形会议桌布局”的

**班前会的特点**

- 活力班前会
- 士气班前会
- 安全班前会
- 学习班前会
- 创新班前会
- 人人受尊重
- 人人都参与
- 人人都管理
- 人人都收获
- 人人都成长
- ……

图 7-3　班前会的特点

“围桌会议”形式，把桌子排成长方形，大家围着桌子而坐。室内班前会形式如图 7-4 所示。

图 7-4　室内班前会形式

（2）现场班前会的站队形式可以根据不同的需求和场景选择不同的形式。

① 队列式：所有人员按照一定的顺序排成行，以直线的形式展现出来。这种形式适用于人数不多、场地有限的情况，可以简单明了地展示人员的情况。但队列原则上不允许超过三排。如果人数过多，可以两侧各两排，班长站在中间。队列式的班前会如图 7-5 所示。

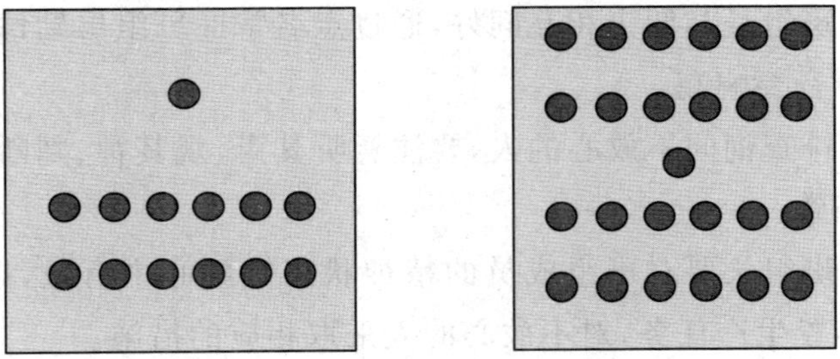

图 7-5　队列式的班前会

② 圆形队列、U 形列队、V 形队列。

圆形队列即所有人站成一个圆圈；U 形队列即所有人围成一个 U 形；V 形队列即所有人围成一个 V 形。这种队形有利于班长看清每一名班组成员，有利于大家互相看到和交流互动。圆形、U 形、V 形队列的班前会如图 7-6 所示。

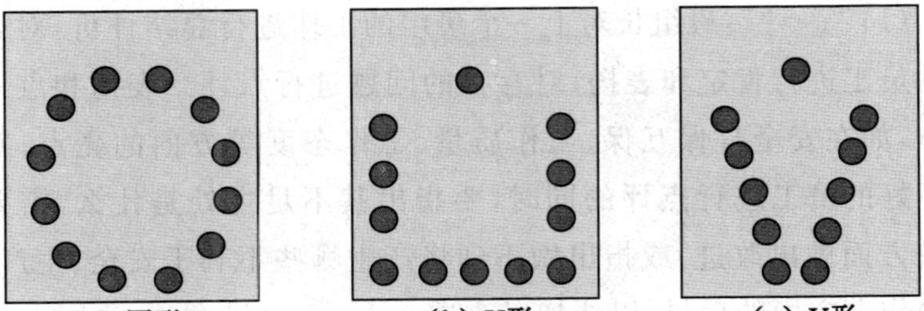

（a）圆形　（b）U形　（c）V形

图 7-6　圆形、U 形、V 形队列的班前会

不同的班前会站队形式有各自的优缺点，可以根据实际情况选择最合适的形式。同时，站队形式的确定也要考虑到人员之间的交流、互动和组织管理等因素，以便更好地达到班前会的目的。

## 五、"6＋N"流程管理模式

### （一）"6"项内容（必备）

1. 点名问候

（1）班组长与职工相互问好，通过点名掌握班组出勤情况；点名和回答声音要响亮。

（2）排查询问不放心的人，要注意听其声、观其神、判断其状态，观察要细致。

（3）班组长要对班组成员的精神状态做到心中有数，以便有针对性地布置生产任务，对不放心的人采取相应的措施。

2. 激发活力

（1）班长应采用灵活恰当的方式，活跃班组气氛，营造班组相互关心、关爱的温馨氛围。

（2）班组全体员工一齐朗诵口号，调动士气、凝聚人心，激发积极向上的心态。

（3）口号要结合班组实际，简洁明了、朗朗上口。

3. "一评三讲"

（1）"一评"：班组长对上一个班组的工作进行总结评价，对表现好的员工进行肯定和表扬，对存在的问题进行点评。表扬和点评要具体，如在安全自保互保、工作质量、工作态度等方面的亮点；对表现不好的员工进行点评的同时，要指出其不足之处是什么，需要在哪些方面做出改进，或指出做不到将产生哪些不利于安全、生产、团结协作等方面的后果，以便加以改进。

（2）"三讲"：讲工作任务、讲工作标准、讲安全风险。"三讲"中，要做到任务交底、技术交底和安全交底。

① 任务交底：班组长明确向员工传达工作的具体任务、目标和要求，确保员工对自己的工作内容有清晰的认识。

② 技术交底：对于涉及专业技能或特定知识的工作，班组长向员工提供必要的操作指南、工艺流程和技术要求，确保员工能够按照正确的方法进行工作。

③ 安全交底：班组长着重向员工强调工作中的安全注意事项、潜在风险以及预防措施。这包括个人防护装备的使用、应急处理程序、危险源的识别与避免等。安全交底的目的是确保员工在工作过程中始终保持安全意识，并采取必要的措施保护自己和他人的安全。

通过任务交底、技术交底和安全交底的组合，班组长能够确保员工对工作有全面的了解，掌握所需的技术知识，并在工作中始终注重安全。这样可以提高工作效率，减少事故发生的可能性，保障员工的健康和安全。

4. 安全自醒

(1) 针对工作任务采用安全员提问或职工自述的方式进行。

(2) 职工重点针对工作任务讲安全操作注意事项。

(3) 安全员或班长补充评议。

(4) 自醒要全面具体，补充要突出重点。

例如，采煤机司机安全操作注意事项如下：

① 准备作业前，重点确认采煤机机身里帮以及滚筒附近无人。

② 观察周围环境，确认煤壁、顶板及采煤机、支架支护状态完好。

③ 选好安全站位开机，距离采煤机不小于 3 m；开机前发出警示信号，再次确认无人后方可开机。

④ 启动采煤机时，观察油位、截割臂动作等是否正常。

⑤ 操作采煤机时，精力要集中，采煤机运转时严禁做其他事情；

同时注意保持与采煤机的安全距离，发现顶板破碎、有人经过等异常情况时立即停机处理。

⑥ 采煤机到达两端头时提醒作业人员撤离至安全区域。

⑦ 停机时，必须断开电源开关并拉开离合器，同时停掉上一级电源。

⑧ 临时性检修需在煤壁侧作业时，必须先敲帮问顶，站好贴帮柱、护好顶帮后方可作业。

5. 学习分享

(1) 学习和分享要结合实际，说出学习和分享的内容与本岗位、本班或本科队（车间）的关联点。

(2) 要强调重点，杜绝照本宣科。

(3) 要有自己的认识和思考。

(4) 案例的学习分享重点强调应学习的好经验和应吸取的教训等。

(5) 学习要紧扣本职工作，分享要能引起共鸣。

例如，学习“百日安全”活动文件，结合班组实际，至少要分享与本班组密切相关的以下几项内容：① 本班组可能存在的安全风险；② 杜绝“三违”行为，落实好规程措施；③ 开展好安全风险预知和隐患排查整改。

6. 确认总结

(1) 由班组长或跟班队长进行。

(2) 对工作任务安排和风险预控情况进行确认。

(3) 对安全重点和注意事项进行补充和强调。

(4) 班组全员知重点、知任务、知风险、知方法、知形势。

（二）“N”项内容（自选）

(1) 轮值评议。

(2) 上情下达。

(3) 问题改善。

(4) 技能培训。

……

注意:"6"项内容为班前会固定项,"$N$"项内容根据班组建设及管理需要的实际情况进行调整、添加。

## 六、做好记录很重要

班前会会议记录有以下重要作用:

(1) 准确传递信息:会议记录能够确保会议中的关键信息、决策和分配的任务被准确地记录下来,避免因口头传达而产生误解或遗漏。

(2) 提高工作效率:通过会议记录,员工可以清晰地了解自己的工作任务和职责,快速进入工作状态,减少不必要的沟通和确认时间。

(3) 问题追踪与解决:会议记录是问题追踪和解决的依据。

(4) 持续改进与学习:通过定期回顾会议记录,可以发现流程中存在的问题,不断优化工作流程和提升工作效率。

(5) 增强责任感与归属感:当每个人的发言和贡献都被记录下来时,员工会感受到自己的意见和工作被重视,从而增强对团队的责任感和归属感。

(6) 法律与风险管理:会议记录可能作为法律文件或证据被使用。准确的会议记录有助于在面临法律纠纷或审计时提供有力的支持。

班前会会议记录可参照表 7-1。

**表 7-1　班前会会议记录表(示例)**

会议日期：　　年　月　日　　　　主持人：　　　　记录人：

<table>
<tr><td>人员签到</td><td colspan="2"></td></tr>
<tr><td>一评</td><td colspan="2">上一班突出存在的问题及解决措施：<br><br>上一班业绩突出的同志及有益经验：</td></tr>
<tr><td rowspan="3">三讲</td><td>讲工作</td><td>任务交底：</td></tr>
<tr><td>讲标准</td><td>技术交底：</td></tr>
<tr><td>讲安全</td><td>安全交底：</td></tr>
<tr><td>安全自醒</td><td colspan="2">自醒人：<br>自醒内容：</td></tr>
<tr><td>学习分享</td><td colspan="2"></td></tr>
<tr><td rowspan="4">“N”项内容</td><td>轮值评议</td><td></td></tr>
<tr><td>上情下达</td><td></td></tr>
<tr><td>问题改善</td><td></td></tr>
<tr><td>技能培训</td><td></td></tr>
<tr><td>确认总结</td><td colspan="2"></td></tr>
</table>

# 第二节　做好井口宣誓

## 一、井口宣誓——安全生产的庄严承诺

宣誓是在一定的仪式下当众说出表示决心的话。宣誓的过程既是一种教育、一种警戒，又是一种约束。通过宣誓，人们可以更加明确自己的职责和目标，同时激发起内心的力量，为实现自己的承诺而努力奋斗。这也是保障煤矿安全生产、降低事故风险的有效措施之一。

井口宣誓对安全生产有着重要的作用和意义：

(1) 增强安全意识：井口宣誓是一种仪式化的活动，通过这种形式，员工能够在进入工作区域前集中精神，提醒自己始终保持对安全的关注。这种反复地强调有助于员工形成条件反射，从而在实际工作中更加注意安全。

(2) 强化安全责任：通过井口宣誓，员工能够明确自己的安全责任，意识到自己在保障煤矿安全方面的重要作用。这种责任感的提升有助于员工更加积极地参与安全管理，及时发现和报告潜在的安全隐患。

(3) 营造安全氛围：井口宣誓是一种集体性的活动，所有员工共同参与，有助于营造一种积极向上的安全氛围。在这种氛围中，员工之间会相互监督、相互提醒，共同维护煤矿的安全生产。

(4) 传递安全文化：井口宣誓不仅是员工个人的行为，更是企业安全文化的一种体现。通过这种形式，企业能够将安全理念、安全规章制度等传递给每一名员工，从而在企业内部形成统一的安全价值观和行为准则。

井口宣誓的意义如图 7-7 所示。

图 7-7　井口宣誓的意义

## 二、井口宣誓要庄重并富有仪式感

### （一）对领誓人的要求

宣誓领誓人在井口宣誓活动中扮演着重要的角色，他们不仅引领着整个宣誓过程，还代表着所有宣誓人的形象，为所有宣誓人发声。因此，领誓人需要注意以下几个方面：

(1) 熟悉誓词：领誓人应事先对誓词进行充分熟悉和理解，确保在宣誓过程中能够准确、流畅地领诵誓词。避免出现犹豫、停顿或错误的情况，以免影响宣誓的庄重性和严肃性。

(2) 声音清晰：领誓人在宣誓时声音要清晰、洪亮，确保每个宣誓人都能听清楚誓词内容。语速适中，不要过快或过慢，让所有人都能跟上节奏。

(3) 姿势端正：领誓人在领诵誓词时应保持良好的站立姿势，面向宣誓人群，背部挺直，双脚并拢或稍微分开。右手举拳的动作要标准、有力，体现出对誓言的坚定和自信。

(4) 控制节奏：领誓人需要掌握好整个宣誓过程的节奏和速度，确保每个人都能在适当的时间内完成宣誓。在需要停顿或强调的地方给予明确的指示和引导，使宣誓过程更加有序和统一。

（5）表达情感：领誓不仅仅是诵读文字，更重要的是传递一种情感和氛围。领誓人应通过声音、表情和肢体语言等方式表达出对誓言的敬畏、庄重和决心，从而激发所有宣誓人的共鸣和参与感。

井口宣誓对领誓人的要求如图 7-8 所示。

图 7-8　井口宣誓对领誓人的要求

（二）对宣誓人的要求

（1）遵守指挥：在宣誓过程中，应有专人指挥队列的排列和移动。宣誓人员应严格遵守指挥，确保队列的整齐和有序。

（2）队列整齐：宣誓人员应按照身高或职务等顺序排列，保持队形整齐。队伍之间的距离和间隔也应保持一致，以展现团队的统一性和纪律性。在排队时，宣誓人员之间应保持适当的间距，以确保每个人都能够清晰地听到誓词并进行宣誓。同时，间距也不宜过大，以免影响队伍的紧凑性和整体效果。

（3）安静肃穆：在队列中，宣誓人员应保持安静，在宣誓过程中，要站立端正、保持安静，不得交头接耳或做其他不严肃的动作。

（4）理解誓词：在宣誓前，员工应充分理解誓词的含义和重要性。只有真正理解了誓词，才能更好地履行自己的承诺，确保安全生产。

（5）遵守承诺：宣誓不仅仅是一种形式，更是一种承诺。员工在宣誓后，应切实遵守自己的承诺，将安全生产放在首位，时刻保持警觉，确保自身和他人的安全。

井口宣誓对宣誓人的要求如图 7-9 所示。

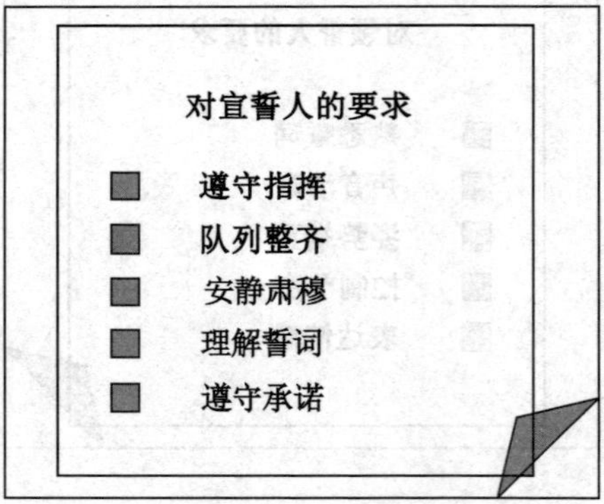


图 7-9　井口宣誓对宣誓人的要求

（三）井口宣誓誓词示例

为了自己和他人的生命安全，为了家庭的幸福平安，为了企业的稳定发展，我宣誓：牢记安全责任，牢记亲人嘱托，严守安全规章，严守操作规程，永做安全人，誓为安全生产做贡献！

## 第三节　做好安全生产现场管理

现场管理是安全生产最重要的环节，对于安全生产至关重要。通过严格管理，可以及时发现和消除现场潜在的安全隐患，降低事故发生的风险，有效预防事故；通过严格的管理，可以确保员工在工作过程中遵循安全规定和操作流程，减少意外伤害的发生，保障员工安全；通过严格的管理，可以创造安全的工作环境，提高员工的工作效率和工作质量，减少因事故导致的停工和延误，提高生产效率；通过严格的管理，可以帮助企业遵守相关的安全法规和标准，避免法律责任和罚款，使企业生产工作符合法规要求，维护企业形象；通过对现场管理的监控和评估，可以发现问题并及时采取改进措施，不断提高安全生产水平，促进安全生产工作持续改进。

## 一、做好交接班

现场管理，首先要做好交接班工作。交接班时要重点关注以下事项：

(1) 准确掌握上一班的工作进度及完成情况，核对生产进度情况，包括生产数据、采掘量、能耗等。

(2) 确认现场安全情况，检查是否存在安全隐患和问题，并及时处理和报告。

(3) 检查工具与设备情况，检查内容包括设备外观、运行状态、安全防护装置等。确认现场的工具、设备是否运行正常、有无故障发生，以及故障的处理情况。对于关键设备和重点区域，班长应亲自检查，一般设备可由班组岗位人员各自检查。

(4) 对特殊情况进行处理，对于存在安全隐患或问题的环节，需要进行特别说明和处理的，由交接双方共同确认和处理。

(5) 交接重要任务、临时工作及变更情况。填报交接事项清单，逐项确认需要交接的事项是否完成。

(6) 保持沟通，确保两班之间顺畅过渡。

交接班的要求如图 7-10 所示。

交接班时应坚持以下基本原则：

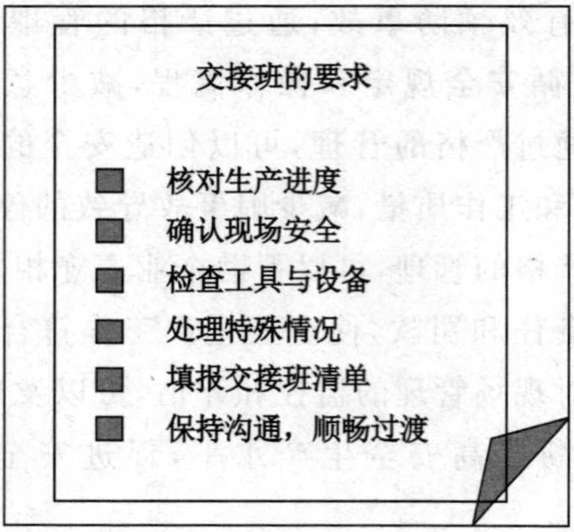


图 7-10　交接班的要求

(1) 下一班的准备工作未做好不交接。

(2) 当班发生异常现象，或设备有故障未处理好，或记录交代不清不交接。

(3) 公用工具、资料（有关专用工具、技术措施等）不齐全不交接。

(4) 清洁工作未按规定范围和要求做不交接。

(5) 上级命令通知意图不清楚不交接。

## 二、把握现场管理的核心六要素

影响现场安全生产管理的六个核心内容：人、机、料、法、环、管，也被叫作“5M1E”，每个要素的具体含义如下。

人(man)：指参与生产过程的人员，包括员工的技能、培训、工作态度和安全意识等。

机(machine)：指用于生产的设备、机器和工具，包括设备的维护、保养和操作规范等。

料(material)：指生产所使用的原材料、零部件和半成品等，包括材料的质量、供应和库存管理等。

法(method):指生产过程中采用的方法、工艺和操作流程,包括作业指导书、标准操作程序等。

环(environment):指生产环境,包括工作场所的温度、湿度、清洁度、噪声等因素,以及对环境的保护和管理。

管(management):指对生产过程的管理和控制,包括生产计划、质量控制、安全管理、人员组织等。

(一) 人:做好现场人员管理

(1) 关注员工的安全意识和技能水平,采取培训、演练、考核等方式增强员工的安全意识和操作技能。

(2) 建立良好的沟通渠道,了解员工的需求和问题,并及时给予反馈和支持。

(3) 实施有效的激励机制,鼓励员工积极参与安全管理工作。

(4) 现场巡视时,关注员工的精神状况、身体状况、站位及操作情况,及时解决存在的安全隐患。

(二) 机:做好机器设备管理

(1) 检查机器设备的运转情况及维护保养情况,确保设备正常运行。

(2) 检查机器设备的防护装置、警示标识等安全设施,降低设备的安全风险。

(3) 检查机器设备标识,关注设备的使用周期和时限。

(4) 检查人员操作情况,确保员工正确操作机器设备。

(5) 设备开机必须点检到位。

设备的状态不是静止的,而是可变的,受到很多方面的影响,比如存放场所环境因素的影响、使用人的影响、设备自身寿命的影响等。多方面的影响会给设备的安全状态带来诸多不安全的因素,最怕的就是存在错误的思想认识,如“昨天操作设备都没什么事,今天操作设备也不会有什么事”。

（三）料：做好材料管理使用

（1）严格控制材料质量，确保材料的安全性和可靠性，避免使用劣质材料。

（2）采取合理的储存和运输方式，避免材料损坏或污染。

（3）对材料进行合理存储和标识，防止混用和误用。

（4）控制材料的使用量，避免浪费和过度使用。

（5）完善管理制度，明确材料验收、保管、发放等环节的责任和要求。

（四）法：落实各项规程制度

（1）做好安全规程、作业规程、操作规程的三大规程交底工作。制定详细的安全管理制度，确保员工严格按照规程、制度操作。

（2）加强安全宣传教育，增强员工的安全意识和责任感。

（3）建立安全检查和监督机制，及时发现和消除安全隐患。

（4）鼓励员工提出改进建议，不断优化工作方法。

（5）对关键工序进行监控和评估，并及时发现和解决问题。

（6）及时识别生产过程中的变化，包括新设备、新工艺、新人员等，并评估变化对安全的影响，做到有安全变更必跟踪到位。

在安全工作落实过程中，必然会存在诸多变化的因素，比如人员的变化、设备的变化、物料的变化、方法的变化、要求的变化、场所的变化等，有变化就必然会产生新的风险，就必然会出现新的隐患。因此，对于变化的情况，务必要在变化实施前辨识危险源、评估风险、调整完善管控措施，并与实施变化的人员进行安全交底，同时要在变化实施过程中跟踪监督到位。

（五）环：关注改善环境因素

（1）建立环境管理制度，明确生产环境管理的责任和要求。

（2）加强温度、湿度、照明、噪声、粉尘等方面的监测和控制，创造一个良好的工作环境。

(3) 保持工作环境的整洁和安全，及时清理杂物和废弃物。

（六）管：做好综合管理工作

(1) 建立健全安全管理体系，明确各级管理人员在安全生产中的责任和义务。

(2) 建立安全隐患排查治理制度，及时发现和消除安全隐患。

(3) 建立数据记录和分析机制，持续改进管理措施。

(4) 与其他部门进行沟通和协调，共同推动安全生产工作。

(5) 建立奖惩机制，明确价值导向，引导和塑造员工行为，促使员工遵守规则和标准。

现场管理的核心六要素如图 7-11 所示。

**现场管理的核心六要素**

- 人：做好现场人员管理
- 机：做好机器设备管理
- 料：做好材料管理使用
- 法：落实各项规程制度
- 环：关注改善环境因素
- 管：做好综合管理工作

图 7-11 现场管理的核心六要素

### 三、构建双重预防机制

2016 年 1 月，习近平总书记在中共中央政治局常务委员会会议上发表重要讲话，提出必须坚定不移保障安全发展，狠抓安全生产责任制落实。要强化“党政同责，一岗双责，失职追责”，必须坚决遏制重特大事故频发势头，对一些重特大事故的行业领域，采取风险分级管控、隐患排查治理双重预防性工作机制，推动安全生产关口前移。加强应急救援工作，最大限度减少人员伤亡和财产损失。安全生产双重预防机制的意义在于抓住辨识管控重大风险（风险分级管控）、排查治理重大隐患（隐患排查治理）两个关键，不断完善工作机制，深化安全专项整治，推动各项标准、制度和措施落实到位。

矿山、金属冶炼、建筑施工、船舶修造、船舶拆解和危险物品的生产、经营、储存、装卸单位，以及涉爆粉尘、涉氨制冷等行业、领域生产经营单位，应当建立并实施安全生产班前会制度，由班组长或者交班人员在班前会上向当班作业人员提示安全风险，讲解岗位安全操作要点等。

（一）风险分级管控与隐患排查治理

构建风险分级管控与隐患排查治理双重预防机制就是要将安全风险逐一识别并建档入账，采取风险分级管控、隐患排查治理双重预防性工作机制，构筑防范生产安全事故的两重防火墙，防止事故的发生。

风险分级管控：通过管控责任划分，明确责任，解决“没人管”“谁来管”的问题。

隐患排查治理：通过全员、全过程、全方位的排查治理，解决“管不好”“怎么管”的问题。

风险、隐患、事故三者的关系如图 7-12 所示。

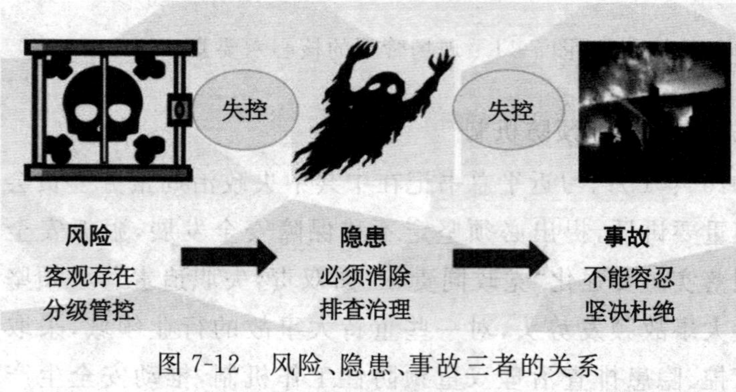


图 7-12　风险、隐患、事故三者的关系

（二）内外因事故致因理论

事故的发生是内外两方面因素共同作用的结果。内因主要指事故现场存在能量或有毒有害物。外因则涵盖了各种管理或技术缺陷：① 管理缺陷，包括安全规章制度不健全、执行不到位、安全教育培训不足、监督缺失等内部管理因素，这些均属于组织结构和管理系统层面的内因。② 人的不安全行为，如违章操作、疲劳作业、缺乏必要的安全知识和技能、心理素质低下等。③ 设备设施自身的不安全状态，如机械设备的设计缺陷、老化失效、维护不当等。④ 自然环境因素，如恶劣天气、地理条件等自然条件对安全生产的影响。

内外因事故致因理论主张只有当内外部不利条件耦合时，才会触发事故的发生。因此，预防事故不仅需要关注个体行为和设施设备的状态，还必须结合改善外部环境条件和社会管理体系来共同降低事故风险。内外因事故致因理论如图 7-13 所示。

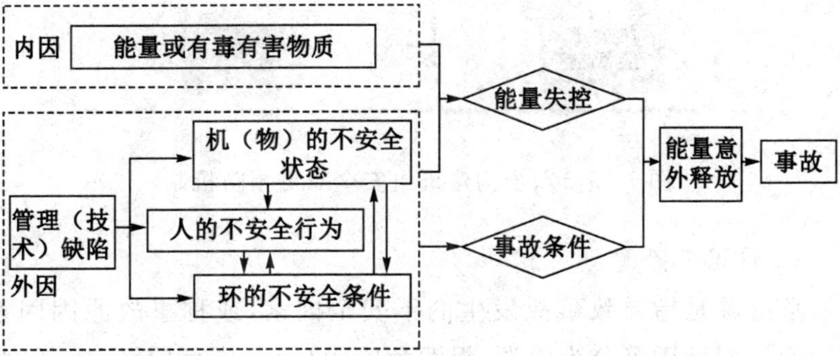


图 7-13　内外因事故致因理论

风险分级管控与隐患排查治理形成安全生产两道防火墙，如图 7-14 所示。

（三）六步构建班组安全双重预防机制。

六步构建班组安全双重预防机制如图 7-15 所示。

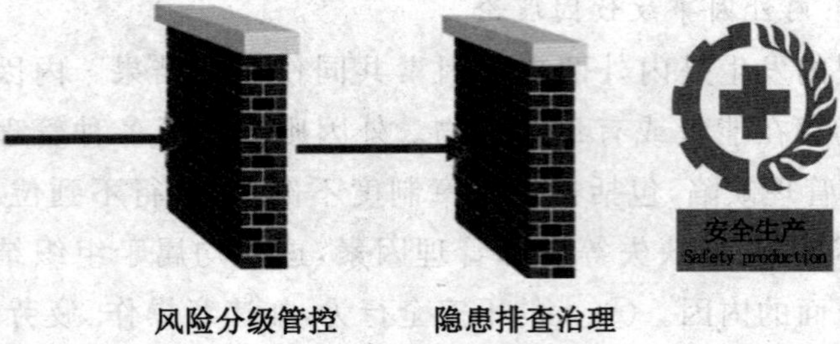


图 7-14　安全生产防火墙

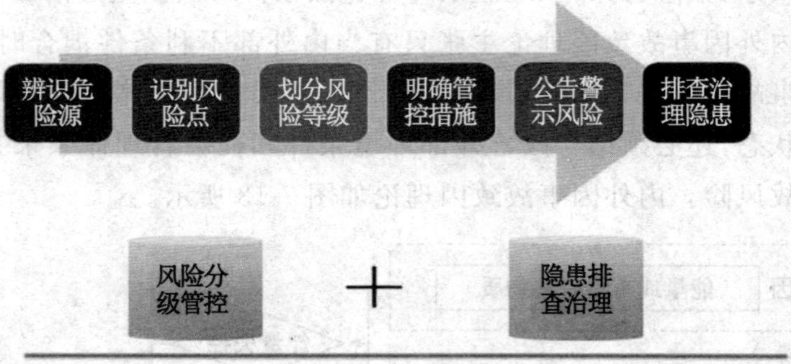


图 7-15　六步构建班组安全双重预防机制

1. 辨识危险源

危险源是指导致事故发生的不安全因素，或称事故原因因素。危险源根据性质可分为两类：根源危险源（第一类危险源，包括物理性危险和有害因素，化学性危险和有害因素，生物性危险和有害因素，心理、生理性危险和有害因素）和状态危险源（第二类危险源，包括人的不安全行为、物的不安全状态、环境的不安全因素、管理上的缺陷）。全面识别危险源，是有效安全管理的基石，如果没有识别出危险源，那么就无法制定措施和消除风险。

第一类危险源如图 7-16 所示。

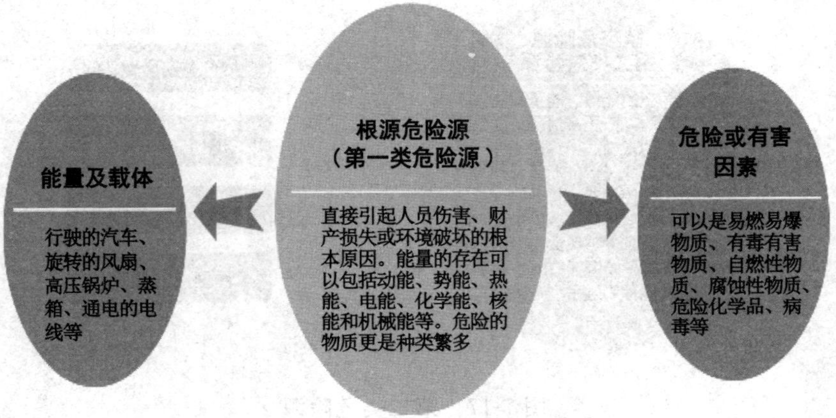


图 7-16　第一类危险源

常见的第一类危险源分类如表 7-2 所示。

**表 7-2　常见的第一类危险源分类**

| | |
|---|---|
| 物理性危险和有害因素 | 电危害、噪声危害、电磁辐射、运动物危害、明火、粉尘危害、标志缺陷、警示缺陷、设备缺陷、设施缺陷、防护缺陷 |
| 化学性危险和有害因素 | 易燃性物质、易爆性物质、自燃性物质、有毒物质、腐蚀性物质、其他化学性危险和有害因素 |
| 生物性危险和有害因素 | 病毒、致病微生物、传染病媒介物、致害动物、致害植物 |
| 心理、生理性危险和有害因素 | 工作生活压力大、心理异常、辨识功能缺陷、人际关系紧张、健康异常 |

第二类危险源如图 7-17 所示。

2. 识别风险点

风险点是指存在危险源的设备、部位、设施、场所和区域，以及

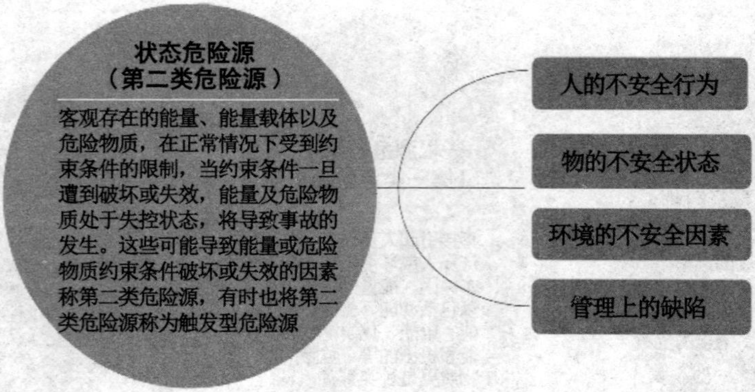


图 7-17　第二类危险源

在特定部位、设施、场所和区域实施的伴随风险的作业过程，或以上两者的组合。例如，炸药、瓦斯、顶板、运转的设备等是危险源，炸药库、工作面、设备运转区域等场所和区域是风险点；在罐区进行倒罐作业、防火区域内进行动火作业等也是风险点。对于风险点的划分，应按工作流程的阶段、场所、装置、设施、作业活动或上述几种方式的结合进行风险点排查，并建立风险点清单。风险点清单＝作业活动清单＋设备设施清单，如图 7-18 所示。

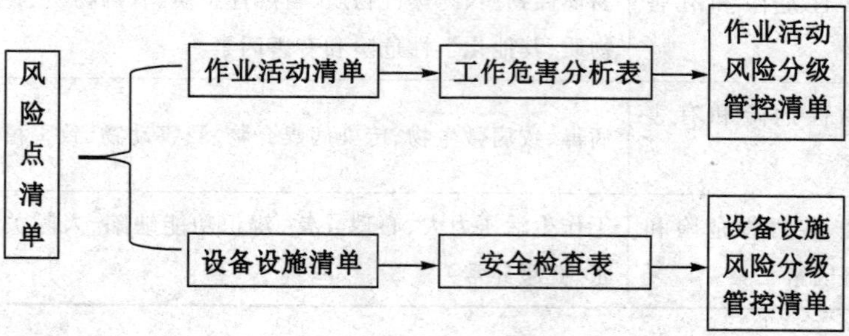


图 7-18　建立风险点清单

3. 划分风险等级

根据风险等级划分原则，对辨识出来的危险逐一进行风险评价，列出风险清单，制定管控措施，并将管控责任根据管理机构机制情况、岗位职责和风险程度高低责任到岗、到人。上一级负责管控的风险，下一级必须同时负责管控，并逐级落实具体措施。对每位员工进行岗位风险告知、培训，制作“岗位风险告知及应急处置卡”并发放至每位岗位员工。对岗位存在的风险，要在醒目的位置进行公示。

对排查出来的风险点进行分级。先确定风险类别（泄漏、火灾、爆炸、中毒、坍塌、坠落等危险因素和高温、粉尘、有毒物质等有害因素），然后按照危险程度及可能造成后果的严重性，将风险分为一、二、三、四 4 级。

风险分级标准如图 7-19 所示。

| | |
|---|---|
| 一级风险 | 指该风险点一旦发生事故，可能导致较大以上事故，即指能造成3人以上死亡或者10人以上重伤，或者1 000万元以上直接经济损失的事故。 |
| 二级风险 | 指该风险点一旦发生事故，可能导致一般事故，即指能造成3人以下死亡，或者10人以下重伤，或者1 000万元以下直接经济损失的事故。 |
| 三级风险 | 指该风险点一旦发生事故，可能导致轻伤事故（包括急性工业中毒，下同），或轻微经济损失。 |
| 四级风险 | 指该风险点一旦发生事故，可能导致不损失工作的伤害。 |

图 7-19　风险分级标准

4. 明确风险管控措施

风险管控措施包括但不限于以下内容：建立完善安全管理规章制度和安全操作规程，并采取有效措施保证其得到执行；建立健全安全监测体系，并保证其有效性和可靠性；明确关键装置、重点部位的责任人和责任部门，并定期对安全生产状态进行检查，及时消除事故隐患；在工作场所或岗位设置明显的安全风险告知卡和警示标志；以岗位风险、防控措施和应急处置方法为重点，强化员工风险教育和技能培训。

根据风险分析的结果，制订风险管理计划，包括风险类型、等级、应对策略、责任人、时间表和资源需求等。风险控制措施的原则是按以下顺序考虑降低风险：① 消除；② 替代；③ 隔离；④ 工程技术控制措施；⑤ 标志、警告；⑥ 管理控制措施；⑦ 个体防护装备。

风险管控表如表 7-3 所示。

**表 7-3　风险管控表**

| 序号 | 风险点 | 第一类危险源 | 第二类危险源 | 可能发生事故类型 | 事故风险等级 | 管控措施及落实时间 | 所需资源 | 责任人 |
|---|---|---|---|---|---|---|---|---|
| | | | | | | | | |
| | | | | | | | | |
| | | | | | | | | |
| | | | | | | | | |
| | | | | | | | | |
| | | | | | | | | |

负责人：　　审核人：　　制表人：　　日期：　年　月　日

5. 公告警示风险

制作风险警示牌、风险告知卡，明确标识风险名称、等级、控制措施等信息，张贴在显眼位置或下发给员工。

6. 排查治理隐患

定期开展隐患排查工作，包括日常巡查、专项检查等。排查内容包括设备设施、作业环境、人员操作等方面。对排查出的隐患及时进行整改，采取有效措施消除隐患，确保生产安全。对于不能立即整改的隐患，应制定整改方案，并加强监测与预警。隐患整改完成后，应进行验收，确保整改效果。建立隐患排查治理档案，实现闭环管理，防止类似隐患再次出现。

隐患治理要满足以下要求：在识别和评估安全风险的基础上，对排查出的安全隐患进行及时、有效的治理，以防止其演变成安全事故。

## 四、做好危险作业的管理

班组长应特别注意，进行爆破作业、吊装作业、高处作业、有限（受限）空间作业、临近油气输送管道作业、临近高压输电线路作业、建筑物和构筑物拆除作业、大型检修作业，以及涉及危险物品的场所动火和临时用电等危险作业时，应当执行有关危险作业管理制度，并遵守下列规定：

（1）对作业安全风险进行评估，确认现场作业条件符合安全作业要求。

（2）根据安全风险明确安全防范措施和现场应急处置措施。

（3）确认作业人员的上岗资格，以及劳动防护用品的配备、使用符合安全作业要求。

（4）配备相应的安全设施和应急救援器材，设置作业现场的安全区域，确定专人现场统一指挥和监督。

（5）在危险作业前向作业人员告知危险因素、作业安全要求和现场应急处置措施，并经双方现场签字确认。

（6）发现直接危及人身安全的紧急情况时，按照现场应急处置措施停止作业、撤出人员。

（7）实现危险作业申请、预约、审查、安全条件确认、许可、监护、验收全流程管理。

## 五、做好应急管理及应急演练

应急管理是指政府、企业以及其他公共组织，为了保护公众生命财产安全，维护公共安全、环境安全和社会秩序，在突发事件事前、事发、事中、事后所进行的预防、响应、处置、恢复等活动的总称。

应急管理的特征可以概括为以下三点：

(1) 应急管理贯穿于突发事件的事前、事发、事中、事后的全过程。

(2) 应急管理是事前、事后的管理和事发、事中的应急的有机统一。

(3) 应急管理不是“应急的”管理，而是管理的“应急”。

班组应从以下几方面做好应急管理工作：

(1) 制定全面的应急预案。应急预案的目的：一是在突发事件发生后迅速有效控制和处理，尽力减轻突发事件对社会的影响；二是采取预防措施使突发事件控制在局部，消除蔓延条件，防止突发性重大或连锁事件发生。

班组根据实际情况和可能面临的风险，制定全面的应急预案，明确应急组织、应急流程、资源调配和使用等方面的要求。现场处置方案要重点规范事故风险描述、应急工作职责、应急处置措施和注意事项，应体现自救互救、信息报告和先期处置的特点。

(2) 组织培训。对班组成员进行应急预案的培训，确保每个成员都了解自己在应急响应中的角色和职责。

(3) 定期组织应急演练。模拟突发事件的发生，让班组成员熟悉应急流程和操作，提高应急响应能力。通过应急演练实现检验预案、锻炼队伍、磨合机制、宣传教育、完善准备的目的。

应急演练应遵循以下原则：① 符合相关规定，即按照国家相关法律法规、标准及有关规定组织开展演练；② 依据预案演练，即结合生产面临的风险及事故特点，依据应急预案组织开展演练；③ 注重能力提高，即突出以提高指挥协调能力、应急处置能力和应急准备能力组织开展演练；④ 确保安全有序，即在保证参演人员、设备设施及演练场所安全的条件下组织开展演练。

应急演练实施基本流程包括计划、准备、实施、评估总结、持续改进五个阶段。

(4) 应急预案评估。通过演练，对应急预案和演练过程进行评估，总结经验教训，发现问题并及时改进。评估主要内容包括：演练的执行情况，应急预案的实用性和可操作性，指挥协调和应急联动机制运行情况，应急人员的处置情况，演练所用设备装备的适用性，对完善应急预案、应急准备、应急机制、应急措施等方面的意见和建议等。

班组应当建立应急预案定期评估制度，对预案内容的针对性和实用性进行分析，并对应急预案是否需要修订作出结论。

应急预案定期评估是应急预案管理工作的重要环节。通过评估，可以检验预案的针对性、实用性和可操作性，实现应急预案的动态优化和科学规范管理。

(5) 完善应急预案。根据演练评估结果，提出对现有应急预案的改进建议，不断完善应急预案。

(6) 修订应急预案。有下列情形之一的，应当及时修订相关预案：

① 制定预案所依据的法律、法规、规章、标准发生重大变化；

② 应急指挥机构及其职责发生调整；

③ 安全生产面临的风险发生重大变化；

④ 重要应急资源发生重大变化；

⑤ 在预案演练或者应急救援中发现需要修订预案的重大问题；

⑥ 其他应当修订的情形。

班组应急管理及应急演练的主要工作如图 7-20 所示。

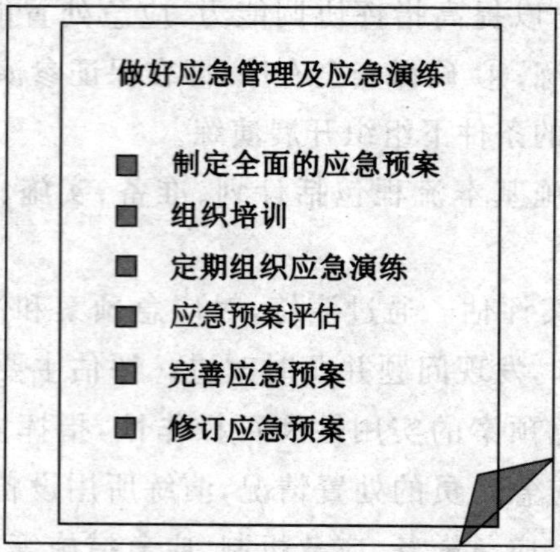


图 7-20　班组应急管理及应急演练的主要工作

# 第八章　煤矿优秀班组建设经验选编

## 第一节　白国周班组管理法

中国平煤神马集团七矿开拓四队白国周班组 2009—2014 年，职工人数一般保持在 16～19 人，平均年龄 35～38 岁，大专学历 2 人，担负着矿井开拓进尺任务。白国周班组在班组长白国周的带领下，先后获得集团先进班组、全国“五一劳动奖章”等荣誉称号。班组长白国周先后荣获全国“五一劳动奖章”、全国“劳动模范”、“中华技能大奖”等荣誉。以白国周命名的“白国周班组管理法”得到党和国家多位领导人的称赞，原国家安全生产监督管理总局、国务院国有资产监督管理委员会等国家五部委联合下文，要求全国煤矿企业可推广使用。

### 一、白国周班组管理法的精髓是用心干事、爱心待人和恒心坚持

白国周班组管理法的精髓是用心做事、爱心待人、恒心坚持，体现出了极为强烈的领导者人格魅力和团队氛围。

(1) 用心做事。白国周是一名煤矿井下的普通班组长、一名只有初中学历的农民工，但他却在工作中始终做到用心学习、用心工作、用心思考、用心总结，探索并总结出了“六个三”管理法，解决了长期困扰煤矿现场安全管理的“大难题”。

(2) 爱心待人。白国周始终坚持以人为本、善念待人的工作理念，及时给予困难工友无私的关怀和帮助。他创造的“三必谈”“六个三”等理念，以爱心待人的主旋律丰富着白国周班组管理法的内

容，使他成为做思想政治工作的行家里手，成为全班人的老大哥、主心骨，照亮了别人，成就了自己。

(3) 恒心坚持。白国周在班组管理上，始终坚持做到“六个三”，把实现安全生产和班组和谐作为积德行善的永恒追求。这是白国周班组管理法得以弘扬的基础。多年来，他把枯燥、单调的事情做得有声有色，在平凡的工作中创造了煤矿班组安全管理的奇迹。

白国周班组管理法简单、易学，拿来管用，关键在用心、爱心、恒心（简称“三心”），这是白国周班组管理法的灵魂，而“严细实”的工作作风则是该管理法落地生效的根本保障。如果说，“六个三”是白国周班组管理体系中的一种方法，那么，“三心”和“严细实”就是“六个三”的统帅，起到了倍数、叠加和放大效应。这三者构成了白国周班组管理法的完整体系。

## 二、白国周班组管理法的实用方法是“六个三”

白国周班组坚持采用以“六个三”为主要内容的班组管理法，其主要内容包括三勤、三细、三到位、三不少、三必谈、三提高。

### （一）三勤：勤动脑、勤汇报、勤沟通

勤动脑：勤于思考，总结规律，擅于寻找解决办法，以便在出现安全问题时，能够迅速处理，避免事态恶化。

勤汇报：对生产过程中发现的隐患和问题，及时向领导汇报，以便领导及时了解情况，迅速采取应对处置办法。

勤沟通：经常与队领导沟通，了解队里的措施要求；与上一班和下一班的班组长沟通，了解施工进度和施工过程中出现的问题；与工友沟通，了解和掌握工友工作和生活情况，及时化解可能对生产安全构成危险的影响因素。

### （二）三细：心细、安排工作细、抓工程质量细

心细：从开班前会开始，针对当班出勤状况，分析岗位人员配置，做到心中有数，尤其仔细观察特殊岗位人员的精神状态。

安排工作细：认真考虑，量才使用，发挥长处，提高效率，减少个人因素可能带来的隐患。

抓工程质量细：严格按照施工要求、操作规程和安全技术措施施工，严把工程质量关。

（三）“三到位”：布置工作到位、检查工作到位、隐患处理到位

布置工作到位：交代清楚工作任务、安全措施、上班遗留的问题等。

检查工作到位：对每个环节、每个设施设备都及时检查，不放过任何一个潜在的隐患点。

隐患处理到位：对于隐患和问题，能处理的及时处理掉，当时处理不了的就采取措施，指令人员处理。

（四）“三不少”：班前检查不能少、班中排查不能少、班后复查不能少

班前检查不能少：接班前对工作环境及各个环节、设备依次认真检查，排查现场隐患，确认上班遗留问题，指定专人整改。

班中排查不能少：坚持每班对各个工作点进行巡回排查，重点排查在岗职工精神状况、班前隐患整改情况和生产过程中的动态隐患。

班后复查不能少：当班结束后，对安排的工作进行详细复查，重点复查工程质量和隐患整改情况，发现问题及时处理，处理不了的现场交接清楚，并及时汇报。

（五）“三必谈”：发现情绪不正常的人必谈、对受到批评的人必谈、每月必须召开一次谈心会

发现情绪不正常的人必谈：注重观察工友在工作中的思想情绪，有问题及时交流，弄清原因，因势利导，消除不良情绪，提高安全生产注意力。

对受到批评的人必谈：对受到批评或处罚的人，单独与其谈心，

讲明原因，消除抵触情绪。

每月必须召开一次谈心会：每月至少召开一次谈心会，工友聚在一起，谈安全工作经验，反思存在的问题和不足，互学互帮、共同提高。

（六）“三提高”：提高安全意识、提高岗位技能、提高团队凝聚力和战斗力

提高安全意识：引导职工牢固树立“安全第一”理念，通过各种方式教导工友时刻绷紧“安全”这根弦，时刻把安全放在心上，坚决做到不安全不生产。

提高岗位技能：经常和工友一起学习、研究各工种的工作原理和操作技术，讨论生产和现场管理中出现的问题，提高业务水平和综合素质。

提高团队凝聚力和战斗力：充分调动工友积极性，耐心指导，不让任何一名班组成员掉队，要求大家做文明人、行文明事。

**三、白国周班组的“五种信念”是激励班组成员的行动指南**

白国周班组管理法虽然是一种方法，但其内在却潜藏着令人折服的精神光芒，有着鲜明的时代特点和精神追求。

(1) 坚决做到不安全不生产。白国周说安全第一，可不仅是嘴上说说而已，在实践中他确实就是这么做的。他上班的第一天就给自己立下了一个誓言：“我这一辈子绝不违章”。22 年的工作实践中，他不仅自己没有一次违章，而且还主动帮助工友增加安全意识。有一次，他的工友祁某上午在老家收完麦子，下午就急匆匆地赶回了矿上，为了拿到保勤奖，他准备上 4 点的班。开班前会时，白国周发现他连打哈欠，精神疲倦，一问才知道他刚从老家赶回，当时就决定让他马上回家休息，这个班决不允许他上。在安全管理上，白国周更是严格执行标准。一次班后复查，白国周发现一根锚杆打得不合格，要求返工，需要到附近的三分队去借工具，来回需要半个多小

时。工友劝他，一根锚杆也坏不了多大事，而且喷进去后谁也看不到，就别再费事了。白国周说正是因为看不到，产生的安全隐患才更可怕。不得已，工友只得借了工具重新打锚杆，直到达到要求才升井。

(2) 生产过程中注重质量，盯住细节。白国周说："质量是企业的生命，同样也是安全的保证，质量搞不好就不可能搞好安全。"他带领团队在施工过程中，始终坚持追求最优的质量等级，22 年来他所在班组掘进、维修井下巷道近万米，工程质量全部达到了优良标准。不仅保证了安全，而且提高了效益，增加了职工的收入。他和他的工友确确实实尝到了质量优良所带来的甜头。盯住细节和勤于检查是白国周同志现场管理的又一重要手段。每天开完班前会到达井下现场后，从风门、绞车、轨道、耙斗机到工作面他都依次认真检查一遍，不放过任何一个细节。有一次，他发现绞车一边的滚筒处两根螺丝松动，就把问题写在一旁较为醒目的位置，要求绞车司机到位后及时与小班机电工联系，问题不处理坚决不能开动绞车。一个班结束后，他还要进行详细的复查，能处理的及时处理，不能处理就做到口传口、手交手，进行严格的交接班。多年来，在白国周科学严谨的管理下，许多隐患都被消灭在萌芽状态，安全生产的各项规章制度得到了很好的贯彻落实。

(3) 共同成长。白国周同志非常注重自身的学习和素质的提高。他从一个仅有初中文化的农民工起步，通过自学和实践锻炼，系统地掌握了绞车、电车、耙斗机等 10 多种设备的工作原理和操作要领，一个人拿到了 5 个特殊工种的上岗证，成为知识型、安全型、技能型、创新型的新时期产业工人优秀代表，先后多次获得中平能化集团"技术状元""首席技工"等光荣称号，2009 年 4 月获得了全国"五一劳动奖章"。同时，他还带领班组员工共同学习进步，通过言传身教、签订特殊师徒合同等多种办法帮助工友学习本领、提高技能，把许多工友都培养成了技术骨干。现在白国周的班组共有15名矿工，个个都是一把好手。几年来，在公司组织的技术比武中，该班组有7人次夺得前三名。班组的开拓进尺、安全质量、成本效益等多项指标始终处于公司前列。白国周班组多次被公司评为“和谐班组”和“先进班组”。

(4) 把每个工友都当成亲兄弟。白国周同志常说：“把每个工友都当成亲兄弟，这个班就一定能搞好”，“把大家的方法凑到一块儿，就是最好的方法”。他坚持公正透明的工资分配办法，激励工友的劳动热情，坚持亲情管理，维护班组的和谐团结，在班组管理中产生了重要作用。每月大家倒松班的时候，白国周都要组织班组的工友们一起聚会，谈工作、聊家庭，气氛十分融洽。通过聊天，白国周对班组每一名职工的家庭住址、家庭成员等情况都有了详细了解，甚至连工友家人的生日他都能记住。逢年过节，他都要组织班组职工一起聚会；还经常组织为工友们及其家人过生日。班里谁家有人生病，大家都主动去探望。哪个工友有怨气，白国周就主动找他谈心，晓之以理，动之以情。长期的交往使全班组十几个小家庭形成了一个和谐温暖的大家庭。多年来，白国周班组的工友们像亲兄弟一样抱成团儿，心往一处想，劲往一处使，生活上互相关心、工作上互相帮助，不仅每月都圆满完成了生产任务，而且还结下了深厚的友谊。

(5) 专注而执着。白国周对煤矿因了解而热爱，因热爱而执着，因执着而尽责，这是他22年始终如一、不懈追求的动力源泉。开拓四队党支部书记石峰说：“白国周并没有因为是农民工就不把自己当主人看，而是深深地爱着自己的岗位，像爱护自己的家一样守护着矿山的安全”。做一件事并不难，难的是20多年持之以恒。白国周坚持“三勤”“三细”跑现场，“三到位”抓落实，“三不少”查隐患，“三必谈”聚亲情，“三提高”塑团队，持之以恒地学技术、提技能，把枯燥、单调的事情做得有声有色，在平凡的工作中创造了煤矿班组安全管理的奇迹。

**四、白国周班组管理法既是工作方法、工作作风,更是工作态度**

白国周班组管理法既是一种工作方法,也是一种工作作风,更是一种工作态度。是有效实用的管理方法与精神特点的有机结合,既体现了"严细实"的工作作风,又体现了用心做事、爱心待人、恒心坚持的工作态度。

（一）白国周班组管理法是一种有效的工作方法

白国周同志通过多年的实践证明,"六个三"在加强班组建设、发挥班组职能作用、强化班组现场安全管理等方面具有重要的作用。白国周同志运用这套方法,不仅实现了自己所带班组 20 多年安全无事故,而且融合了班组职工的感情,提升了班组职工的素质,化解了班组职工的思想矛盾,使整个班组始终保持为一个安全稳定、团结互助、亲善和睦的大家庭。从白国周班组里走出的 13 名班组长,运用同样的方法也取得了同样的效果。

实践证明,白国周班组管理法之所以能创下那么好的"安全纪录",很重要的一点就在于该方法通俗易懂、便于操作。白国周 20 多年来,通过运用"六个三"中的"三勤""三细""三到位"工作法,在煤矿现场工作的标准上,把烦琐的作业标准化、制度化,让安全生产的观念植根于每一个职工的心中,让安全生产的要求体现在每个职工的具体行动上;通过"三不少""三必谈""三提高"等办法,从道理上和情感上把抽象的要求具体化,从而使安全生产变成每一个职工的自觉行动。

（二）白国周班组管理法是一种"严细实"的工作作风

白国周同志的"六个三"实质上是对工作的从严要求,是一种"严细实"工作作风的体现。白国周参加工作以来,始终坚持对工作要求严、要求细、要求实,在任何时候都遵守"安全第一"的理念,都把安全生产放在第一位。他严格执行规章制度,做到规章制度面前人人平等。工作中不仅自己不违章，也不允许违章发生在自己的监控范围。他严格隐患排查，在工作中始终做到“三不少”“三细”，并对查出的各种隐患严格落实“五个到位”；“三细”体现了他做事的细致程度。每天开完班前会到达井下后，他都认真检查所需的每一件物品，一个班结束后，还要详细复查，进行严格的交接班，把许多隐患消灭在萌芽状态，22 年来他带领的团队所施工的工程质量全部达到了优良。

（三）白国周班组管理法是一种务实的工作态度

白国周班组管理法是白国周同志 20 多年来一种务实的工作态度，主要体现在他用心做事、爱心待人、恒心坚持方面。

用心做事。“认真做事能把事做完，用心做事能把事做好”。凡事用心就不难。白国周同志不是学者，不是专家，也不是工程技术人员，他只是一名煤矿井下的普通班组长，一名只有初中学历的农民工。但他却在工作中始终做到用心学习、用心工作、用心思考、用心总结，探索并总结了“六个三”管理法。他的工作方法看似简单，却解决了长期困扰煤矿现场安全管理的“大难题”。白国周同志认为，凡事都要三思而后行，干工作就要把工作干好，必须认真对待，用心去做，讲究工作方法，全身心地投入，只有这样才能把工作做到位。20 多年来，白国周同志始终这样要求自己，并身体力行地去践行。

爱心待人。多年来，白国周同志始终坚持以人为本、善念待人的工作理念，他关心企业、关心工友、关心家人。每当工友有困难的时候，他总是及时出现，给予无私的关怀和帮助。他创造的“三必谈”，诠释了以人为本的理念，也使他成为做思想政治工作的行家里手，成为全班组工友的老大哥、主心骨。在白国周班组管理法的内容里，始终高扬着爱心待人的主旋律。“六个三”管理法把对工友的爱、对工友家人的责任，以及工友的生命安全放在突出的位置。

恒心坚持：俗话说，做一件好事容易，难的是，一辈子做好事。白国周在班组管理上，坚持把实现安全生产和班组和谐作为一种积德行善的追求，22 年持之以恒、尽职尽责、无怨无悔，这是白国周班组管理法得以弘扬的基础。在班组管理上，白国周始终坚持做到“六个三”，20 多年来，他把枯燥、单调、重复的事情做得有声有色，在平凡的工作中创造了煤矿班组安全管理的奇迹。

白国周班组管理法简单、易学，拿来管用，关键在用心、在爱心、在恒心，在“严细实”的工作作风。没有用心、爱心、恒心的工作态度，白国周班组管理法就失去了灵魂，就是一纸空文；没有“严细实”的工作作风，白国周班组管理法就很难得到有效的落实。多年来，企业探索制定了不少有效的制度，关键在于落实不够、执行不力。白国周同志 22 年始终坚持用“三心”治理班组、管理安全、对待工作、融合团队，打造出了一支技术过硬的班组。如果说，“六个三”是白国周班组管理体系里的一种方法，那么，“三心”和“严细实”则对“六个三”起着统帅的作用。“六个三”中每种方法都体现了“三心”的工作态度和“严细实”的工作作风。“三心”的工作态度和“严细实”的工作作风在“六个三”中起到了倍数效应、叠加效应和放大效应，是对白国周班组管理法“六个三”功能的放大。“六个三”“严细实”和“三心”构成了白国周班组管理法的完整体系。

## 第二节　“人人都是班组长”全员自主管理班组模式

“人人都是班组长”全员自主管理班组模式由中煤大同能源有限责任公司塔山矿提出并组织实施。

**一、建立一个轮值体系中心，打通全员管理路径，构建班组全员自主管理体制**

设立由一名轮值班组长和分别负责安全、学习、和谐、士气的四名轮值委员组成的轮值班委会。四名轮值班委一起辅助正式班组长管理班组，人数较多的班组增设由轮值班委领导的轮值管理小组，全班组成员按一定周期轮流任职轮值班组长和轮值班委。班组轮值管理体制依托班组长、轮值班组长、轮值班委三方，打通了从依靠个人管理到依靠全员管理的路径，构建形成了以"三有三无"为核心的班组自主安全管理体系。在轮值过程中，班组成员通过体验班组长角色，都有了参与班组管理的平台和机会，最大限度地激发了每位员工的内在动力，实现了由被管理者向管理者的角色转变，充分提高了管理和运作效能。

**二、搭建三大班组管理平台，完善班组全员管理载体，推动班组基础管理水平提升**

为逐步实现"人人都是班组长"全员管理，保证人人参与轮值管理，打造班组管理平台是必要的条件，按照班组人员素质和管理状况，可先建立三个平台：例会平台——区分班前、班后会作用与重点，规范流程、丰富内容，不断提升班组例会的质量和价值；案例平台——发动全员编写、讲述案例，提高员工管理参与度，增强其对问题的敏感性和安全意识；看板平台——将看板更新周期与实际管理行为周期结合，与轮值人员职责结合，多载体设计、多形式展示，以达到时时提醒、时时对标、时时激励的效果。在条件成熟时，逐步建立其他平台，达到充分发挥各载体的作用。

**三、以"三标三控"为抓手，企业安全生产标准化落地到班组、落地到现场**

为实现企业全员、全方位、全过程安全管理目标，把企业、行业安全生产标准化体系落地到班组、落地到现场，以"一岗一标＋一人一控、一事一标＋一事一控、动态达标＋班组联控"为抓手，通过对"现岗、现人、现事"的管控，将安全生产管理责任的具体要求落地到"每岗、每人、每事、每班"，实现岗位操作达标、班组作业达标及现场动态达标，为企业安全生产强本固基。

## 四、打造五大组织赋能技术，增强班组团队建设

### （一）教练赋能

让员工遇到最好的自己。在“人人都是班组长”全员自主管理班组模式中，班组长管理角色、管理风格发生转变，由“工头”变成了“教练”，工作中发现每一位员工的特点、特长，帮助每一位员工成长，完成对员工的专业技能、安全绩效赋能，激发员工的工作热情和工作潜能。促进了员工间关系再造，提升了员工的技能水平和对班组建设的整体认知水平。

### （二）文化赋能

打造班组命运共同体。当一个班组无愿景、无使命、无宗旨、无目标、无共同遵守的原则、无群体意识时，易被外在负能量干扰，造成员工情绪不稳定、班组安全工作无根基的状态。文化赋能是通过对照信念、对照目标、对照标杆等方式让人时刻唤醒内心，排除干扰，激发热情的一种内省机制。各班组应结合本班组的工作目标、工作要求、工作特点，制定本班组特色的文化理念，通过开展人人都讲一小课、人人都讲一案例、人人担当一责任、人人都做一分享、人人都做一创新、人人都有一绝活等立标、对标、超标、创标相关活动，以多种方式宣传落实，并形成文字材料留存。促进班组全员反思、高效反馈，最终建立了自组织、自驱动、自修复、自涌现、自赋能的新型民主管理班组。

### （三）关系赋能

实现班组一家亲。人不仅仅是“经济人”，还是“社会人”，都渴望建立良好的人际关系，渴望被尊重、被重视。关系赋能致力打造一个让每个人被关注、被发现、被激励、被尊重、被爱戴的管理环境，开展员工沟通“六必访、七必谈”“早接班、早安全、早回家”等活动营造一个互敬、互帮、互促的良好人际关系氛围，化解劳资关系、干群

关系、人与组织的关系冲突，让人在团队中感受到安全感、温暖感、归属感，有效稳定员工情绪，改善员工积极性，最终实现班组一家亲。

（四）制度赋能

制度赋能是指在公司、部门制度的统一要求下，依据合理、特定的流程，由班组全员讨论的方式制定班组制度，凡是班组职权范围之内的，皆可采用制度公约化的方式，经全员签字确认，确保制度的全面性和可执行性，将班组的各项制度内化于心、外化于行，形成员工全员参与、推动全员自主管理的组织行为。

（五）活力赋能

活力赋能是指通过自主分配、赛场、活动、娱乐、游戏、可视化管理等方式激活场域中的活力因素，使人们放松自我，解放思想。比如，为员工搭建赛场，开展赛安全、赛创新、赛节约、赛技术、赛学习等活动，争做班组的安全之星、质量之星、学习之星、创新之星。活力赋能充分调动了班组成员的干劲，提升了班组整体战斗力，加强了班组成员之间的互动，激发了班组的精气神。

## 五、施行七大人本机制，激活员工潜能，改善员工心智模式

这七大机制分别是活力机制、轮值机制、赛马机制、分享机制、评议机制、荣誉机制、连锁机制。

（一）活力机制

活力机制就是营造一种氛围，塑造一种环境，激发员工潜能，调动员工积极性，缓解员工工作压力，提高团队的战斗力，打造和谐团队。

班组的活力机制建设关系到班组建设的成败，关系到班组管理的效能，是新班组建设与发展必不可少的关键驱动力。

1. 构建活力机制的作用

(1) 提振士气。活力机制有助于调动班组成员的士气和干劲，

提升班组整体战斗力。

（2）缓解压力。活力机制加强了班组成员之间的互动，为每天繁重的劳动增添了乐趣，可以让班组成员释放激情，缓解情绪，高高兴兴上班，快快乐乐下班。

（3）激发潜能。活力机制可以提升每个班组成员的精气神，激发班组团队潜能。

2. 活力机制的操作原则

（1）人人参与。班组每个成员都应参与班组调情活动，在展现自己的同时也给班组成员带来快乐。

（2）形式多样。活力内容和方式不必拘泥于形式，可由班组成员根据自己的兴趣爱好自由发挥。

3. 活力机制的实践应用

（1）班会活力仪式：通过班前/班后会“调情”活动，如讲笑话、讲故事、唱歌、喊口号等方式提升班组的活力。

（2）班组集体活动：通过开展班组集体活动，如体育活动、娱乐活动、聚餐活动、拓展活动、郊游活动等，增强团队士气和活力。

4. 活力机制的常见误区提示

（1）活力机制在运用过程中，有可能会出现僵化运用的情况，如活力“调情”的内容太固定，天天重复，失去新鲜感。

（2）活力机制引导班组成员形成积极向上的价值观和团队文化，如果对活力机制理解不到位，可能会因活力内容较为低俗而产生负面影响。

（二）轮值机制

轮值机制即在一定周期内赋予班组成员特定的责任和权利，使其在相关岗位上承担责任、行使权利、履行义务。员工参与轮值管理，是全员管理思想的延伸和具体体现，也是现代企业管理中正在探索和实践的新型管理模式。

轮值机制是创造性体验和责任塑造最便捷、最高效的途径，同时体现了管理中的平等、透明与民主。轮值机制的导入既能让轮值者在体验中获得经验和技能的提升，又实现了管理中的角色体验与换位思考，便于班组成员之间的相互理解及和谐氛围的营造。

1. 轮值机制的作用

(1) 换位思考。把普通班员放在班组管理者的位置上，使其了解班组管理的繁杂性和重要性，才能真正做到换位思考、提高认识、转变思想，对自身的责任和义务有更深入、更透彻、更全面的认知。

(2) 才干展示。轮值机制赋予每一个班组成员相同的、平等的机会，使其在管理者岗位上展示自己的优势和才干，便于优秀人才的选拔和培养。

(3) 锻炼提升。轮值机制培养每一个班组成员以管理者的思维和认知去解决实际问题，使班组成员的能力得到全方位锻炼，综合素质也得到不断提升。

(4) 增进和谐。轮值机制赋予每一个班组成员机会、权利、责任，使其在管理者岗位上产生内心体验和感受，便于班组成员之间形成相互理解、相互包容的和谐氛围。

2. 轮值机制的操作原则

(1) 全员参与。除部分特殊岗位因工作性质、特点不参与轮值外，其他班组成员均参与轮值管理活动。

(2) 权责明确。在轮值管理中，应明确轮值管理人员的角色分配、职责权利和责任义务，使轮值管理人员能够各尽其责，明确自身的工作目标和工作任务。

(3) 制度规范。各班组应根据自身工作性质及人员素质等实际情况，设立本班组轮值管理规范和制度，使班组轮值管理活动能够有序进行。

(4) 循序渐进。在轮值管理中，各班组应根据自身工作性质、特点及人员的素质等综合情况，对轮值管理人员进行适当放权，对轮值管理的适用范围进行适当限制，确保轮值人员能够在适度的压力和动力中得到能力的锻炼和提升。

3. 轮值机制的实践应用

（1）轮值班长。在各班组开展“人人都是班组长”的全员轮值管理模式，让每一个班组成员体验班组长的管理角色。

（2）轮值班委。在各班组内部，根据自身特色，开展“班委会”轮值，如轮值安全委员、轮值学习委员、轮值士气委员、轮值质量委员、轮值和谐委员等。

4. 轮值机制的常见误区提示

（1）如果赋予轮值管理人员的权责过大，可能会有部分员工因能力素质较差而无法承担轮值过程中的责任，不能确保轮值期间的管理效果。

（2）如果对轮值管理人员的权、责、利界定不清楚，可能会引发管理冲突，不利于班组正常生产活动的顺利进行。

（3）如果轮值管理周期太短，可能会导致轮值只是“走过场”，起不到应有的作用；如果轮值周期太长，可能导致部分班组成员在长时间内未有轮值锻炼机会。

（三）赛马机制

俗话说，相马不如赛马，择人不如认人。赛马机制通过搭建赛台和价值展现平台，以比赛和竞争的方式，实现对人的深度激活，发掘人的内在潜能，激发人的工作热情和进取心，促进人的自我价值实现。

赛马一方面是“赛”的过程，一方面是“练”的过程。“赛”提供了公平竞争、展示能力的机会，“练”提供了以赛代练、不断提升的平台。二者都是班组人才培养中不可或缺的环节。因此，赛马机制的本质不是为“赛”而“赛”，而是在于锻炼人、培育人、塑造人。

1. 赛马机制的作用

(1) 激发潜能。通过搭赛场、摆擂台,调动班组成员的激情和热情,激发其内在潜能。

(2) 提升技能。以“赛”促“练”,不断提升班组成员的专业知识技能和综合职业素质。

(3) 选拔人才。“赛”提供了能力展示和公平竞争的机会,是一种人才选拔的有效方式。

(4) 推动发展。“赛”强化了班组成员自我发展的动力和压力,从而推动班组整体发展。

2. 赛马机制的操作原则

(1) 在“赛”的内容上,应与班组工作特点、工作性质、工作内容等实际情况相结合,切忌与实际工作相脱节,起不到以“赛”促“练”的效果。

(2) 在“赛”的形式上,应将个人竞赛和小组竞赛相结合,在提升个人技能的基础上不断增强整个班组的战斗力和凝聚力。

(3) 在“赛”的过程中,应明确竞赛细节和评判标准,将物质激励和精神激励相结合,并将激励幅度和激励方法控制在适当可行的范围内。

3. 赛马机制的实践应用

(1) 岗位练兵。在班组内开展各种竞赛,如赛安全、赛生产、赛质量、赛创新、赛学习等,通过“赛”营造“比学赶帮超”的良性竞争环境,内强素质,外塑形象。

(2) 技术比武。在各班组内开展各类岗位技术竞赛,赛技术、赛本领、赛内功、赛绝活等,不断提升班组成员的岗位技能。

4. 赛马机制的常见误区提示

(1) 如果对赛马机制理解不当,可能会导致为“赛”而“赛”,竞赛内容和竞赛方式脱离实际工作,流于形式,缺乏实效。

(2) 如果在“赛”的过程中,由于竞赛标准不明、激励措施不当,可能会引发班组成员之间、小组与小组之间、班组与班组之间的矛盾,削弱组织的凝聚力。

(四) 分享机制

分享机制可以提供班组成员与他人互动、与环境互动的机会,实现班组内部思想、知识、经验、成果的交流与共享。其实质是通过信息的传递与反馈,使分享者从体验性实践中实现心理和行动上的双重提升。

1. 分享机制的作用

(1) 信息传递。班组内的分享活动为班组内新思想、新知识、新技能、新经验、新动向的快速传播提供平台支持。

(2) 提升能力。在分享中,通过信息的传递与反馈,使分享者个人的心理素质、沟通能力、呈现能力得到有效提升。

(3) 增进和谐。在分享中,班组成员通过思想交流、智慧激荡、情感融合,使团队文化和价值观得到进一步的整合,保证了班组的和谐和融洽。

(4) 价值实现。分享是一个互动交流的过程,分享者不仅从体验性实践中获得心理和行动上的双重提升,也从反馈中获得自我价值的实现。

2. 分享机制的操作原则

(1) 全员参与。对于案例分享、绝活分享等,要求全员参与,每一个班组成员都应积极思考和参与分享。

(2) 互动反馈。在分享过程中,应重视信息的传递和反馈,如案例分享可采用问答式、讨论式等,在互动中不断进行思想的碰撞和观点的交汇。

(3) 有序实效。每一次正式的分享活动,都应确立分享主题、内容,分享时间、地点,分享参与人员等,确保分享过程的有序性和实效性。

3. 分享机制的实践应用

(1) 案例分享。案例分享是一种最有效的分享形式。通过每日案例的学习、讨论和分享，发现案例的价值点、借鉴点、启发点、改善点等，不断提升员工的安全意识、业务水平、思维能力和解决问题的能力。

(2) 绝活分享。如在班组内部、班组之间开展绝活交流会，分享好的经验、好的技术、好的方法、好的创意等。

(3) 非正式分享。如班组成员可在茶余饭后分享工作的感受和心得，在班组聚餐活动、生日聚会等非正式场合中分享生活感言和日常趣事等。

4. 分享机制的常见误区提示

(1) 如果对于分享的主题和内容没有明确的范围，会导致分享过程处于无序状态，分享就会变成一场“开开口、张张嘴、讲讲话”的无意义的闲聊，分享参与人会无所收获。

(2) 如果分享过程中缺乏必要的反馈和互动，分享就会变成分享者个人的“独角戏”，分享参与者的内心体验感不强，不利于团队思想的融合。

(五) 评议机制

评议机制是指鼓励团队成员通过一件事或一个案例进行相互学习和分享评议，交流其中的经验，借鉴成功点，发现其中的不足，避免同样的错误，从而客观认识每个人的优势和劣势，继而强化优势，弥补能力缺陷。

评议机制不同于评价机制，更不同于考核机制，评议强调的不是“评”的结果，而是“议”的过程。通过“议”有所“感”，在“感”中评议双方都获得提升和融合，是一个互为借鉴、双向互补的过程。

1. 评议机制的作用

(1) 激励鞭策。通过评议明晰每个班组成员的成绩和价值，从而激励先进、鞭策后进。

(2) 思想融合。通过对一件事或一个案例的分享评议,促进班组成员之间的思想融合。

(3) 增进信任。通过"评"和"议",了解班组成员的所思所感,增进彼此间的信任。

(4) 优势互补。通过评议借鉴成功点、剖析不足点,从而进一步强化优势、弥补不足。

2. 评议机制的操作原则

(1) 全员参与。除非有特殊情况,所有班组成员均应参与班组任何一项评议活动。

(2) 自由开放。班组评议活动中,应鼓励所有班组成员讲真话、说实情、谈实感。

(3) 即时点评。班组评议中,应对事对人进行即时点评,及时发现问题点和改善点。

(4) 即时激励。对于班组评议中值得肯定的成绩和优点,应对当事人进行即时激励。

3. 评议机制的实践应用

(1) 工作绩效评价。如在班后会上,结合当日工作目标和工作计划的完成情况,以班组集体评议的方法开展员工工作绩效评价。

(2) 案例分享评议。如班前、班后会上,通过对具体案例的分析讨论,评议案例的价值点、借鉴点、启发点、改善点等,提升员工的思维能力和解决问题的能力。

(3) 班组之星评选。通过班组成员集体评议的方式,确立班组之星的具体名称、评星标准、评星程序、激励措施等,提升员工公平感,增强班组凝聚力。

(4) 员工之间工作互评。如班组成员可以对轮值班长、轮值班委在轮值期间的工作表现进行集体评议,分享优点,指出不足,激励其不断成长。

4. 评议机制的常见误区提示

(1) 如果班组成员对评议机制的价值和作用认识不充分、参与度不高，评议过程可能会变成班组长“一言堂”，导致评议结果缺乏公正性，从而引发班组内部矛盾。

(2) 由于评议是一个自由发言的过程，可能因班组内部观点不同、意见不同、利益不同而引发班组成员之间的争议和冲突，弱化班组凝聚力。因此，在班组评议中应本着“尊重、包容、互信”的理念，确保在“评”中改进，在“议”中提升。

（六）荣誉机制

人天生具有对荣誉以及自我实现的渴求，荣誉是人最高阶段的需求，也是激励的最高层次。荣誉机制的设立正是基于对人价值实现需求的研究和把握，对人心理动机的满足。班组建设中荣誉的赋予，能够激发人持续的能动性和自我实现感，用荣誉激励行动，用荣誉创造价值，用荣誉塑造品格，用荣誉产出绩效。

荣誉机制不同于常规的激励机制，激励侧重于对个体的引导和触发，荣誉机制则侧重于对群体的感染和影响。同时，荣誉机制强调正向激励，弱化负向刺激。

1. 荣誉机制的作用

(1) 正向激励。通过赋予荣誉，实现对班组成员的人本激活，从而起到积极的激励作用。

(2) 塑造文化。在班组内设置荣誉的过程，就是引导班组成员思维方式和行为方式的过程，也是塑造班组品格和班组文化的过程。

2. 荣誉机制的操作原则

(1) 公开原则。在优秀班组和“班组之星”评选过程中，应坚持公开的原则，杜绝暗箱操作。

(2) 公正原则。在优秀班组和“班组之星”评选过程中，应有明确的评选标准和评选规则，确保评选结果的客观性和公正性。

(3) 公平原则。每一个班组、每一个班组成员拥有同等的机会参与评选，拥有同等的权利参与评议及评选过程。

(4) 即时原则。将班组文化看板作为荣誉机制的显性载体，即时展现、即时激励、即时分享、即时传播。

3. 荣誉机制的实践应用

(1)“班组之星”评选。如根据各班组自身特点，在班组内评选每日之星、安全之星、质量之星、学习之星、创新之星、质量之星、和谐之星、快乐之星等。

(2) 以员工名字命名创新技术成果。如以某项技术创新发明者的名字命名该项技术成果。

(3) 优秀班组评选。如在各区队内开展班组评选活动，并授予优秀班组的荣誉称号。

4. 荣誉机制的常见误区提示

(1) 如果“班组之星”设置不合理，不符合班组自身的实际情况，可能导致“班组之星”评选流于形式，丧失有效的激励作用。

(2) 如果在优秀班组和“班组之星”评选时，没有明确的标准和规则，违反“三公”原则，可能导致评选结果的认可度较低，挫伤部门班组及班组成员的积极性，破坏班组和谐氛围。

(3) 如果对于优秀班组和“班组之星”的奖励措施不合理，可能会引发班组之间、班组成员之间的矛盾，削弱班组凝聚力。

(七) 连锁机制

连锁机制是“自保、互保、联保”三位一体的安全管理机制，具体指一人违章或发生安全事故，身边工作的人员共同承担责任，整个班组受损失。

连锁机制的目的是进一步提高员工的安全意识，增强全矿安全生产管理,积极消除各类安全隐患和“三违”行为。

1. 连锁机制的作用

(1) 减少安全隐患。“自保、互保、联保”三位一体的安全责任,促使班组成员增强安全意识,减少安全隐患。

(2) 增强团队意识。连锁机制通过责任共担的方式,促使班组成员之间相互提醒、相互监督、相互帮助,增强团队意识。

2. 连锁机制的操作原则

(1) 责任共担。一人违章或发生安全事故,身边工作的人员及班组管理人员共同承担连带责任,且责任界定应有明确的制度规范。

(2) 安全互保。班组成员之间有安全提醒的责任和义务,对于危险作业有安全监护的责任和义务。

3. 连锁机制的实践应用

(1) “三违”责任共担。如班组成员出现“三违”,班组长、轮值班组长、同一作业区的工友共同承担连带责任。

(2) 安全事故责任共担。班组成员发生安全事故,所有班组成员共同承担连带责任。

(3) 危险作业监护。进行危险作业时,同一作业区的工友有安全监护的责任和义务。

4. 连锁机制的常见误区提示

(1) 连锁机制的目的重在防范安全事故和“三违”行为,防止因错用连锁机制而挫伤班组成员的积极性。

(2) 连锁机制如果没有明确的制度规范,相关责任人及责任程度不明确,则起不到应有的作用。

**六、推行七大保障措施,夯实班组安全建设基础,确保班组安全效果**

(1) 安全文化入人心:班组安全建设、文化引领、班组员工的安全文化意识建设是安全管理的重中之重。各班组可通过全员讨论建立起班组的安全文化理念，通过班会安全宣誓、安全亲情寄语、安全演讲比赛、安全环境建设等多种方式，营造班组的安全氛围，将安全文化内化于心、外化于行。

(2) 制度健全保安全：明确班组成员的安全管理责任，制定奖惩清晰的安全管理制度，以制度保障安全。

(3) 安全技能天天学：安全建设以提升班组员工安全技能和素养为核心，为了提升基层人员的安全意识，各区队应开展"每日一题"学习，开展各岗位的经验绝活交流。从原本每天由技术员给大家讲课，转变为由大家轮值来讲课，在讲课的过程中再学习、再强化。

(4) 安全案例天天分析：安全意识怎么提高？说教太空洞，案例分析是个好方法。班前、班后会上轮值安全委员应提出安全案例，人人讲安全案例、分析安全案例。同时，将案例贴在班组的目视化看板里，许多班组成员用五颜六色的小纸条"跟帖"，发表感言，自我警示，自我教育。在近一年的时间里，仅综采区由班组员工自行编写、讨论的安全案例已经达到了600余份，班组员工安全意识大大提高。

(5) 风险预控人人参与：将风险预控管理与班前、班后会结合，风险预控每个煤矿都在抓，但是塔山煤矿风险预控的特点在于全员参与，每一条风险点都是大家集思广益、日积月累形成的。如综采区检修班组全体员工根据检修班五大工种的工作程序进行了分析，制定了风险预控管理表和管理制度。在检修过程中，有效遏制了一切可能发生的事故。检修班今年以来没有发生过一次破皮伤，得到了区队和煤矿领导的高度认可。

(6) 安全提醒人人参与：每天下井前的安全提醒、安全宣誓，应从原来的区队长、班组长组织变成由轮值班长、轮值安全委员来组织；每天上井后的安全总结、分析点评也由轮值人员来主持，变被动安全为主动安全。

(7) 互保联保自主管理：充分利用连锁机制，让班组成员两人或三人签订"自保、互保、联保"责任书，形成相互监督、相互约束的自主管理小组，有效杜绝"三违"。

## 第三节 "四五六"班组管理新模式

国家能源集团宁夏煤业有限责任公司(以下简称宁煤公司)成立于 2002 年 12 月，是国家能源集团控股子公司，也是宁夏回族自治区龙头骨干企业，至 2010 年底资产总额为 637 亿元，煤炭生产能力超过 6 000 万吨，实现利润 50 亿元。自全国煤矿班组安全建设推进会召开以来，宁煤公司结合企业发展实际，创新求实，系统梳理总结了建企以来班组建设的好传统、好经验、好做法，并进一步解放思想，更新理念，强化执行，形成了一套"定位清晰、体系健全、载体丰富、管理到位、民主科学"的"四五六"班组建设管理新模式，整体推进了班组建设工作，收到了十分明显的效果。

### 一、宁煤公司"四五六"班组建设模式与特点

"四五六"班组建设管理新模式，坚持安全、工作、学习、活动"四位一体"的原则，以创建学习、安全、创新、专业、和谐"五型"班组为核心，以构建班组建设组织、制度保障、现场安全风险管控、教育培训、文化引领、考核评价六大体系为支撑，紧紧围绕科学发展、安全发展这个主题，始终把加强班组建设作为深化"双基"建设、全面加强安全生产管理的重要抓手，文化引领，持续改进，不断创新，努力将各类班组建设成为安全文明高效、培养凝聚人才、开拓进取创新、团结学习和谐的健康细胞，为职工搭建起不断提升技能素质、充分展示自身能力和抱负的平台，把班组长培养成为政治强、业务精、懂

技术、会管理和具有现代意识的基层管理者，把班组员工培育成有理想、有道德、有纪律、有文化，以及敬业、勤奋、创新、踏实、热爱本职岗位的劳动者。

（一）从战略高度定位班组建设，推行全员全过程管理

（1）班组安全管理的定位。宁煤公司班组建设始终坚持“安全高于一切，安全重于一切，安全先于一切，安全影响一切”的安全理念，以“人员无失误、系统无缺陷、设备无故障、管理无漏洞”为目标，安全管理无缝衔接、闭环相扣。公司大力推行班组成员安全动态互保联保制度，做到互相提醒、互相照顾、互相关心、互相监督、互相检查、互相保证，使班组员工真正做到不伤害自己、不伤害别人、不被别人伤害，实现班组安全生产。

（2）班组工作的定位。强化安全是第一责任，完成任务是第一要务，保质保量是第一原则，确保进度是第一目标，创造绩效是第一要义，做到事事有人管，管事凭制度，管人凭考核，奖惩看业绩，这是宁煤公司班组建设工作的根本和基石。同时，积极引入先进管理理念、先进管理方法、先进管理手段、先进信息技术，大力推进精益管理、班组核算、班组文化和团队建设。

（3）班组学习的定位。公司积极开展“创建学习型班组、争做知识型员工”活动，加大基层区队图书馆、阅览室的投入和建设，建成覆盖全员的班组学习室，做到全员学习、终身学习，工作学习化，学习工作化。

（4）班组活动的定位。践行文化、健康、文明、向上的班组活动定位。集团公司广泛开展读书竞赛、岗位练兵、技术比武、“安康杯”竞赛活动，广泛开展安全竞赛、劳动竞赛、业绩竞赛活动，“合理化建议”、班组生活会活动，小改小革、技术革新、科技攻关、修旧利废活动，以及广场文化、团队建设、体育健身活动，让员工在快乐中工作，在工作中成长。

（二）以“五型”班组创建为核心，实施全方位标杆班组工程

（1）全力打造学习型班组。随着宁煤公司生产设备、工艺、技术的不断更新，以及信息技术、计算机网络技术的广泛运用，公司班组建设不断创新管理理念、方法和手段，做到与时俱进、快速应变，在不断学习中求创新，在不断创新中做贡献，不断提升班组管理水平和管理效能，满足企业发展对班组建设的需要。按照“干什么，学什么；缺什么，补什么；练什么，精什么”的基本原则，争做一专多能、知识型、技能型、专家型的复合型人才。

（2）全力打造创新型班组。调动和激发班组员工的首创精神，激励员工自觉、自愿、自动地去发现问题、解决问题、改进方法、提高效率。通过建立攻关团队、创新小组等形式进行技术革新、专利发明等，增强员工创新意识，激发员工创新激情，提升班组管理的效能和效率。

（3）全力打造安全型班组。严格执行“三不生产”和“四不开工”原则。即不安全不生产、不文明不生产、不标准不生产；危险源辨识不清不开工、管控措施不到位不开工、作业能力达不到不开工、隐患不排除不开工。推进安全质量标准化建设，推行作业现场精细化管理，不断强化员工的标准化意识，做到上标准岗、干标准活，实现现场制度落实达标、环境安全达标、设备完好达标、操作程序达标、工程质量达标。深入推进“手指口述”和“准军事化”管理，提高各级、各岗位人员的执行力。

（4）全力打造专业型班组。宁煤公司将班组员工队伍建设纳入公司整体人才开发体系和人才强企战略。加强对班组员工职业生涯的规划，建立科学的班组岗位竞争机制和绩效考核机制。根据安全生产需求，遵循生产工艺化、对象专业化、合作效益化原则，本着有利于生产、有利于安全、有利于提高劳动效率、有利于提高经济效益、有利于管理和适应协作原则，在班组建设的目标、内容、要求、方

式方法上紧密结合实际，使每位班组员工都成为行家里手，把班组建成专家团队。

(5) 全力打造和谐型班组。宁煤公司大力弘扬和传承以“特别能吃苦、特别能战斗”“厚德载物”等为核心的企业精神，努力打造符合时代特点的先进班组团队文化，用先进团队文化凝聚力量，引导班组建设。紧紧围绕建设“四有”员工队伍目标，抓好员工政治理论、企业精神和职业道德教育，开展好工会小组活动及各类有益的文体活动、社会公益活动，教育员工遵纪守法。建立班组员工家庭档案和困难员工档案，积极开展送温暖活动。及时掌握班组成员思想动态，做好谈心家访工作。随时调解班组员工纠纷，搞好班组治安防范、职业健康、劳动保护等工作，确保班组的和谐稳定。

(三) 体系保障，提升班组建设的层次和水平

宁煤公司把班组建设纳入企业安全发展规划，纳入年度“五型”企业考核之中，出台了20余项班组建设管理制度，不断健全完善党政工团齐抓共管的班组建设组织体系、制度保障体系、现场安全风险管控体系、教育培训体系、文化引领体系和考核评价体系，构建了班组建设长效机制。集团公司把班组建设作为一把手工程、细胞工程、精品工程、和谐工程和企业长治久安的生命工程强力推进；各职能部门根据班组建设的总体要求，按照具体分工，负责各项推进措施的制定、检查和考核工作。各基层单位党政负责人都把班组建设作为提高核心竞争力、事关集团公司发展战略的全局性、基础性工作来考虑，纳入本单位战略发展整体规划来布置，定期召开联席会议听取班组建设工作汇报，及时发现问题、解决问题，确保班组建设工作稳步推进和班组建设水平的稳步提升。

## 二、宁煤公司班组安全建设的成绩与效果

(1) 安全管理再创新水平。强化了班组现场危险源辨识和风险预控措施落实，员工的安全意识明显增强，安全生产工作持续平稳

发展。2009 年和 2010 年,在原煤产量不断攀升的情况下,宁煤公司连续 2 年实现了原煤生产百万吨死亡率为零的突破,2010 年还消灭了重伤以上事故,2011 年以来又消灭了轻伤以上事故。公司涌现了一批安全生产 5 000 天的煤矿和安全生产近 50 年、40 年、30 年的先进区队、优秀班组。其中,红梁公司掘进队实现连续 48 年安全生产无事故,在全国煤矿中树立了安全发展的典范。

(2) 生产效率大幅提高。通过大力开展班组劳动竞赛,2010 年原煤综合单产同比提高 18%,原煤生产劳动效率同比提高 25.8%。其中:羊场湾煤矿综采一队以日产 4.8 万 t、月产 107 万 t、季产 285 万 t,再次刷新了宁夏煤炭行业原煤日产、月产、季产纪录;枣泉煤矿综掘队全年掘进进尺突破万米大关,生产一班以单班日进尺 25 m、月进尺 520 m,创造了集团公司班组单进新水平。

(3) 员工技能素质全面提升。集团公司先后涌现出“全国巾帼标兵”“五一劳动奖章”获得者张玉梅,“中央企业技能状元”“自治区首席工人技师”马洪涛,“中央企业技术能手”梁元元等一大批杰出技术人才,有 51 人荣获“自治区技术能手”称号,119 人荣获“自治区青年岗位能手”称号;采煤机和综掘机司机 2 个工种获得神华集团技能大赛第一名。

(4) 创新创效成果显著。集团公司 2 868 个班组全面开展合理化建议、小改小革、修旧利废及“五个一”创新创效活动,形成了“钱卫循环轨道”“吴磊综掘机截割部安全保护罩”“徐建华护板”“陶玉田超前液压控制阀”等一大批以班组员工命名的技术创新成果。2010 年,全集团公司共提出合理化建议近 5 万条,完成技术革新项目 400 余项,直接创造经济效益 1.46 亿元。

(5) 特色班组建设成绩喜人。集团公司羊场湾煤矿综采一队生产一班荣获“全国煤矿优秀班组”称号,枣泉煤矿综掘队检修班荣获“全国工人先锋号班组”称号,汝箕沟矿准备队生产一班、焦煤公司综采队采煤一班等6个班组荣获全国“安康杯”优秀班组称号，涌现出全国煤矿“十佳”班组长张宁喜、全国优秀班组长盛光前等一批先进个人。

## 三、“宁煤经验”的重要启示

班组是企业最基本、最基础的组织，班组建设的好坏直接关系到企业的稳固和发展。宁煤公司全面推进“四五六”班组建设管理新模式，走出了一条有思路、有亮点、有特色、有成效的班组建设之路，总结该集团公司班组安全建设的经验做法，对于全国煤矿进一步搞好班组建设具有十分重要的启示。

(1) 健全完善的制度体系是推进班组建设的根本保障。宁煤公司高度重视班组建设工作，在集团公司、各基层单位均成立了班组建设领导小组，形成了党政统一领导，分管领导主要抓，工会牵头抓，其他部门各司其职、通力合作的工作机制。并在实践中提出了“基础要夯实、安全要保障、产量要上去、质量要一流、效益要提高、成本要下降、班组要和谐”的班组建设规划和目标，班组建设呈现出创建载体多样化、安全生产标准化、动态达标制度化、班组管理民主化的良好局面。

(2) 公推直选是选好班组长的民主途径。该集团公司借鉴基层党委公推直选的先进经验，引入了公推直选班组长的选举机制，把选好、用好班组长作为抓好区队班组建设和安全工作的关键，把技术过硬、作风扎实、管理严格作为合格班组长的基本条件，按照其岗位必须具备的专业技能、安全管理、成本理念、发现问题、解决问题、现场组织、协调和谐、民主意识八种能力要求，通过民主选举产生班组长。2009年，集团公司基层单位共公推直选出员工信任、大家拥护、工作能力强的1 065名班组长。2010年，全集团公司2 868个班组的3 007名班组长全部实现了公推直选，有效推动了基层民主政治建设。

(3) 有效激励是抓好班组建设的关键举措。突出正面引导,加大奖惩力度,物质上有实惠、精神上有动力,极大地调动了班组长抓安全、促生产、提效益的工作积极性和主动性。宁煤公司在政治、经济和福利待遇上对班组长给予倾斜,各单位每季度进行一次班组建设评议考核,对评出的优秀班组长给予奖励;对连续四个季度都被评为优秀班组长的,作为矿厂先进个人给予表彰;连续两年被评为矿厂先进个人的,直接进入劳模评选行列;连续两年进入劳模行列的班组长,作为矿厂的中层后备干部进行重点培养。对连续两年被评为“十佳”班组长的个人给予重奖,该举措在企业内引起了极大反响,进一步营造了争做“十佳”班组长的浓厚氛围。

(4) 持续创新是激发班组活力的不竭源泉。大力开展学习型、安全型、创新型、专业型、和谐型“五型”班组创建,引导和激励员工围绕安全生产、成本控制、精细管理、创新创效,不断提升班组建设质量。通过持续开展各矿厂之间班组建设交流观摩活动,进一步提升了认识水平,交流了经验,营造了氛围,推动了集团公司班组建设整体水平的提升。2010 年,集团公司先进班组比例达到了 51.5%,合格班组比例为 48.5%,没有不合格班组。

(5) 文化引领是推动班组建设的强大动力。以文化育人,以文化塑人,深入开展了企业文化理念宣传贯彻和安全文化渗透、亲情文化辐射、感恩文化培育等系列主题实践活动,切实增强了员工的使命感和主人翁意识,提高了员工的工作积极性和主动性。

(6) 丰富载体是推动班组建设创水平、上台阶的重要抓手。宁煤公司各煤矿区队班组牢牢把握“安全生产、成本控制、精细化管理”三大主题,生产一线班组围绕“安全、单产单进”创特色,生产辅助班组围绕“设备三率、安全运行、系统顺畅”创特色,地面班组围绕“服务一线、环境美化”创特色,煤化工班组围绕“安、稳、长、满、优”创特色。深入开展“五型”班组、安全明星班组、最佳班组、优胜班组、金牌员工、“三无一创”班组（无轻伤、无重伤、无“三违”，创本企业班组日产日进、月产月进最高水平）和“九比”劳动竞赛（比安全、比出勤、比进尺、比干劲、比质量、比产量、比节约、比效率、比开机率）、“三和一星”竞赛（和谐车间、和谐部室、和谐班组、员工之星）、“评级挂星”竞赛等活动，深化班长实战课堂、班组拓展训练等众多建设载体，取得了明显效果，集团公司班组建设呈现出百花齐放、百花争艳的工作新局面。

经过多年的实践和探索，宁煤公司建立了一整套具有宁煤特色的“四五六”班组建设管理新模式，为加强煤矿基层和基础管理，推进企业科学发展、安全发展、和谐发展发挥了重要作用，为全国煤矿班组安全建设提供了较为成熟的成功经验，具有很强的实用性、可操作性和指导性，值得有关单位学习借鉴。

## 第四节　打造“四好”先锋班组，激活高质量发展“新动能”

### 一、班组建设概况

陕西小保当矿业有限公司（以下简称公司）隶属于世界500强企业陕西煤业化工集团有限责任公司。公司井田位于榆神矿区三期规划区，按照“一公司两矿”的模式建设，一、二号煤矿核定产能分别为2 000万t/a和1 300万t/a，先后于2020年6月、2022年2月通过竣工验收，进入生产矿井序列。两矿井下生产系统相互独立，地面设施共用。

公司现有班组60个，班组长104名，在册员工2 020名。

为适应企业高质量发展的新形势和新要求，不断提升班组建设管理水平，公司始终把加强班组建设作为推动中心任务的着力点，以打造安全管理好、创新创效好、基础工作好、团队建设好的“四好”

先锋班组为目标，推动班组建设提档升级。所属班组先后荣获省能源化学地质系统“模范职工小家”“工人先锋号”“梦桃式”班组等荣誉称号。

## 二、主要工作开展情况

公司坚持把班组作为安全生产的“前沿阵地”，围绕打造“四好”班组建设目标，从制度建设、基础管理、安全管理、创新创效等方面重点发力，推动班组建设持续稳中向好。

### （一）强化精细管理，打造安全班组

紧扣公司“4334”安全精细化管理模式，制定《班组安全建设实施办法》，构建“1234”班组安全网络管理体系，修订 293 个岗位安全生产责任制和“一岗一清单”，签订全员安全承诺书，制定不安全行为标准 114 条，针对班组操作人员建立全员安全联责抵押制度，参与人员 1 300 余人次，全员安全联责、联保意识有效提升。开展全员“手指口述”安全确认作业法，构建设备全生命周期管理体系，建成井下“千眼”视频智能安全监控系统，持续改善作业环境，加强职业病危害因素监测治理，按期足额发放劳保用品，提升全员体检标准。

### （二）强化创新管理，打造创新班组

完善创新评价激励制度，鼓励员工立足岗位实践开展技术创新，深入开展工器具革命和全员“双创”活动进班组活动，发挥技术创新在安全生产、降本增效等方面的重要作用。2023 年以来，征集一线员工技术创新项目 233 项，新获授权实用新型专利 47 项，推广转化 16 项，累计创造经济效益 8 900 余万元，职工技术创新项目“半煤岩快掘工作面除尘系统优化设计与示范应用”“隔爆兼本安型交直流多功能可移动变电装置”等 48 项成果获得煤矿企业“五小”技术创新成果奖、陕西省企业“三新三小”创新竞赛奖等。

### （三）强化基础管理，打造规范班组

根据班组特点梳理班组标准体系，建立健全相关技术作业标

准、岗位工作标准、管理标准及班组制度29个，根据班组人员情况和工作性质，按照专岗专责要求对各岗位的工作项目逐条细化，明确每个班组成员的工作职责及内容、标准，使每个班组成员都更加清楚各自所辖工作范围和业务边界，进一步规范了班组员工的工作行为，引导员工做到“上标准岗、干标准活”。对班组管理资料进行优化，分层分类8大管理项目，使班组管理工作更加清晰。

（四）强化民主管理，打造团结班组

每月定期征集职工意见，设置“董事长信箱”“工会主席直通车”等载体，引导鼓励员工围绕如何高效完成班组作业任务集思广益，建言献策，讨论和制定班组各项规章制度，民主评选和民主推荐先进模范人物，民主评议班组长工作和民主选举班组长。同时严格执行“十公开十上墙”制度，对班组员工当日的工分、工资分配情况实时公开，当月的绩效考核分配办法、考勤表、全员岗位能力评价、个人绩效系数定期公开。每月开展厂务公开专项检查，切实保障职工群众的参与权和监督权。

## 三、亮点做法及成效

公司坚持“服务职工、服务企业、服务生产”的班组建设理念，结合企业实际全方位、多维度推进班组建设，不断增强班组竞争力、品牌力和战斗力，让班组成为企业高质量发展和追赶超越的尖刀连。

（一）月度例会推进，解难题、学经验，激活班组竞争力

开展“先锋班组”建设行动，每月召开由一名公司主要领导牵头，所有分管领导参加的班组建设推进会暨“先锋班组”表彰会，授予“先锋班组”流动红旗，优秀班组长上台分享班组管理经验；开展现场意见征集，建立“领导现场解决、部门跟踪落实”工作机制，逐项销号反馈，保证问题整改率达95%以上。截至目前，班组推进会共征集意见表170余份，经过筛查汇总，形成55条工作意见，逐项按照“五落实”原则将问题清单变成责任清单，全面督促机关各部门严格

按照时间期限抓落实，目前丰富班中餐菜品、配置浴室饮水机、提供工衣缝补等问题已全部得到解决。根据解决情况按季度开展满意度调研，满意率均达到98%以上。

2023年至今，举办班组推进会暨班组表彰会14期，共表彰了35个班组并授予"先锋班组"流动红旗，35名先锋班组代表上台分享班组管理经验，有效促进班组之间形成"比、学、赶、帮、超"的良好氛围。2023年公司在煤炭市场整体下滑的情况下，产量同比提升10%，成本同比下降10%，持续创造出利润百亿的好水平。

（二）年度折线管理，树标杆、强品牌，提升班组品牌力

构建"三层四类"考核体系，根据全年月度班组建设考核排名，绘制班组建设管理数据折线图，并编制《班组建设工作汇编》工作手册，对连续三个月排名倒数的班组实施包保提升，对先锋品牌班组进行表彰推广，进一步提升班组建设品牌力。截至目前形成了一号煤矿掘进二队胶运检修班"'四强化'，推动班组建设稳步发展"、一号煤矿机电运输队检车班"'严、细、实、恒'打造先锋班组"、二号煤矿综采一队检修班"念好'三字经'，激活班组建设'一池春水'"、二号煤矿通风维护队监测监控班"念好班组'安全经'，保障高质量'发展路'"等54个独具特色的班组品牌，同时加大总结提炼班组特色亮点，利用各区队学习阵地、宣传橱窗等全面宣传，为推动公司高质量发展持续赋能聚力。

定期开展劳动竞赛，按月度对区队、班组回采工效、掘进工效、吨煤成本等七项指标进行考核，多次刷新单班产量和进尺纪录，2024年一季度向破纪录班组进行贺信表彰5次并奖励54万元。全国首套450 m超长智能综采关键技术及成套装备在二号煤矿综采一队投用，刷新中厚煤层单井单面开采纪录，获得省科技进步一等奖；全国首套2 000万t中厚煤层工作面柔性生产系统成套装备在一号煤矿综采二队建成使用，产能提升50%以上。

（三）全员素质提升，强思想、增能力，提升班组战斗力

建立健全班组常态化学习制度，围绕思想建设，通过理论宣讲、主题阅读、演讲比赛、知识竞赛等方式，把“大学习”的课堂搬到生产一线，让新时代党的创新理论更好地走近职工身边、走进职工心里。加大“金牌班组长”培养力度，按照职位设定、资格培训、反“三违”情况等进行核查，（解）聘任班组长 117 名，开展公司班组长素质提升班 3 期 103 人次。同时紧扣班组技能人才需求，落实班组“师带徒”制度，利用“114 种子”计划，以及周二周五学思大讲堂、班组业务小课堂、劳模创新工作室等载体开展多元立体化培训，形成“每日小课堂学、每周大讲堂学、每月岗位练兵学、每年技能比武学”闭环机制，举办 4 届技能大赛，人均每年业务学习时长 58 h。

2023 年以来，各班组 653 人技能操作人员职级获得纵向晋升，现有高级工以上技能人才 314 人，40 余名高技能人才在省级及以上各类技能大赛中脱颖而出，其中获得一、二等奖的有 16 人次；先后有 3 名员工被评为“陕西省技术能手”，5 名员工被评为“全国煤炭行业技能大师”。

## 第五节　发挥班组技术优势，打造创新型安全高效班组

“发挥班组技术优势，打造创新型安全高效班组”活动由开滦能源化工股份有限公司范各庄矿业分公司刘少辉电工班组提出并实施。

### 一、完善创新机制，筑牢班组建设基础

一方面，利用新媒体教育手段，实行“线上＋线下”同步学习模式，改进和丰富培训方式方法，建立“创新辅导站”，通过微信交流群、休息室学习园地等载体，面向职工征集疑难问题；开设“创新辅

导课”，组织高技能人才利用丰富多样的形式，分享创新经验、交流创新心得、推介创新成果、演示创新技法，让职工学习掌握煤矿最新技术发展动态。另一方面，根据生产实际细化月份、季度、年度创新计划，发动全员围绕关键环节开展技术攻关，破解制约生产的瓶颈；持续完善考评小组成员职责，明确考核和奖惩标准，形成“创新无处不在”的良性循环。

**二、务实六项举措，彰显班组创新特色**

(1) 每日一题。每日班前围绕行业标准、操作规范、法律法规、专业技能等方面进行提问，对回答准确的职工予以鼓励，对回答有误或回答不出的职工进行详细解答。

(2) 每周一案例。利用班前会、班组会、安全例会、职工学习日的时间，对案例进行深入细致的分析；邀请有多年工作经验的老师傅讲述自己的亲身经历或亲眼看见的安全事故，找出事故原因，提出避免类似事故的方法。

(3) 每旬一课堂。选拔具有高级技师职称以及班组长为现场培训教练员开展实战演练，在工作现场手把手传授绝招绝技绝活。在此基础上，依托“刘少辉创新工作室”等资源优势，组织职工学习创新成果的创新亮点、创新思路和应用情况，引导职工树立创新就在身边、人人都可创新的意识。

(4) 每月一考试。刘少辉电工班组采取理论考试和实践比武两种方式进行。理论考试内容包括岗位应知应会、安全法律法规、应急处理技巧、创新思路谋划、理论学习心得等；实践比武以现场为考试场地，车间管技人员模拟故障问题，现场考查职工处理问题的能力。对综合测评成绩排名前三、进步最快的职工予以奖励，有效激发全员学理论、练技术的积极性和主动性。

(5) 每人一技改。对不同技术等级人员设定不同的创新目标，提升职工技改创新能力，定期对职工完成的创新项目进行综合评定，对立项准、思路新、方法活、效果优、价值高的创新项目，组织职工进行经验推广学习交流。

(6) 每季一评比。刘少辉电工班组制定了《班组职工技能素质评比考核办法》，每季度末最后一个月，根据职工技能等级，从理论知识掌握、现场工作实践、技改项目完成和日常表现、团队协作情况等方面，进行季度分组评比考核。

**三、把准两个命脉，确保班组安全高效运转**

(1) 当好职工技能提升的好导师。刘少辉总结提炼了“双四”学习法、“看、问、测、听”故障排除法、PLC 培训六步法等学习方法，主编《矿井提升机电控系统工作原理及故障分析》一书，并出版社出版发行，为进一步提高职工专业素质提供了帮助。在刘少辉的言传身教下，班组职工整体技能素质显著提高。

(2) 当好技术创新工作的排头兵。刘少辉坚持以问题为导向，勇于创新、敢于探索，围绕制约矿井提升的安全生产实际问题积极开展攻关创新活动，解决一批影响安全生产的疑难问题，实现保安全、创效益的目标，研制出“矿井主提升机盘形闸空动时间检测装置”，可自主检测提升机闸瓦空动时间，且检测精度可精确到 0.01 s。该装置获得国家新型实用专利。

## 第六节　千淘万漉煤海深处创智能，拼搏奋斗绽放最美青春

“千淘万漉煤海深处创智能，拼搏奋斗绽放最美青春”班组管理模式由陕西煤业化工集团有限责任公司红柳林矿业公司李永刚班组提出并组织实施。

**一、“横纵并进”的本安型班组**

李永刚班组在本安型班组创建过程中，一是牢固树立“安全第

一”的理念，充分利用每周二、周五学习时间组织全员学习各项安全操作规程、观看事故案例，使班组成员从“要我安全”到“我要安全、我会安全”转变。二是始终坚持“安全第一、预防为主、综合治理”的工作方针，强化过程控制，从细节入手，树立零违章理念，坚持教育与惩处相结合，不断健全班组安全管理制度。三是开展岗位应知应会及“红线”“三违”抽查背诵等安全活动，长期坚持入井安全确认、安全宣誓、正确穿戴劳动防护用具、班长带队集体进入工作岗位、现场排查隐患、班中巡回检查和收工集体升井等一整套自我保安、集体保安的安全管理模式。四是针对当天生产作业实际情况进行事故超前预测，指出可能影响安全的因素，并提出预防措施和要求。

**二、“学以致用”的学习型班组**

李永刚班组在学习型班组创建过程中，一是在班前、班后会和周二、周五学习会上组织班组成员进行思想政治理论、设备维护和操作中涉及的相关知识进行系统学习，端正思想，了解各系统的组成、设备设施的原理及构造，并对学习笔记进行月度考核。二是有针对性地开展多种培训，在智能化综采工作面建设期间，多次组织学习自动化，积极向厂家技术人员询问、讨论。培训结束后将所学技能投入生产实际中，优化和改进设备程序，大大提高了劳动效率、改善了学习效果。

**三、“求索不止”的创新型班组**

李永刚班组在创新型班组创建过程中，一是成立了以公司“创客能手”“创新能手”为组长的创客小组，带领班组成员大胆提建议，不断挖掘自身潜力，对实际工作中需要改进之处建言献策。二是开展班组事项创新项目和“金点子”创新竞赛，对每个可以实际应用并对井下设备维护起到积极作用的创新进行积分，分值越高，收益越大，极大地调动了职工参与创新的积极性，为企业区队带来了巨大的经济效益。

**四、“薪尽火传”的技能型班组**

李永刚班组虽然成立时间短，大部分都是年轻职工，但是他们的职业技能水平却没有输给轻车熟路的老工人。这正是整个班组把打造技能型班组作为工作的一项重要内容的结果。一是班组积极开展与其他班组的技能交流活动，并鼓励班组成员参与技能等级鉴定培训，提升职工的职业技能综合水平。二是班组每季度分工种开展一次职业技术比武，邀请公司的技能大师作为评委，评选出各工种之间操作技能“最优秀的员工”和“进步最大的员工”，如“金牌采煤司机”“金牌液压支架工”等。同时，通过每月开展一次的“岗位描述”和“手指口述”技能学习活动，练本领、学技能，大幅增强了班组成员在工作中力争上游的劲头。三是技术比武竞赛结束后，班组长根据每位员工在岗位技能上的强项和弱项，开展“一对一帮扶”“结对子”等活动，“三人行，必有我师”，大家在工作中通过学习别人的强项来弥补自己的弱项，形成共同进步、共同成长的员工技能培训模式。四是针对每年新入职员工操作技能不熟悉、自保意识不强的情况，在了解新员工对各岗位工种兴趣的基础上，积极开展“师带徒”活动，在实习期间对师傅和徒弟进行全过程考核，提高班组新入职员工的操作技术水平，为班组的后续技术力量培养打下了坚实的基础。

**五、“人人参与”的节约型班组**

要真正建立节约型班组，必须建立起长效机制。李永刚班组在节约型班组建设过程中，着眼于长效机制的建立，以“人人参与”为主线展开工作。一是分别建立了地面物资管理机制和井下物资管理机制，制定了材料管理各项规定和岗位责任制，把降低能耗、节约开支与每位班组成员的自身利益紧密结合起来，提高每位成员的节约意识。二是成立了以班组长为组长的材料管理小组，积极推行精细化管理办法，确保班组生产管理科学、安全、高效，优化工时利用，对每个工作环节和工种的任务进行认真分析研究，准确计算、定量考核，增加平行作业度，减少等待、无效劳动等浪费。三是切实做到材料节约人人参与、人人考核。建立材料台账，班组记录当天公布，每月末召开一次材料分析会，统计本月材料使用是否超支，如超支则查出原因，并调整下月材料使用安排。四是班组大力开展修旧利废活动，节约从一点一滴做起，树立"地面一张纸，井下一颗螺丝钉"的节约理念，使得材料回收率大大提高。

### 六、"公开透明"的和谐型班组

李永刚班组在和谐型班组创建过程中，一是对班务公开、劳动纪律、绩效考核、工资奖金分配、考核等方面都做出了明确的规定，提高班组管理的透明度、公正性和员工的满意度。二是实行民主管理，调动了职工的积极性，使班组员工增强参与意识和管理意识，自觉带着责任上岗。三是积极组织开展文体活动，大大提高了职工的幸福感。

## 第七节　其他优秀班组建设经验精编

### 一、刘金贵班"创新班组管理'八法'打造安全高效团队"

华亭煤业集团有限责任公司新窑煤矿公司综掘一队刘金贵班组现有职工 15 人，主要承担着矿井煤巷及岩巷的掘进任务，经过多年的探索与实践，班组长刘金贵总结提炼并完善了班组管理"八法"，在实现班组安全生产、提质增效、标准化作业、员工素质提升和凝心聚力等方面发挥了巨大作用，成为华亭煤业集团有限责任公司唯一一个以人名命名的管理方法，即刘金贵班组管理法。

#### （一）"三三"标准整治法

"三三"标准整治法是新窑煤矿公司综掘一队区队班组管理"八法"中的首法，也是作业现场安全生产管理的主要方法，主要是指井下生产现场班组中管理人员的构成、职责以及他们之间的联动运行方式。他们之间既有分工,又有联合,既独立,又制约,环环相扣,使生产现场井然有序,达到了标准化作业和安全生产、文明生产的目的。

(二)班清控制法

班清控制法是刘金贵班组根据"日清日结"管理法理论,在"按质论价,按利计奖"核算体系基础上,以班组核算为手段,以指标层层分解,责任落实到人为保证措施,达到成本的超前控制和职工的有效激励,实现各生产要素的合理配置,确保"效益型"班组建设取得实效。

(三)"四述"标准操作法

"四述"标准操作法是刘金贵班组针对煤矿高危行业及其作业步骤复杂、环境条件多变等特点,以煤矿企业岗位标准化作业标准为重点,依据煤矿安全规程、操作规程和作业规程,按照各岗位工种精细化管理的要求,制定的涵盖班组职工现场工作全过程的标准。

(四)"五达标"质量管理法

"五达标"质量管理法是指生产现场人、机、环等各生产环节都达到安全生产标准的管理方法,也是刘金贵班组班前、班中、班后的检查验收标准。"五达标"即现场制度达标、环境安全达标、设备完好达标、操作程序达标、工程质量达标。

(五)"ABC"动态考核法

"ABC"动态考核法是指当班组长根据"A+6S"[安全(A),整理、清洁、准时、节俭、素养、学习(6S)]员工行为考核标准,对职工各分项标准的执行情况和工作现场实际表现进行的综合评价,从源头上杜绝"跑冒滴漏"和"大料小用、弃旧用新"等浪费现象,有效控制了成本,提高了经济效益。

(六)优质高效竞赛法

优质高效竞赛法是班组工程质量、安全质量的综合考核评价体系，是刘金贵班组根据工程质量竞赛标准和安全质量标准要求，每班对职工工作质量考核评定，由班组长、质量验收员进行全面验收，根据职工的工作质量进行打分，同当天工资挂钩，并在工资分配台账上公布，提高职工安全生产意识，达到以班组安全保区队安全的目的。

多年来，刘金贵班组不断应用新装备、学习新技术，在提升支护强度和工程质量的同时，降低了劳动强度，提高了工作效率。2006 年至今，刘金贵班组工程质量优良率达到 91%，合格率达到 100%，机电设备完好率保持在 95%以上。

刘金贵班组以打造“学习型、安全型、技能型、效益型、和谐型”班组为目标，不断加强班组基础建设，创新班组管理方法，持续开展了比安全、比质量、比工效、比进尺的劳动竞赛。自 2004 年刘金贵担任班长以来，该班组圆满完成了 15 个工作面的巷道掘进任务，累计掘进巷道3 000 多米，实现连续安全生产 5 000 多天。

## 二、大柳塔煤矿班组建设先进经验

大柳塔煤矿班组建设先进经验体现在班组管理的方方面面，比如：对班组长的考核、班组文化建设、班组团队建设、班组安全建设等。本书重点选编几条煤矿班组管理中容易忽视的问题。

(1) 班组奖罚执行“罚款返还”激励体制。班组建设月度考核中，集体罚款额度超过 3 000 元、个人罚款额度超过 300 元，在下月检查考核中较上月每进步 1 个名次，则返还罚款额度的 20%，连续 3 个月进步的单位，则返还剩余所有罚款额度。

(2) 班组开展工作任务风险管控评价体系。班组内推行工作任务清单、作业风险问询观察等管理措施。要求班组每班作业前编写工作任务清单，井下 2 人以上小组作业前进行风险问询并对措施落实情况进行抽查考核，有效管控了工作任务中可能存在的风险。要求编制基于危险源辨识和标准作业流程的安全技术措施，增强了安全技术措施的规范性和针对性。

(3) 班组开展"特色降本增效"考核评价体系。在累计材料消耗节约5%以上的区队、班组中,根据全年经营综合得分取平均分,结合活动各个环节加减分项,由得分高低依次排名,排名前三的区队授予"降本增效示范单位"称号。其中,排名第一的单位,人均奖励500元;排名第二的单位人均奖励300元;排名第三的单位,人均奖励200元。同时,激励员工积极修旧利废,按照年初修订的"修旧利废中奖励直接兑现给修旧的员工"的原则,全年共计修旧利废89项2 831件(台),节约资金732.64万元,奖励员工7.2万元。

# 第三篇

# 地质防治水班组长专业实战篇

# 第九章　地质防治水专业技术知识

## 第一节　地质专业技术知识

### 一、基本概念

（一）煤与煤层

1. 煤的形成

煤是植物遗体经过生物化学作用和物理化学作用而转变成的沉积有机矿产，是多种高分子化合物和矿物质组成的混合物。一般认为，成煤过程分为两个阶段，泥炭化阶段和煤化阶段。前者主要是生物化学过程，后者是物理化学过程。

2. 煤层厚度

煤层顶、底板之间的垂直距离，称为煤层的厚度。煤层厚度相差很大，是影响采煤方法的主要因素之一。

3. 煤层顶板与底板

按照沉积的次序，先于煤层形成的是煤层的底板，后于煤层形成的是煤层的顶板。根据顶板与煤层的相对位置关系及垮落难易程度，将顶板分为伪顶、直接顶和基本顶（老顶）。根据煤层底板与煤层的位置关系，把煤层底板分为直接底和基本底（老底）。

（二）地质构造

地质构造是构造运动在岩层和岩体中遗留下来的各种构造形迹，如褶皱、断层、陷落柱等。

1. 褶皱

（1）褶皱的概念

岩层或岩体在各种应力长期作用下形成波状弯曲，但仍然保持着连续完整性，称为褶皱构造，简称褶皱，如图 9-1 所示。褶曲是褶皱的基本单位，向斜和背斜是褶曲的基本形式。

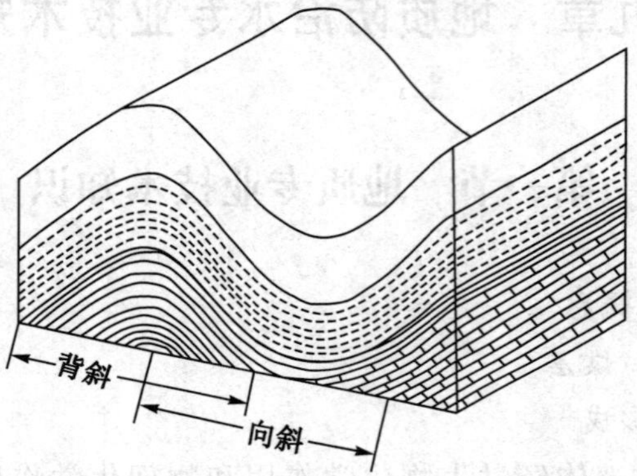


图 9-1 褶皱构造示意图

(2) 褶皱对煤矿安全生产的影响

褶皱对煤矿安全生产的影响主要有：煤矿顶板管理难度增大、煤矿突水概率增加、煤矿瓦斯突出危险性增大、煤矿生产效率降低。

2. 断层

(1) 断层的概念

组成地壳的岩层或岩体因地壳运动而产生断裂面，断裂面两侧的岩层或岩体沿着断裂面发生显著的位移时，称为断层，如图 9-2 所示。

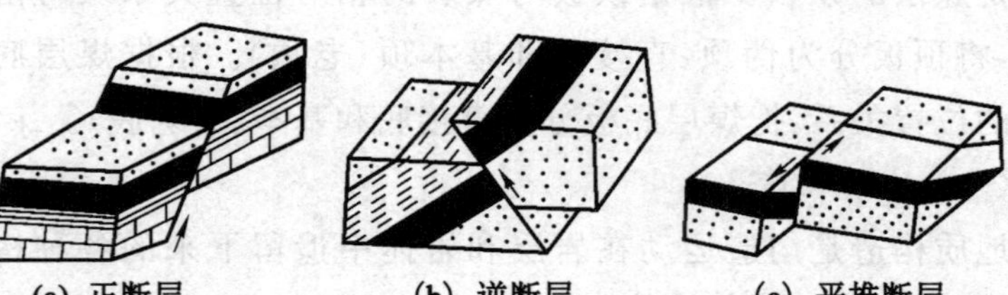

(a) 正断层　(b) 逆断层　(c) 平推断层

图 9-2 断层

(2) 断层对煤矿安全生产的影响

断层对煤矿安全生产的影响主要有：影响井田和采区划分、影响井田开拓方式的选择和采区布置、增加巷道掘进的难度、增加瓦斯爆炸的风险、水文地质条件复杂化。

3. 陷落柱

(1) 陷落柱的概念

陷落柱分布在可溶性地层中，由流动的地下水对可溶性地层进行溶蚀作用形成的。岩溶可能发生坍塌而引起上覆岩层的垮落，破坏煤层的完整性。这种塌陷呈圆形的柱状体或底大顶小的圆锥体，称为陷落柱。

(2) 陷落柱对煤矿安全生产的影响

陷落柱对煤矿安全生产的影响主要有：破坏煤层，减少煤炭储量；增加采掘难度和成本；妨碍机械化采煤；增加安全隐患。

## 二、煤矿隐蔽致灾地质因素普查

### (一) 普查范围

建设煤矿、生产煤矿、资源整合煤矿等应结合未来3～5年采掘接续规划，开展隐蔽致灾地质因素普查。

### (二) 普查内容

煤矿隐蔽致灾地质因素普查内容主要包括：井(矿)田内及周边采空区、废弃老窑(井筒)、封闭不良钻孔、断层、裂隙、褶曲、陷落柱、瓦斯富集区、导水裂隙带、离层空间、地下含水体、地表水体、井下火区、油气及油气井、煤层气井、冲击地压危险性、古河床冲刷带、岩浆岩侵入体、煤(岩)层风氧化带、火烧区、古隆起、“天窗”、暗河、溶洞等不良地质体，以及边坡稳定性等。

### (三) 普查要求

重点普查以下项目：

(1) 采空区普查，应采用调查访问、物探、化探和钻探等方法进行，查明井（矿）田内及周边采空区分布、形成时间、范围、积水状况（积水边界、积水标高、积水量等）及其补给来源、自然发火情况和有害气体，以及塌陷和大面积悬顶分布范围等。应将采空区相关信息标绘在采掘（剥）工程平面图和矿井充水性图等矿图上，建立井（矿）田内和周边采空区相关资料台账。

(2) 废弃老窑（井筒）和封闭不良钻孔普查，应收集井（矿）田内及周边废弃老窑（井筒）闭坑时间、开采煤层、范围，是否开采矿界煤柱等。井（矿）田内及周边施工的所有钻孔都要标注在图上，分析每个钻孔的封孔质量。建立井（矿）田内废弃老窑（井筒）、水源井、油气井、煤层气井、封闭不良钻孔台账。

(3) 断层、裂隙和褶曲普查，应查明井（矿）田边界断层和井（矿）田内落差大于 5 m 的断层，查明井（矿）田内主要褶曲形态，收集井（矿）田裂隙发育资料、总结规律，编制煤矿构造纲要图。其中，断层普查主要包括断层性质、倾向、倾角、断距，断层带宽度、岩性及胶结情况，断层两盘伴生裂隙发育程度，断层延展情况，断层导（含）水性等。

(4) 陷落柱普查，应查明井（矿）田内直径大于 20 m 的陷落柱，主要包括陷落柱发育形态、岩性、层位、周边裂隙发育程度、充填情况、导（含）水性等。

(5) 瓦斯富集区普查，应查明井田内煤层厚度和变化规律，煤质，煤体结构，瓦斯含量、瓦斯压力等瓦斯参数及瓦斯赋存状况，系统收集井田所有的瓦斯地质资料，编制瓦斯地质图。

(6) 导水裂隙带普查，应采用实测方法确定井田导水裂隙带高度，并预测波及范围和程度，受底板水威胁的矿井应查明底板采动导水破坏带深度。

(7) 离层空间普查，应当对煤层覆岩特征及其组合关系、力学性质、含水层富水性等进行分析，参考相邻矿井离层情况判断离层发育的层位。

(8) 地下含水体普查,应查明影响井(矿)田安全开采的水文地质条件,各种含水体的岩层岩性组合和空间分布、水源、富水性、水位、水温、水质以及补给、径流、排泄特征。

(9) 地表水体普查,应查明对井(矿)田开采有影响的河流、湖泊、积水区、山塘、水库等地表水系,有关水利工程的汇水、疏水、渗漏情况,以及采矿塌陷区、地裂缝区的地表汇水情况,地表堤坝、沟渠、排水沟等防排水设施情况,当地历年降水量和最高洪水位、洪峰流量、淹没范围情况,地表水与地下水的水力联系等。

(10) 井下火区普查,应查明火区范围、密闭、气体成分等情况。

(11) 油气及油气井、煤层气井普查,应查明煤层附近的油气富集情况,包括储集层位、储层厚度、范围、油气成分等,研究富集规律。查明油气井和煤层气井分布、生产状况、井结构、开发层位、开发工程、封闭情况等。

(12) 冲击地压危险性普查,应查明井田内煤层顶板上方 100 m 范围内坚硬岩层厚度、分布、物理力学性质等,查明孤岛煤柱、上覆遗留煤柱等,鉴定煤层及其顶底板岩层冲击倾向性。

(13) 古河床冲刷带、"天窗"等不良地质体普查,应查明井(矿)田内古河床冲刷带、岩浆岩侵入体、煤(岩)层风氧化带、火烧区、古隆起、"天窗"、暗河、溶洞等分布范围。

(14) 煤矿应查明工业广场、生活区是否受滑坡、泥石流等地质灾害影响。

## 第二节 防治水专业技术知识

### 一、我国煤矿水害特点与分析

#### (一) 煤矿水害基本情况

水害是煤矿的主要灾害之一,易发生群死群伤事故。在煤矿重特大事故中，水害事故起数仅次于瓦斯事故。水害事故发生后，抢救时间长、抢救难度大、经济损失大，造成的社会影响大，同时也对矿区水资源与环境造成巨大的破坏。煤矿水害事故在全国各地均有发生，但某些地区由于地质条件、气候条件等因素，水害事故相对较为集中。例如，贵州、山西、内蒙古、河北、河南等地由于煤矿资源丰富，地质条件复杂，因此水害事故相对较多。

近年来，随着监管监察和企业管理力度的不断加大以及科学技术的进步，煤矿水害事故发生频率持续下降，但是，在一些地区重特大水害事故仍时有发生。

（二）水害事故的特点与原因分析

水害事故主要特点有：老空（窑）水是水害的第一杀手，事故起数约占水害伤亡事故总起数的 70%，其次是地表洪水和岩溶水；透（突）水事故主要发生在掘进工作面，事故起数约占水害事故总起数的 80%；乡镇煤矿、资源整合煤矿发生的透水事故约占水害事故总起数的 80%；华北地区奥灰、寒灰和华南地区茅口灰岩、长兴灰岩发生突水易造成矿井淹没，具有抢救时间长、抢救难度大、经济损失大等特点。

分析水害事故发生的原因，主要有以下几个方面：

(1) 防治水机构、人员及设备不到位。一些煤矿企业没有防治水技术人员和探放水设备，没有专职探放水队伍，水文地质条件复杂矿井没有成立专门的防治水机构；防治水制度不健全、责任不明确；安全投入不足。

(2) 防治水技术基础工作不到位。矿井防治水必备的地质报告、图纸、台账等基础资料不健全；矿井及周边水文地质资料不清，制定的防治水措施针对性不强；水害预测预报和水患排查治理制度不落实，水害隐患心中无数；一些矿井防治水工作处于盲目状态之中。

(3) 防治水措施不落实。一是一些煤矿非法违法生产，表现为无证开采，超层越界开采，违法开采防隔水煤(岩)柱。二是一些煤矿违规违章生产，表现为：探放水措施不落实，用煤电钻代替探水钻机，达不到探水距离；一些矿井虽然进行了探放水，但未根治水害；井下防水密闭设施不符合《煤矿防治水细则》要求；在地质构造薄弱地带(如断层、裂隙、陷落柱等)开拓掘进或回采前没有采取注浆加固等措施；在开采煤层底板高承压水的情况下没有采取疏水降压、底板加固等措施；矿井排水系统不健全、不配套；对影响矿井安全的废弃老窑、地面塌陷坑等没有彻底充填。

(4) 水害应急预案不健全，培训与管理不到位。一些矿井根本没有水害应急预案，发生透水后，束手无策；一些矿井虽有水害应急预案，但从未进行应急演练；一些矿井水害应急预案内容不全，没有应急设备，不具有可操作性。一些矿井在暴雨洪水期间不执行停产撤人制度，未及时撤出井下所有受水威胁的作业人员，导致人员被困伤亡。

## 二、矿井充水条件分析

矿井充水条件是指矿井充水水源、充水通道和充水强度。矿井充水水源和矿井充水通道是矿井充(突)水的本源，矿井充水强度是矿井充(突)水的结果。不同矿井充水水源和充水通道的结合构成了矿井充水强度。

### (一) 矿井充水水源

矿井充水水源主要包括大气降水水源、地表水水源、地下水水源和老空水水源。其中地下水水源又分为孔隙含水层水源、裂隙含水层水源和岩溶含水层水源(薄层灰岩含水层水源和厚层灰岩含水层水源)。地下水和老空水是矿井防治水的重点对象。

#### 1. 直接充水含水层和间接充水含水层

直接充水含水层：可以通过井巷或者露天矿坑的揭露、煤层回采后的垮落带以及底鼓充水途径，向矿井直接充水的含水层。

间接充水含水层：与直接充水含水层有水力联系，但只能通过直接充水含水层向矿井充水的含水层。

2. 不同水源的突水特点

(1) 工作面底板灰岩水突水特点

采掘工作面压力增加，底板鼓起（底鼓量有时可达 500 mm 以上）；工作面底板产生裂隙并逐渐增大；沿裂隙或煤帮向外渗水，随着裂隙的增大，水量增加。当底板渗水量增大到一定程度时，煤帮渗水可能停止，此时水色时清时浊（底板活动时水变混浊，底板稳定时水色变清）。有时出现底板破裂，沿裂缝有高压水喷出，并伴有“嘶嘶”声或刺耳水声；或底板发生“底爆”，伴有巨响，水大量涌出，水呈乳白或黄色。

(2) 冲积层水突水特点

突水部位开始出现发潮、滴水；滴水逐渐增大，仔细观察可发现水中有少量细砂；如果隔离煤柱过小，工作面顶板垮落后，裂隙沟通冲积层，涌水量突增并出现流砂；流砂常呈间歇性，水色时清时浊。

(3) 断层水突水特点

在断层附近岩层较为破碎，所以一般会出现工作面来压、淋水增大现象。断层水一般补给较充足，多属“活水”，很少有“挂红”现象，水味发甜。在岩巷掘进遇到断层水，有时能在岩缝中见到“淤泥”底部出现射流现象，水呈现黄色。

(4) 老空水透水特点

老空水多属积水时间长、水中溶解的杂质多、水量补给较差的水源，一般称为“死水”。其特点是出现“挂红”，水的酸性大，水味发涩，有臭鸡蛋气味。

3. 地表水对矿井充水的影响

地表水是指江、河、湖、海、池塘、水库中的水。地表水对矿井充水的影响见表 9-1。

**表 9-1　地表水对矿井充水的影响**

| 类型 | 充水途径 | 对矿井生产的影响 |
| --- | --- | --- |
| 江、河、湖、海、池塘、水库等地表水 | 1. 洪水冲毁井口围堤直接灌入井下；<br>2. 通过地表水体下松散岩层、基岩含水层露头再渗入井下；<br>3. 通过采后顶板垮落带贯通、地表塌陷裂缝渗入；<br>4. 通过构造破碎带、老窑直接溃入井下 | 1. 充水程度取决于井巷距离地表水体的远近以及地表水体下岩层岩性、厚度和构造情况；<br>2. 地表水作为充水水源经常构成定水头的供水边界，因此动水量稳定，不易疏干；<br>3. 贯通岩溶断裂带时，往往造成严重的淹井事故发生 |

4. 大气降水对矿井充水的影响

除了露天煤矿大气降水与矿坑充水有直接联系外，井工开采的煤矿，大气降水多是矿井充水的间接水源，通过入渗补给充水含水层进入矿井。大气降水很少造成矿井灾难性水害，但暴雨径流常沿位置较低的井口(包括废弃井口)、采空塌陷区和岩溶塌陷坑等灌入井下，形成灾难性水害。这种水害很难与地表水害严格区分。大气降水对矿井充水的影响见表 9-2。

**表 9-2　大气降水对矿井充水的影响**

| 类型 | 充水途径 | 对矿井生产的影响 |
| --- | --- | --- |
| 大气降水(降雨、融雪)的渗入 | 1. 通过井巷上部表层渗入；<br>2. 通过采空区垮落带、导水裂隙带发育高度到达地表的裂隙渗入；<br>3. 通过直接或间接充水含水层露头区的孔隙、裂隙或岩溶渗入 | 1. 涌水量有明显的季节性变化；<br>2. 涌水量峰值滞后于降水量峰值，滞后的时间长短取决于井巷深度和地表与井巷间岩层的渗透能力，一般井巷埋深越深，滞后时间越长；<br>3. 高寒地区受大气降水影响出现两个峰值，一是在雨季，二是在春季融雪季节 |

5. 老空水对矿井充水的影响

老空水包括老窑积水、采空区积水，当采掘工作面揭露或接近这些老空积水区后就会造成矿井充水，甚至会引发不同程度的水害。老空水对矿井充水的影响见表9-3。

**表9-3　老空水对矿井充水的影响**

<table>
<tr><th>类型</th><th>充水途径</th><th>对矿井生产的影响</th></tr>
<tr><td>老窑积水</td><td>1. 因受技术条件和设备能力的限制，开采深度有限，主要分布于矿井浅部且采空范围和积水量均不大；<br>2. 因年代久远或无具体测量资料，采空位置、范围、积水量一般不清；<br>3. 因开采规模有限，积水量一般不大，主要水源为煤系含水层水，以静储量为主，少数有其他水源补给；<br>4. 对国有大矿浅部开采影响较大，随矿井开采转入深部和小煤窑关停并转影响渐小</td><td rowspan="2">1. 多为突然发生，突水时瞬时水量大，具有强大破坏力，在水量大、水压高、工作面位置低时常造成伤亡事故，是煤矿水害中造成伤亡事故最多的水害；<br>2. 采空区积水引发的水害因其以静水量为主，一般水害发生后，水量衰减快，水压亦随之快速下降，不会造成特大淹井事故，但伤亡事故居高不下，是煤矿防治水的重中之重；<br>3. 老空水呈酸性，对排水设备和矿山机械具有腐蚀性；<br>4. 水害发生的同时还伴有硫化氢和甲烷等有害气体溢出伤人</td></tr>
<tr><td>采空区积水</td><td>1. 资源整合后的乡镇煤矿和部分地方煤矿多开采国有大矿周边煤炭资源，有时采深较大；<br>2. 现在煤矿企业采空位置、范围、积水量应该是比较清楚的，但实际上仍然有些清楚、有些不清楚，清楚与否取决于是否有准确图纸和是否坚持“预测预报、有疑必探、先探后掘、先治后采”；<br>3. 积水以静储量为主，但与其他采空区相通或有其他水源补给时，水量也可能很大</td></tr>
</table>

（二）矿井充水通道

矿井充水通道是指地下水进入矿井的通道，这些通道对于矿井的安全生产和地质环境具有重要影响。煤层周围的各种水源只有在具备充水通道的条件时才能将水导入井巷形成涌水或突水。矿井充水通道决定着矿井涌水的大小和涌水强度。

矿井充水通道分为自然充水通道和人为充水通道。自然充水通道有导水陷落柱、构造断裂带、隐伏露头、裂隙、地面岩溶塌陷带及“天窗”等；人为充水通道有采矿活动造成的裂隙、井筒、井巷及封闭不良的导水钻孔等。

（三）矿井充水强度

矿井充水水源和矿井充水通道是矿井充水的两个重要方面，是受自然条件和人为条件（主要是开采活动）所决定的，也可以说是矿井充水之因，而矿井充水强度才是矿井充水之果。但充水水源和充水通道这两个因只有通过有机结合才能够形成矿井充水，充水水源贫乏和充水通道不畅，只能形成小型的充水，不会引起矿井水害；充水水源丰富、充水通道顺畅则会形成严重的矿井突水，引发重大甚至特大的矿井水害。

生产矿井常用含水系数（$K_B$）或矿井涌水量（$Q$）两个指标来表示矿井充水强度。

(1) 含水系数

含水系数又称富水系数，它是指生产矿井在某时期排出水量 $Q$（$m^3$）与同一时期内煤炭产量 $P$（t）的比值。即矿井每采 1 t 煤的同时，需从矿井内排出的水量。含水系数 $K_B$ 的计算公式为：

$$K_B = Q/P \tag{9-1}$$

根据含水系数的大小，将矿井充水强度划分为 4 个等级：

① 充水性弱的矿井：$K_B < 2\ m^3/t$；

② 充水性中等的矿井：$K_B = 2 \sim 5\ m^3/t$；

③ 充水性强的矿井：$K_B=5\sim10\ m^3/t$；

④ 充水性极强的矿井：$K_B>10\ m^3/t$。

(2) 矿井涌水量

矿井涌水量是指单位时间内流入矿井的水量，用符号 $Q$ 表示，单位为 $m^3/d$ 、$m^3/h$、$m^3/min$。

根据涌水量大小，矿井可分为以下 4 个等级：

① 涌水量小的矿井：$Q<120\ m^3/h$；

② 涌水量中等的矿井：$Q=120\sim300\ m^3/h$；

③ 涌水量大的矿井：$Q=300\sim900\ m^3/h$；

④ 涌水量极大的矿井：$Q>900\ m^3/h$。

## 三、煤矿地面防治水

地表水的防治是指在由采矿活动产生的地表塌陷、裂隙和地表裂缝区，或疏放岩溶水引起的地面岩溶塌陷区、含水层露头及有地表水体（暂时的和永久的）的区段，采取修筑防治水工程和其他防治水措施，防止或减少降水和地表水渗（灌）入井下的工作。它既能保证矿井的安全，又能减少矿井的排水费用。

地表水在不同的地理、地质条件下对矿井有着不同的威胁形式和威胁程度，因此，对各种地表水害要具体分析、具体对待，在不同的条件下采用相应的防治水手段和措施，才能有效地防治地表水害，保证矿井安全生产。

## 四、井下探放水

### （一）井下探放水的概念

1. 井下探放水的含义

探放水是探水和放水的总称。探水是指采矿过程中用超前探查方法，查明采掘工作面顶板、侧帮和前方等水体的具体空间位置和状况等情况，其目的是为有效防治矿井水害做好必要的准备。放水是指为了预防水害事故，在探明情况后采用钻孔等安全方式将水放出，是防治水工作的手段之一。

2. 井下探放水的基本目的

井下探放水的基本目的就是要察明水情，消除水患，保证安全。在地面无法查明水文地质条件时，应当在采掘前采用物探、钻探或者化探等方法查清采掘工作面及其周围的水文地质条件。

3. 井下探放水的基本原则

《煤矿防治水细则》规定：煤矿防治水工作应当坚持“预测预报、有疑必探、先探后掘、先治后采”的原则，根据不同水文地质条件，采取探、防、堵、疏、排、截、监等综合防治措施。煤矿必须落实防治水的主体责任，推进防治水工作由过程治理向源头预防、局部治理向区域治理、井下治理向井上下结合治理、措施防范向工程治理、治水为主向治保结合的转变，构建理念先进、基础扎实、勘探清楚、科技攻关、综合治理、效果评价、应急处置的防治水工作体系。

(1) 探放水“三专”原则

严格执行井下探放水“三专”要求。由专业技术人员编制探放水设计，采用专用钻机进行探放水，由专职探放水队伍施工。严禁使用非专用钻机探放水。

井下探放水设计必须由专业技术人员进行制定。探放水作业是一项具有安全威胁、较为复杂的系统工程，要求对探放水工程设计条件预判正确、方法选择得当、设计内容全面、工程参数科学、防范措施有效。非专业人员难以胜任设计工作，由专业技术人员进行设计，可最大限度地提高设计质量，避免因设计失误而带来的损失。

井下探放水必须由专职队伍进行施工。探放水作业现场条件复杂、面临危险性大，要求现场施工人员必须掌握操作规程、规范操作流程，具备发现突水征兆、判别危险程度、熟悉避害防护和应急处理等一系列知识。煤矿探放水工作为特殊工种，须经过有资质机构专门培训、考核合格、持证上岗。

水患威胁区域确定探放水措施后，要收集资料，编制设计。设计内容主要包括：① 探放水区域水文地质条件；② 探放水巷道基本情况；③ 探放水方法和钻孔基本参数；④ 施工中的安全措施：⑤ 通信联系和避灾路线；⑥ 通风措施、瓦斯检查制度和有害气体防治措施；⑦ 防排水设施；⑧ 出现险情时的汇报联系要求；⑨ 现场应急处置措施。

(2) 探放水效果水患消除安全确认

探放水结束后应当提交总结报告存档备查。探放水是否达到预期效果，应当由地测、安监、技术和生产等部门进行联合验收认定，确认水害隐患消除后，方可下达“采掘工程允许掘进通知书”，采掘单位应当在通知书规定的允许采(掘)安全距离范围内进行采掘活动。探放水施工单位和采掘区队不能擅自判断探放水效果，盲目组织生产，避免由一些假象引起判断失误导致水害事故。

(二) 井下探放水工程设计

采掘工作面探水前，应当编制探放水设计和施工安全技术措施，确定探水线和警戒线，并绘制在采掘工程平面图和矿井充水性图上。探放水设计由地测部门提出，探放水设计和施工安全技术措施经煤矿总工程师组织审批，按设计和措施进行探放水。

1. 分析评价水文地质情况，确定积水线、探水线和警戒线

煤矿井下存在各种含水体，根据探放水体的性质不同，水文地质情况分析的内容也不尽相同。老空水要分析工作面开采范围、开采煤层、开采时间、采高、老空积水区的范围、积水量、水头高度、补给水量，老空与相邻采空区、相邻积水区、地表河流、断层构造的关系等，以及积水区与其他含水层的水力联系程度；未封闭或封闭不良的导水钻孔要分析孔深、孔径、孔口位置及标高、封孔情况、钻孔连通的含水层情况、与新老采掘工作面的空间关系等；已知含水断层要分析断层的位置、产状(包括断层的走向、倾向、倾角、落差，断

层破碎带的宽度及其充填物情况），描述相邻巷道揭露该断层的地质及水文地质情况。煤层顶底板含水层要说明含水层的名称及所处层位，分析含水层的岩性、厚度、富水性、渗透性、水位、与采掘工作面或开采煤层的间距等，还要估算含水层涌水量。各类含水体，必须在采掘工程平面图上标出其地点和范围、外缘标高和水量，同时标出探水线和警戒线。

（1）积水线、水体边缘线

积水线即老空区、小窑采空区的积水范围，是根据地质调查、物探、钻探等探查结果圈定的老空水边界线。水体边缘线是指导水断层、钻孔或陷落柱的分布范围。

（2）探水线

探水线是指从积水线（或水体边缘线，包括防水煤柱）向外推移一定距离而划的一条界线。探水线是探放水的起点。当采掘工程到达探水线时，开始进行探放水工作。

探水线外推距离的大小根据积水线（水体边缘线）的可靠程度、水量和水压的大小、煤岩层厚度和强度以及矿山压力大小等因素确定，一般不小于 30 m，见表 9-4。

**表 9-4　探水线外推距离一览表**

| 水体基本情况 | 探水线外推距离/m |
| --- | --- |
| 本矿开采所形成的老空、老巷、水窝等积水区，边界位置准确，水压小于 1 MPa | 30 |
| 本矿开采所形成的老空、老巷、水窝等积水区，不能确定边界的准确位置 | 60 |
| 没有图纸资料可查的老空、老窑积水，先行物探，预测可疑区 | 100 |

表 9-4(续)

| 水体基本情况 | 探水线外推距离/m |
|---|---|
| 已知断层、陷落柱含水体,已留设防水煤柱 | 防水煤柱外 30 |
| 石门揭露含水层前,根据水压确定最小水平距离和垂直距离 | 最小距离外 30 |

(3) 警戒线

警戒线是指从探水线外推一定距离而划出的一条界线。当采掘工程到达警戒线时,应注意观察采掘工程现场有无异常变化,若发现透水征兆,立即停产撤人,采取防范措施提前实施探放水工作。

警戒线外推距离的大小根据水体性质、范围、水文地质条件和资料的可靠程度等因素来分析确定,在探水线的基础上外推 50～150 m 划定警戒线。

2. 探放水钻孔参数及施工方案设计

探水钻孔的超前距、允许掘进距离、帮距和密度的确定,如图 9-3 所示。

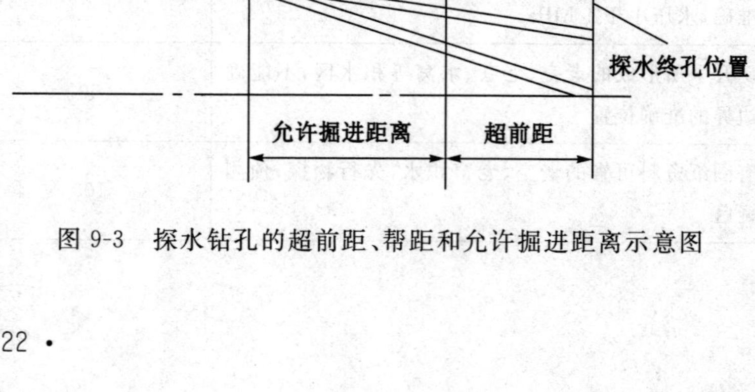


图 9-3　探水钻孔的超前距、帮距和允许掘进距离示意图

(1) 超前距。探水时从探水线开始向前方打钻孔,往往采用“探水—掘进—再探水—再掘进”的方式,循环进行。而探水钻孔终孔位置应始终超前掘进工作面一段距离,该距离称超前距。超前距是防止含水体威胁采掘工作面的防线,根据现行规定,超前距一般不小于 30 m。

(2) 允许掘进距离。允许掘进距离是指经探水后,证实无水害威胁,可以安全掘进的长度。即钻探距离减去超前距。

(3) 帮距。指扇形布置的最外侧探水孔所控制的范围与巷道帮的距离,其值一般应与超前距相同,有时可略比超前距小 1～2 m。

(4) 钻孔密度(孔间距)。指到允许掘进距离的终点处的探水钻孔之间的间距。间距的大小视具体情况而定,钻孔密度过小,就可能在钻探时漏掉巷道前方、两侧和顶底板积水的老巷。对于探放老空水,一般在终孔位置处横向孔间距不得超过 3 m,纵向孔间距不得超过 1.5 m。

(三) 老空水探放

煤矿老空水害事故频频发生,其原因主要是以往小煤窑资料缺失,对小煤窑开采范围、积水分布情况掌握不清,防治水措施落实不到位等。小煤窑主要以巷道形式进行回采(房柱式),破坏区巷道纵横交错呈网格状,采空区以大量空巷形式存在,多数发生冒落,几何形状极不规则,积水量大者可达数百万立方米,一旦接近或揭露采掘工作面,常造成突水淹井和人身伤亡事故,对煤矿安全生产威胁很大,必须进行探放水。

1. 老空水探放原则

老空水探放要依据老空积水量的多少,矿井现有排水能力,老空水补给量、水质和放水后解放的煤炭资源量等因素综合分析,以安全、经济、合理为原则。同时还要遵循以下 4 项原则:

(1) 主动探放的原则。当老空区上方(地面或井下)不存在重要建筑物、老空水与地表水体及煤系含水层水力联系不密切、老空积水体压覆的大量煤炭资源急待开采时,应采取主动探放原则,将该部分老空区积水疏干,以彻底解除水患。

(2) 先隔离后探放的原则。包括两种情况:一是老空区水与地表水有密切水力联系,接受降水和地表水补给;或老空区的积水量大,不易疏干。为避免矿井增加长期排水费用,应先设法隔断老空积水补给源或减少老空区补给水量,然后再进行探放水。二是煤层松散或节理发育,采掘工作已临近积水区,直接探放水有安全隐患时,应先修筑隔水墙,并预埋套管,在墙外进行探放水。

如果隔断老空区补给水源有困难而无法进行有效的疏放,必须留设防水煤(岩)柱,与生产区隔开,待条件成熟后再进行处理。

(3) 先降压后探放的原则。对水量大、水压高的老空积水区,应本着从高处向低处分段、逐步探放的原则,降低老空区水压;或先从煤层顶底板岩层打放水钻孔,把水压降至安全值后,然后再沿煤层打探水钻孔。

(4) 先堵后探放的原则。当老空区积水与强含水层水或其他水体存在密切的水力联系,且补给量较大时,应先封堵老空水与其他水体的水力联系通道,然后再进行探放水。

2. 老空水探放的程序和方法

(1) 老空水探放程序

正式探放老空水前,一般要对老巷或老空积水区进行调查,圈定老空积水区范围,确定积水区边界,然后根据老空积水区的水压、煤层的坚硬程度、资料可靠程度等划定探水线和警戒线,编制探放水设计,确定允许掘进距离和超前距。完成上述工作后,即可按以下程序实施探放水工作:施工探放水钻孔,整理探放水资料,依据探放水结果确定允许掘进距离,通知掘进队组按规定的允许掘进距离施工。当掘进施工到允许掘进距离后再次进行探放水,依次类推,循环进行，直到积水放净为止。揭露老空区前，还要采取透孔或施工检查孔措施，检验放水效果，确定积水放净后方可掘透老空，严格执行老空水“查全、探清、放净、验准”四步工作法。

(2) 探水与掘进配合

受水害威胁的地区，必须与掘进施工管理相配合，才能取得良好的放水效果。

① 双巷掘进交叉探水。上山巷道三面受水威胁，一般应采取双巷掘进交叉探水，如图 9-4 所示。双巷之间每隔 30～50 m 掘一联络巷，作为安全躲避地点，同时在联络巷中设挡水半墙，以便其中一条上山出水时，水不会窜到另一条上山中去。探水钻孔布置成扇形，甲上山探水，乙上山掘进；乙上山探水，甲上山掘进，相互掩护。

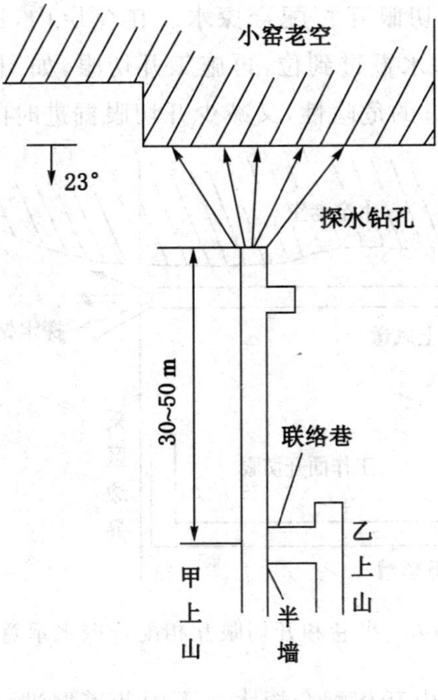


图 9-4　双巷掘进交叉探水示意图

② 双巷掘进、单巷超前探水。倾斜煤巷平巷掘进时，应采用双巷掘进、单巷超前探水，钻孔布置成扇形，两巷之间每隔 30～50 m 掘一联络巷，上方巷道探水，下方巷道做泄水巷，如图 9-5 所示。

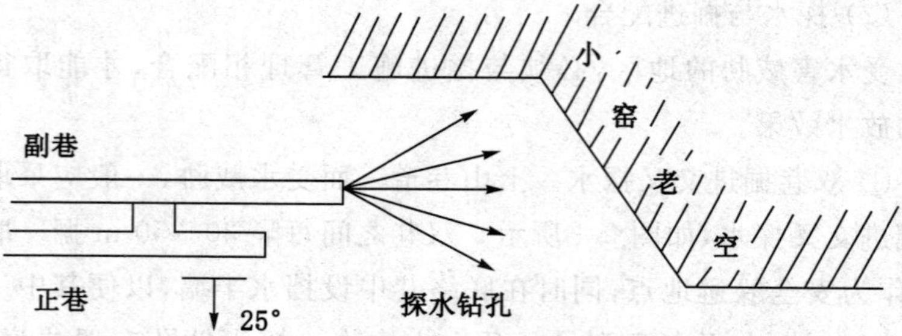


图 9-5　双巷掘进、单巷超前探水示意图

③ 平巷和开切眼互相配合探水。在煤层内，准备采煤工作面时，上风道应先探水掘进到位，再施工开切眼，如图 9-6 所示。这样既降低开切眼掘进的危险性，又减少开切眼掘进时的探水工作量。

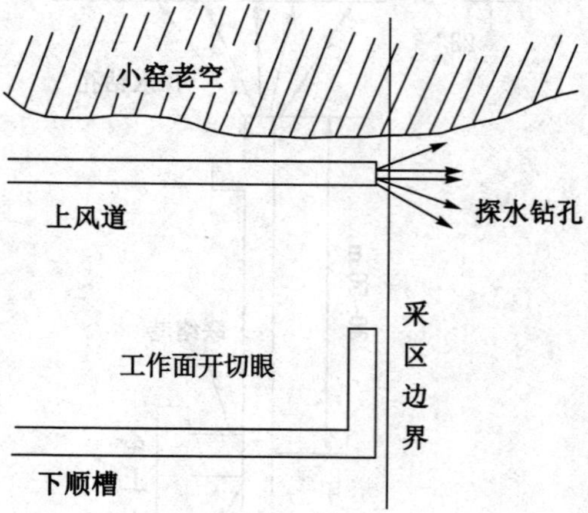


图 9-6　平巷和开切眼互相配合探水示意图

④ 上山与下山互相配合探水。下山巷道掘进，除防止迎头和两帮来水外，还应特别注意背后来水。当上山巷道水害未消除或正在

探水时，下山巷道应停止掘进，待水害威胁消除后再继续掘进，如图 9-7 所示。

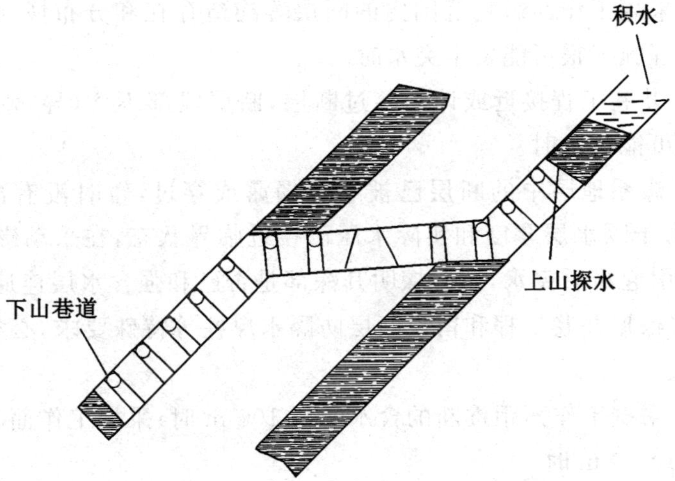


图 9-7　上山和下山互相配合探水示意图

（四）断层水探放

1. 断层水的性质

断层既可以导水，又可以隔水。断层的导水性不仅取决于断层的力学性质、断裂部位及规模、断裂带充填和胶结程度等因素，还取决于所涉及的含水层富水性、水头压力及断裂面两侧煤层与含水层的对接程度。采矿活动可以改变断层的原始导（隔）水性质。

2. 断层水探放的原则和内容

（1）探放断层水的原则

凡遇下列情况，必须对断层进行探查：

① 预测采掘工作面前方或附近有断层存在，但断层位置和含（导）水性不清，有可能突水时。

② 采掘工作面前方或附近有含（导）水断层存在，但具体位置不清或控制不够严密时。

③ 采掘工作面底板隔水层厚度与实际承受的水压都处于临界状态(即等于安全隔水层厚度和安全水压的临界值),在掘进工作面前方和采煤工作面影响范围内的断层等构造存在和分布情况不清,采掘工程施工很可能发生突水时。

④ 井巷工程接近或计划穿过断层,断层浅部不含(导)水,但在深部有可能突水时。

⑤ 煤系地层中的断层已被巷道揭露或穿过,暂时没有出水征兆,但由于隔水层厚度和实际水压已接近临界状态,在采动影响下,有可能引起滞后突水,需要探明其深部是否已和强含水层连通时。

⑥ 根据井巷工程和留设断层防隔水煤柱等特殊要求,必须探明断层时。

⑦ 采掘工作面距推断的含水断层 100 m 时;采掘工作面距已知含水断层 60 m 时。

⑧ 采煤工作面内的断层使煤层与强含水层的距离缩短时。

⑨ 采区内构造不明,含水层水压又大于 2 MPa 时。

(2) 断层水探放的内容

① 查明断层的位置、产状要素(落差、走向、倾向、倾角)、断层带宽度(包括内、中、外三带)、断层的导水性与富水性。

② 查明断层带充填物和充填程度、胶结物和胶结程度、断层两盘次生裂隙(岩溶)发育情况和含水性。

③ 查明断层两盘对接煤系地层层位、岩性和富水性,煤层与强含水层的实际间距和有效隔水层厚度。

④ 查明需要探查的断层与已知断层、陷落柱、含水层、积水区等水体的交切部位水力联系、补给关系等。

⑤ 查明沿断层带底板水在隔水层中的导升高度。

### (五) 含水层探查

#### 1. 顶板含水层探查的内容和方法

顶板含水层包括砂岩裂隙含水层、松散层孔隙含水层、薄层岩溶含水层和坚硬岩层下离层含水层等。当掘进工作面或采煤工作面的导水裂缝带波及、接近这些含水层时，就可能造成突水。

(1) 石门揭露含水层之前，应按要求预留超前距，布置扇形钻孔进行超前探水。

(2) 在开拓井巷之前，回采导水裂缝带可能波及顶板含水层时，应通过对附近巷道的实际观测，找出构造裂隙比较发育而可能突水的地段，布置探查孔，进行放水试验，了解水压和水的补给量、储存量，将水疏放出来后进行回采。

(3) 通过探查，证实本含水层与强含水层或其他水体未发生水力联系，且采区有足够的排水能力时，可在采区最低部位首先回采，实行采动放水；也可以结合生产开拓的需要，直接在含水层内掘巷道放水。

(4) 采煤工作面采前探放水孔的施工，一般先从开切眼开始，按终孔点 30 m、50 m、100 m 的间距布置仰斜钻孔。钻孔应结合地质构造特征布置在疏水效果好的部位。

2. 底板含水层探查的内容和方法

矿井采掘时一般不揭露底板含水层，但随着采深的加大，承压水头愈来愈高，经常发生底板突水事故。当其与强含水层沟通时，往往会造成淹井。实践证明，加强井下探放水和查证，是预防此类水害的关键措施之一。

对底板突水水文地质和工程地质条件的探查，与一般探放水有相同之处，但也有它自己的特点，即地面和井下、钻探和物探相结合并与探断层水相结合。

(1) 地面钻探。有煤层底板突水危险的煤田，在地质勘探阶段就要探查突水的水文地质条件，在生产补充勘探阶段应列为重点。钻探或勘探钻孔必须加强封孔和必要的隔离止水工作，防止出现导水钻孔。

(2) 地面物探。根据条件和可能性,应积极采用高密度三维地震、电法勘探、孔间透视和航空遥感等手段。

(3) 井下物探。利用开拓巷道已大大接近主要含水层的条件,用物探方法探测主要含水层的界面,了解隔水层厚度、底板含水层的富水带及其地下水沿构造裂隙上升的原始导高、采动矿山压力对底板隔水层的破坏和影响深度、必要的孔间透视等。

(六) 陷落柱水探查

华北型煤田的矿井,基底为厚层石灰岩,具备陷落柱的发育条件,时常发现煤系地层的陷落柱,其中有的为导水陷落柱,威胁矿井安全生产。因此,必须加强陷落柱的探查。

1. 陷落柱水探查方法

对陷落柱的探查,主要是应用地面物探方法探查陷落柱的分布位置和范围,标定疑似导水区,留设防水煤岩柱。采掘工程需要穿过物探疑似区时,可采取井下探查和治理措施。探放陷落柱水钻孔的布置及施工应注意以下问题:

(1) 水压大于 1 MPa 的陷落柱原则上不沿煤层布置探放水钻孔,钻孔应布置在底板稳定的岩层中。若在煤层中布置钻孔,沿煤层埋设的孔口安全止水套管,容易被陷落柱中的高压水突破,造成突水灾害。

(2) 探放陷落柱水钻孔的孔口安全装置、安全注意事项与探高压断层水要求相同。

(3) 探放陷落柱水的过程中,必须严格执行钻孔验收和允许掘进距离的审批制度。

(4) 探放陷落柱水的钻孔要提高岩芯采取率,及时进行岩芯鉴定,做好断层破碎带和陷落柱的分辨工作,编制好水文地质图表。

(5) 探放陷落柱水的过程中,必须监测并记录孔内水压、水量和水质变化,发现异常应加密或加深探放水钻孔,争取直接探到陷落柱。

(6) 矿井在探放陷落柱水过程中，探到的陷落柱无水或水量很小时，要用泵进行略大于区域静水压力进行压水试验，检验陷落柱的导水性；同时要向其深部布置钻孔，了解深部的含(导)水性和底板强含水层水的导升高度。

(7) 探放陷落柱水的钻孔探测后必须注浆封闭，并做好封孔记录，注浆结束压力应大于区域静水压力的 1.5 倍。

2. 导水陷落柱治理

(1) 对于导水性好、涌水量大的陷落柱，除按规定留设防水煤柱外，还应立即对陷落柱煤层底板段进行注浆充填加固，切断强含水层的突水通道。

(2) 对于区域地下水位以上、充填比较密实、未与地表其他水体发生水力联系的陷落柱，经矿总工程师批准，可少留或不留防水煤柱。但对雨季地下水位抬升时，有可能位于地下水位以下的陷落柱，必须制定专门的防治水措施。

(3) 对于含(导)水性不强，深部充填胶结良好，与强含水层水力联系不密切的陷落柱，在利用探查孔注浆加固后，可不采取特殊防范措施，但要保证采掘工程的应力集中带不波及陷落柱。岩巷必须穿过陷落柱时，应预先全断面注浆，专门设计巷道的支护方式和支护强度。

## 第三节　地质防治水作业安全生产标准化管理

### 一、标准化建设的意义

搞好煤矿安全生产标准化建设的重要意义对煤矿职工来说主要有以下两大方面：一是通过煤矿安全生产标准化建设，不断夯实矿井安全生产基础，不断提升安全管理水平，有助于构建更好的生产安全环境，更可靠地保障职工生命安全与健康；二是如果煤矿达到一级标准化矿井，将享受到“在全国性或区域性调整、实施减量化生产措施时，原则上不纳入减量化生产煤矿范围及在地方政府因其他煤矿发生事故采取区域政策性停产措施时，原则上不纳入停产范围”等一系列优惠政策和待遇，这对保证职工家庭有稳定的收入来源有非常现实的意义。

## 二、标准化建设总体要求

安全生产标准化建设是安全生产的基础，也是矿井实现安全生产、文明生产的重要保证。必须制定切实可行的质量达标规划和考核细则，认真组织质量标准化会战，努力实现矿井全方位、全过程动态达标。要严格落实安全生产标准化奖惩制度，把质量同安全与产量捆在一起进行考核，做到“细、实、严”。即：安全生产标准化工作要从细微处着手，不放过任何一个细小环节，不留死角和空白点。工作落实要来真的、过硬的、实实在在的，不图形式、不走过场。考核要“严”字当头，严格对照标准进行打分验收，让制度说话，照标准办事。同时，要克服困难，保证必要的安全生产投入，积极推广和采用新技术、新工艺、新装备，努力提高矿井科技含量和装备水平，以科技进步要质量、保安全、促生产，推动各项工作的顺利开展。

地质防治水工作标准化是矿井安全生产标准化的一个重要组成部分，重点应做好以下两项工作。

### （一）煤矿地质工作

（1）查明隐蔽致灾地质因素。

（2）在不同生产阶段，按期完成各类地质报告修编、提交、审批等基础工作。

（3）原始记录、成果资料、地质图纸等基础资料齐全，管理规范。

（4）地质预测预报工作满足安全生产需要。

### （二）煤矿防治水

（1）坚持“预测预报、有疑必探、先探后掘、先治后采”基本原则，做好雨季“三防”，矿井、采区防排水系统健全。

(2) 防治水基础资料(原始记录、台账、图纸、成果报告)齐全,满足生产需要。

(3) 井上、下水文地质观测符合《煤矿防治水细则》要求,水文地质类型明确。

(4) 防治水工程设计方案、施工措施、工程质量符合规定。

(5) 按规定建立地下水动态监测系统和突水监测预警系统。

## 三、地质安全生产标准化基本要求

地质安全生产标准化基本要求见表 9-5。

**表 9-5　地质安全生产标准化基本要求**

| 项目 | 项目内容 | 基本要求 |
| --- | --- | --- |
| 地质管理 | 地质观测与分析 | 1. 煤层、断层、褶曲、陷落柱、沉积岩、岩浆岩等地质观测及地质资料编录符合《煤矿地质工作细则》要求;<br>2. 跟踪地质变化,进行地质分析,及时提供分析成果及相关图件,满足生产需要 |
| | 地质勘探及井下地质探测 | 1. 井上下钻探、物探、化探工程有经过批准的设计、有成果和总结报告;<br>2. 有突出危险煤层的矿井,开拓新水平的井巷第一次揭穿(开)厚度为 0.3 m 及以上煤层时,必须超前探测煤层厚度及地质构造;<br>3. 石门、立井、斜井和平硐等井巷揭煤前,应采用物探、钻探等手段综合探测煤层厚度、地质构造、瓦斯、水文地质及顶底板等地质条件并编制揭煤地质说明书;<br>4. 在突出煤层顶、底板掘进岩巷时,必须超前探测煤层及地质构造。当巷道距离突出煤层的最小法向距离小于 10 m 时(在地质构造破坏带小于 20 m 时),执行先探后掘;<br>5. 采煤工作面形成后,应开展补充地质探查工作;<br>6. 当巷道不能揭露煤层全厚时,按规定的间距探测煤层全厚 |

表 9-5(续)

| 项目 | 项目内容 | 基本要求 |
| --- | --- | --- |
| 地质管理 | 地质说明书及采后总结 | 1. 按规定提交、审批采区地质说明书、掘进工作面地质说明书、采煤工作面地质说明书；<br>2. 揭煤工作面距待揭煤层最小法距 10 m 前或揭煤巷道开口前(在地质构造复杂、岩石破碎的区域法距 20 m 前)，编写揭煤地质说明书，由煤矿总工程师审批；<br>3. 工作面回采结束后，30 日内提出采后地质总结报告，采区开采结束后 6 个月内，提出采区地质总结报告，报煤矿总工程师审批 |
| | 地质预报、水害预报 | 1. 地质预报应有年报、月报和临时性预报，预报与实际出入较大时，应分析原因，采取措施；<br>2. 突出矿井，采掘工作面距未保护区边缘 50 m 前，及时编制发放临近未保护区通知单；<br>3. 水害预报内容符合《煤矿防治水细则》要求，内容齐全，有年报、月报和临时性预报，应包含突水危险性评价和水害处理意见等内容 |
| | 地质报告 | 按规定编制煤矿生产地质报告、煤矿地质类型划分报告，并按要求审批 |
| | 图纸台账管理 | 1. 有地层综合柱状图，可采煤层底板等高线及资源储量估算图(急倾斜煤层加绘立面投影图和立面投影资源储量估算图)，地形地质图、地质剖面图，勘探钻孔柱状图，瓦斯地质图，井上下对照图，采掘工程平面图(急倾斜煤层要绘采掘工程立面图)，综合水文地质图，综合水文地质柱状图，水文地质剖面图，充水性图，涌水量与相关因素动态曲线图，防治水“三区”管理图；<br>2. 建立《煤矿防治水细则》《煤矿地质工作细则》《煤矿测量规程》规定的台账 |

## 四、防治水安全生产标准化基本要求

防治水安全生产标准化基本要求见表 9-6。

**表 9-6　防治水安全生产标准化基本要求**

| 项目 | 项目内容 | 基本要求 |
|---|---|---|
| 防治水害事故 | 制度保障 | 建立水害防治技术管理、水害预测预报、水害隐患排查治理、探放水、重大水患停产撤人及应急处置等制度 |
| | 基础管理 | 1. 按规定编制水文地质类型报告、煤矿防治水“三区”管理报告，防治水“三区”转换符合规定；<br>2. 按规定开展水文地质补充勘探；<br>3. 矿井、采区、工作面防排水系统健全完善，能力满足相关规定要求；<br>4. 防治水工程实施前编制设计方案和施工安全技术措施，按程序审批，工程施工现场管理规范，并建立施工原始记录，工程结束后提交验收报告及总结报告；<br>5. 井下探放水严禁使用锚杆机、煤电钻等非专用钻机 |
| | 水害探查治理 | 1. 地表水：开采范围内存在影响安全生产的地表水体，应当建立地面防排水系统；井口和工业场地内建筑物的地面标高低于当地历史最高洪水位的，应当采取可靠的防御措施；雨季前必须对防治水工作进行全面检查，制定雨季防治水措施，建立雨季巡视制度。<br>2. 顶板水：煤层顶板导水裂隙带范围内的含水层或者其他水体影响安全生产时，应当实测垮落带、导水裂隙带发育高度，进行专项设计，制定治理方案并实施；受离层水威胁的矿井，应当采取地面抽泄或井下反向疏放等措施消除威胁 |

表 9-6(续)

<table>
<tr><th>项目</th><th>项目内容</th><th>基本要求</th></tr>
<tr><td rowspan="3">防治水害事故</td><td>水害探查治理</td><td>3. 底板水:底板承压含水层与开采煤层之间的隔水层能够承受的水头值大于实际水头值的区域,应当制定专项措施报企业技术负责人审批;隔水层能够承受的水头值小于实际水头值时,根据矿井实际情况选择性采取超前区域治理、注浆加固底板改造含水层、疏水降压、充填开采等措施进行治理;煤层底板存在高承压岩溶含水层采用区域治理方法的,应当制定区域治理设计方案,报企业技术负责人审批。<br>4. 老空水:矿井应查明采掘影响区域内老空分布范围及积水情况,情况不明的区域应当采取综合技术手段进行探查,探查后应当制定矿井老空水害评价报告和老空水防治方案</td></tr>
<tr><td>效果评价</td><td>1. 底板承压水注浆加固底板、改造含水层或者区域治理工程结束后,对工程效果做出结论性评价,提交竣工报告,由企业技术负责人组织验收,采掘施工前采用物探、钻探等方法进行效果验证;<br>2. 老空水探放结束后,对比放水量与预计积水量,采用钻探、物探方法对放水效果进行验证,下达允许掘进通知书,严禁超掘超采</td></tr>
<tr><td>监测预警</td><td>建立地下水动态监测系统,受底板承压水威胁的水文地质类型复杂、极复杂的矿井,还应建立突水监测预警系统</td></tr>
</table>

## 第四节　地质防治水作业常见设备故障与处理

### 一、地质防治水作业常用设备

煤矿井下常用的探放水钻机有液压坑道钻机、长距离定向钻机等;煤矿井下常用的物探仪器有瞬变电磁仪、无线电坑透仪、音频电穿透仪、地质雷达、槽波地震仪等。

## 二、地质防治水作业常用设备故障与处理方法

1. 探放水钻机常见故障与处理方法(表 9-7)

表 9-7　探放水钻机常见故障与处理方法

| 常见故障 | 处理方法 |
| --- | --- |
| 液压系统油温过高，可能伴随油泵受损等问题 | 1. 检查燃油箱内油液是否太少，若油液不足，应及时加油。<br>2. 检查油泵是否受损，如有损坏，应及时维修或更换。<br>3. 合理选择工作泵，并根据说明书推荐的工作压力进行调整 |
| 钻机液压系统压力不足，可能是压力调节阀疲劳或底座受损等 | 1. 调整压力调节阀的限制螺母或更换弹簧。<br>2. 若压力调节阀底座受损或卡死，应卸下压力调节阀盖并进行维修 |
| 钻杆在作业过程中断裂 | 1. 加钻杆时要注意检查，发现磨损过大和已弯曲的钻杆应停止使用。<br>2. 对于断翼问题，可使用一段直径与孔径相差不多的无缝管，管内装有黄油、沥青等物，与钻杆连接进入孔底，将孔底的断翼给取出来 |
| 在泥页岩地层中，岩石的部分黏土矿物会因冲洗液的冲洗作用发生膨胀、转移，导致岩层遇水时膨胀，引起卡钻事故 | 1. 在遇到水敏性地层时，注意控制冲洗液的使用。<br>2. 发生卡钻事故时，可以采用“活动钻具＋泥浆泵冲孔”工艺进行处理，反复尝试使埋钻孔段得到松动；若钻孔深度浅时，可采用“强力起拔工艺”，通过调整马达排量，使马达保持低转速、大扭矩的工作效率，同时密切观察压力表变化，避免钻机在强制工作环境下发生损害 |

总之，煤矿井下探放水钻机设备在作业过程中可能会遇到各种故障，操作人员应熟练掌握各种故障的处理方法，确保设备的正常运行和作业安全。同时，定期对设备进行维护和保养也是减少故障发生的重要措施。

2. 物探仪器常见故障与处理方法（表 9-8）

**表 9-8　物探仪器常见故障与处理方法**

| 常见故障 | 处理方法 |
|---|---|
| 电缆及电缆连接器故障：电缆及电缆连接器在煤矿井下物探中起到关键作用，但也可能因各种原因出现故障，如磨损、断裂、接触不良等 | 电缆及电缆连接器故障处理：根据故障分析的结果，采取相应的措施进行处理，如更换电缆、修复连接器、重新连接等 |
| 井下仪器，如密度探管、光电倍增管、声波探管等，也可能出现各种故障，如内部构件损失或击穿、传输电路板故障、特性变化等 | 对于内部构件损失或击穿的故障，可以使用万用表等设备进行检测诊断，然后进行修复或更换相关部件；对于传输电路板故障，可以检查电路板上的元件是否有损坏或烧毁，然后进行修复或更换 |

预防措施：定期对设备进行检查和维护，确保设备处于良好状态；对使用人员进行专业培训，确保他们了解设备的操作方法和维护要求；在使用设备时，严格按照操作说明书进行操作，避免超负荷运行或错误使用；对于长时间不使用的设备，应采取相应的防尘措施，避免设备内部积尘。

# 第十章　地质防治水班组长现场安全管理实战

## 第一节　班前会召开与工作布置

### 一、班前会工作内容

1. 人员点名与确认

确保所有班组成员均已到达，了解是否有成员缺席或迟到，对于缺席或迟到的情况，需要了解原因，并确认是否会对当前工作造成影响。记录班组成员的出勤情况，排查班组出勤人员是否存在不安全因素，如情绪不稳定、酒后上岗等，作为后续考核和评价的参考。

2. 安全状况回顾

对上一班次的安全生产情况进行详细回顾，包括事故发生、违规操作等，分析事故原因，找出问题所在，并提出改进措施。强调作业中的安全注意事项，分析可能遇到的安全风险，并制定相应的防范措施。鼓励班组成员积极提出安全建议和改进意见，共同提高安全意识。

3. 任务分配与说明

根据工作计划和班组成员的技能特长，明确本班次的工作任务和具体分工，确保每个成员都清楚自己的职责和任务要求，对人员进行合理分工。对探放水作业技术要求进行讲解，确保作业人员了解并掌握相关技术要求，对复杂的任务进行详细说明和解释，确保班组成员充分理解并能够正确执行。

4. 安全技术措施贯彻学习

钻探安全技术措施的贯彻学习是一个系统而持续的过程，需要制订详细的学习计划，全面学习安全技术措施，结合实际案例进行分析，加强实践操作训练。钻探安全技术措施包括钻探设备的操作、钻探现场的安全管理、钻探过程中的风险控制等方面。在学习过程中，应全面掌握这些措施，了解各种安全措施的原理、操作方法和注意事项。

5. 安全培训与提醒

针对当前工作可能遇到的安全风险，进行具体的安全培训和提醒。例如，针对探放水作业中的电气安全、机械操作安全等方面进行培训，确保班组成员掌握必要的安全知识和技能，提高自我保护能力。

6. 交流与沟通

鼓励班组成员之间积极交流，分享工作经验和安全建议，通过互相学习和借鉴，提高整体工作水平和安全意识。对班组成员提出的问题和建议进行及时回应和处理，增强团队的凝聚力和向心力。

**二、本班工作布置及安全注意事项**

1. 工作布置

根据工作计划和任务分配，详细布置本班次的具体工作内容、步骤和要求，包括作业区域、作业时间、作业流程、作业标准等方面的具体安排。对可能出现的问题和困难进行预测和分析，制定相应的应对措施和解决方案。

2. 安全注意事项

针对本班次的工作特点，强调关键的安全注意事项。例如，在探放水作业中需要特别注意电气安全、机械操作安全、防滑防摔等方面的问题。提醒班组成员时刻保持警惕，遵守安全规定和操作规程，确保自身和他人的安全。

3. 应急处理

告知班组成员在发生紧急情况时应该如何迅速、有效地采取应对措施，包括紧急停机、疏散逃生、报警求助等方面的具体操作步骤和注意事项。组织班组成员进行模拟训练，提高应对突发事件的能力和水平。

## 第二节 接班及作业环境确认

### 一、接班

1. 查看工作记录

仔细阅读上一班次的工作记录，了解是否有遗留问题或需要注意的事项，包括设备故障、作业进度、安全隐患等方面的问题。对遗留问题进行逐一排查和处理，确保当前工作能够顺利进行。

2. 与上一班班组长交流

与上一班班组长进行简短的交流，询问工作过程中存在的问题，了解上一班在工作中遇到的困难和挑战，以及采取的解决措施和取得的效果。通过交流和学习，吸取上一班的经验教训，避免重蹈覆辙。

3. 现场检查

对作业现场进行检查，包括设备、工具、环境等，检查设备是否运行正常、工具是否齐全完好、作业环境是否安全整洁等方面的问题。发现问题及时进行处理和整改，确保作业现场的安全和有序。

4. 填写交接班记录表

在确认所有交接班相关事项均已妥善处理之后，接下来需要详细填写交接班记录表。这份记录表是确保工作连续性和责任追溯的重要文件，因此填写时需要仔细、准确。

(1) 基本信息填写：填写日期、班次、部门等基本信息，确保记录表的识别性和可追溯性。记录当前班次交接人的姓名和上一班交接人的姓名，明确责任归属。

（2）遗留问题处理记录：详细描述上一班次遗留的问题，包括设备故障、作业进度、安全隐患等。记录对遗留问题的处理情况，如是否已经解决、解决的方法、解决效果，或待进一步处理的建议等。

（3）与上一班班组长交流内容：简要记录与上一班班组长交流过程中提到的关键问题和解决措施，以及学到的经验教训。

（4）注意事项和特殊要求：如果有特殊注意事项或要求，如某项任务需要重点关注、某个设备需要特殊维护等，应在此处详细记录。

（5）签名确认：交接双方（当前班次交接人和上一班交接人）应在记录表上签名确认，以示双方均已了解和认可交接内容。

（6）记录存档：交接记录表应妥善保管，方便后续查阅和审计。一般可按日期、班次或部门分类存档。

通过填写详细的交接班记录表（表 10-1），可以确保工作的连续性和责任的明确性，有助于提高工作效率和保障工作质量。同时，这份记录表也为后续的工作分析和问题追溯提供了重要的依据。

**表 10-1　某煤矿交接班记录表**

<table>
<tr><td colspan="8">________交接班记录表</td></tr>
<tr><td colspan="4">年　　月　　日</td><td colspan="2">工作面</td><td colspan="2"></td></tr>
<tr><td rowspan="2">当班完成情况</td><td rowspan="2"></td><td>跟班队干</td><td></td><td>交班班次</td><td></td><td>交班人</td><td></td></tr>
<tr><td>本班出勤</td><td></td><td>接班班次</td><td></td><td>接班人</td><td></td></tr>
<tr><td colspan="2">本班情况</td><td colspan="6">探放水钻机设备：<br>排水系统：<br>任务情况：</td></tr>
<tr><td colspan="2">接班安全注意事项及特殊要求</td><td colspan="6"></td></tr>
<tr><td colspan="2">上一班遗留问题及处理情况</td><td colspan="6"></td></tr>
</table>

## 二、作业环境检查

探放水作业前的环境检查确认是确保安全生产的重要环节，检查内容包括工作面支护情况、通风情况、钻机进出路线、排水系统、避灾路线、设备设施运行情况、工作面风流中的甲烷传感器吊挂位置、安全警示标识、作业人员的确认等，见表10-2。

**表10-2　探放水作业安全检查表**

| 序号 | 检查内容 | 标准要求 | 是否存在问题 |
| --- | --- | --- | --- |
| 1 | 巷道支护检查 | 1. 检查煤壁。打钻地点要补强支护，对帮顶要逐一检查，有空顶、虚接、松动或支架损坏等情形时，要及时修复。煤壁存在松软、片帮或膨胀等现象，要及时处理，进行锚网、锚杆支护，必要时可打上木垛，防止水压大时水流冲垮煤壁，造成安全事故。<br>2. 检查支架情况。工作人员进入钻场必须首先检查钻场周围的支架、顶板、工作面及两帮的安全情况是否良好，如有不安全因素不得工作，有松动或破损的支架要及时修整或更换，帮顶要背好，确保安全施工。<br>3. 严格执行敲帮问顶制度，加强钻场附近范围内的巷道支护，并在工作面迎头打好坚固的立柱和挡板，严禁空顶、空帮作业 | |
| 2 | 瓦斯、有毒有害气体检查 | 1. 按管理制度定时进行瓦斯检查，进入探放水作业区域，首先由瓦斯检查工检查瓦斯、有毒有害气体情况，瓦斯、有毒有害气体浓度超过安全规定时应停止工作，及时加强通风，查找原因，危及安全时要及时撤离；钻探作业现场孔口悬挂便携式瓦斯检测仪和一氧化碳检测仪。<br>2. 做到通风无死角，采用局部通风机通风时，在打钻过程中不准停风，打钻地点下风侧10 m处安设瓦斯、一氧化碳监测传感器，钻场的动力设备应与风机实现可靠的风电闭锁 | |

**表 10-2(续)**

| 序号 | 检查内容 | 标准要求 | 是否存在问题 |
| --- | --- | --- | --- |
| 3 | 钻机进出路线检查 | 目前矿井普遍使用履带式探放水钻机,要提前检查钻机进出路线是否畅通、平整,是否存在积水坑、煤泥等障碍,如果存在立即进行处理,减少对探放水钻机移动的影响时间 | |
| 4 | 排水系统检查 | 1. 检查排水系统,准备或清理好水沟、水仓;排水管路、排水泵及供电系统正常运转,并且达到设计的最大排水能力,供电系统要实现双回路供电。<br>2. 清理巷道,挖好排水沟。巷道水沟中的浮煤、淤泥、碎石等杂物,应随时清理干净;若水沟被冒顶、片帮堵塞或受挤压破坏变形时,应立即修复,放水前要清理水仓。<br>3. 探水钻孔位于巷道低洼处时,必须施工临时水仓,配备与探放水量相适应的排水设备 | |
| 5 | 避灾路线检查 | 检查避灾路线是否畅通无阻。避灾路线内严禁有木料、煤炭、矿车等阻塞,要时刻保持撤人通道畅通无阻;作业区域的每个人员必须了解和掌握避灾路线,每次探放水前由班组长负责对避灾路线进行复盘,一旦出现异常情况,立即撤离 | |
| 6 | 其他检查 | 1. 检查堵水材料。在探水地点应备用一定数量的坑木、麻袋、木塞、木板、黄泥、棉线、锯、斧等,以便探放水过程中意外出水或钻孔水压突然增大时及时处理。<br>2. 检查通信联络系统。为了便于与矿调度室取得联系,在水情危急时能够及时报告矿领导,以便采取紧急措施,在钻探地点或附近安设专用电话。<br>3. 检查照明。在钻探地点安装照明,保证灯光明亮。<br>4. 检查躲避硐室。在上山工作面或独头巷道探水时,应设置安全躲避硐室及安全撤离设施 | |

## 三、设备检查

设备的检查是确保其正常运行和防止潜在故障的关键步骤。及时发现和消除设备隐患，正确使用和维护保养，确保设备的安全、稳定运行，延长设备的使用寿命，提高设备的可靠性和性能，降低修理成本，为企业发展提供有力保障。探放水设备检查内容见表 10-3，排水设备检查内容见表 10-4。

**表 10-3　探放水设备检查表**

| 流程 | 检查内容 |
| --- | --- |
| 交接班检查 | 1. 作业范围内无障碍物及其他安全运行隐患。<br>2. 设备状态确认：检查设备是否处于正常停机状态，是否有任何异常或损坏迹象。<br>3. 操作记录检查：查看设备的运行记录、故障记录和维护记录，了解设备之前的运行情况和可能存在的问题。<br>4. 工具和备件检查：确认所需的工具和备件是否齐全，并处于良好状态。<br>5. 沟通交接：与前一班操作人员沟通，了解设备的运行情况、潜在问题和需要注意的事项 |
| 作业前检查 | 1. 检查钻探设备安装是否平稳，防护装置是否完好，各部件连接是否可靠，油管连接是否正确无误。各液压油泵的电动机旋转方向与液压油泵要求的转向是否一致，发现问题及时处理。<br>2. 检查油箱油面是否在限定位置以上，并向各油嘴及润滑部位加注适量的润滑油。检查油箱中液压油是否清洁，油温指示表是否灵敏可靠；发现滤油器中脏物较多时，应及时更换滤芯，向油箱加油时必须经过滤网，工作时不允许打开油箱盖。<br>3. 检查各零部件、紧固件是否齐全牢固可靠。检查液压系统各组件、管路接头、密封件有无脱落、漏油、损坏现象，管内有无异物，管路连接、电气设备连接是否正确，发现问题及时处理<br>4. 检查卷扬机制动带松紧程度是否合适，各部件是否紧固有效 |

表 10-3(续)

| 流程 | 检查内容 |
| --- | --- |
| 作业前检查 | 5. 检查各操纵手把是否灵活,定位是否准确可靠。<br>6. 检查钻机和泥浆泵各旋转部位转动是否灵活,方向是否正确,有无阻力过大或声音异常情况等。<br>7. 检查钻机移动装置是否可靠。扳动立轴给进与钻机移动操纵手把,使活塞来回运动,以排除液压系统内的空气。<br>8. 操作液压手把,检查各接头是否漏油,观察压力表是否在规定的技术参数内工作,严禁无表操作。<br>9. 检查电气设备有无"失爆"现象,供电是否正常 |
| 试运行 | 1. 启动检查:按照设备操作规程启动钻探设备。观察设备启动过程是否平稳,有无异常声响或振动。<br>2. 功能测试:测试各操作手把的功能是否正常,如升降、旋转、进退等。<br>3. 安全保护测试:测试设备的安全保护装置(如过载保护、限位保护等)是否有效。<br>4. 运行稳定性:设备连续运行一段时间后,观察其是否保持稳定,有无异常现象。<br>5. 停机检查:设备停机后,检查各部件是否回到初始位置,有无异常磨损或损坏 |

表 10-4　排水设备检查表

| 流程 | 检查内容 |
| --- | --- |
| 交接班检查 | 1. 设备状态确认:检查设备是否处于正常停机状态,是否有任何异常或损坏迹象。<br>2. 操作记录检查:查看设备的运行记录、故障记录和维护记录,了解设备之前的运行情况和可能存在的问题。<br>3. 工具和备件检查:确认所需的工具和备件是否齐全,并处于良好状态。<br>4. 沟通交接:与前一班操作人员沟通,了解设备的运行情况、潜在问题和需要注意的事项 |

**表 10-4(续)**

| 流程 | 检查内容 |
| --- | --- |
| 作业前检查 | 1. 电源检查：确保电源连接正常，电压稳定，无短路或断路现象。<br>2. 排水管路系统检查：检查出水管道、阀门、法兰盘等连接处是否紧固，无泄漏现象。<br>3. 控制系统检查：检查开关按钮、指示灯等控制部件是否完好，功能正常。<br>4. 安全防护检查：检查安全装置（如防护罩、安全阀等）是否完好，无损坏或缺失 |
| 试运行 | 1. 启动设备：按照操作规程启动设备，观察设备是否能够正常启动和运行。<br>2. 运行观察：在设备运行过程中，观察设备的运行状态、声音、振动等是否正常，无异常噪声或振动。<br>3. 停止设备：按照操作规程停止设备，观察设备是否能够正常停机 |

## 第三节　组织文明生产

### 一、组织开停机

在整个探放水作业过程中，需要严格遵守相关规定和操作规程。开停机是生产顺利进行的关键步骤，合理地组织开停机可以保证设备的正常运转，同时还需要根据实际情况及时调整和优化管理流程，提高作业效率和质量，降低安全风险。

（一）准备工作

1. 探放水设备运输

(1) 利用起重设备装卸钻机和其他重物时，要有专人指挥。应检查起重设备的可靠性，以及钢丝绳和绳结的牢固性。起重机工作时（使用手拉葫芦起吊），起落和转动范围内禁止站人，更不允许站在重物上随吊起落。

(2) 装卸钻探设备时，严禁摔、碰、撞、击，钻探设备装入矿车时，要垫上木板，以防损坏。

(3) 用矿车运输钻机时，先装重件、大件，后装轻件、小件，车内用木板背好，防止损坏机件。拆下的螺栓等零部件，要装入专用箱子里，避免丢失。容易丢失的零件，由探放水工自带，不得装车。所有机件装在矿车里或叉子车上必须捆绑结实，不得超长、超宽、超高和超重。卸车时要轻抬轻放，起落动作一致，特别注意保护好管材两头的丝扣。

(4) 钻探设备需要整体装运时，必须符合《煤矿安全规程》的规定，不得超长、超高、超宽、超重。

(5) 运输超长管材时，必须制定安全技术措施，遵守有关运输规定。在运送较长的管材时，要同时装上比管材略长的圆木，以保护管材。

(6) 钻探设备搬运时，不得磕碰各操纵手把，更不得硬性扳扭。

(7) 在 25°以上的陡坡斜巷中搬运机器设备时，必须设双向警戒，斜巷的上、下方不得同时作业，坡下方不得有人员停留，坡上人员不得向坡下滚放任何物体。

2. 探放水设备安装

(1) 探放水设备安装前要清除浮煤、矸石等杂物，整平底板，选择适当位置安放钻机，钻场空间要保证钻机周围有足够的安全距离。检查加固钻场及其周围支架，防止冒顶、片帮。

(2) 钻机主轴中心线要对准钻孔位置，摆正钻机架，安装牢固、平稳，打上立柱，立柱要与顶板完全接触，并要安装防倒链。钻机、水泵、电机安装周正、稳固，各部件的螺丝加垫拧紧。

(3) 垂向钻孔需挑顶板做钻窝，安装天轮时应设置安全挡板，天轮要保证水平。钻机立轴、天轮前缘切点与钻孔必须在一条中心线上，立轴角度必须与钻孔设计一致。

(4) 在坡度大于 25°斜巷施工时，首先应在下方打挡柱，挡柱两端要插入巷道两帮，然后铺设基台木和台板，整个基台要稳固、水平，并用扒钉牢固地连接成一体。

(5) 钻机、泥浆泵、泥浆搅拌机、动力设备等都必须安装平稳、牢固。在容易积水处施工时，设备要适当垫高，以防水淹。

(6) 在上山施工斜孔时，需打一排密集的点柱，或在正前打专用锚杆，并用手拉葫芦紧固，防止钻机下滑。

(7) 钻场的动力设备应与风机联锁，确保停风即停电。

(8) 施工具有承压水的钻孔时，钻机安装的位置与孔口距离应适当加大，钻机要有反压装置，孔口要安装防喷器具。

(9) 在安装、检修电气设备时，必须先切断电源，不得带电作业，作业时必须有两人以上在场。

(10) 电源接好后，先用手盘车试转，判明无卡阻后再送电试运转，并检查电机的正反转及运转情况。

(11) 准备好各种材料、配件、备用工具，摆放要整齐有序。

3. 探放水钻孔标定

(1) 测量人员和探放水人员必须亲临现场，由测量人员依据设计现场标定探放水钻孔位置，与负责探放水工作的人员共同确定钻孔的方位、角度、深度以及钻孔数量。

(2) 钻孔必须根据探放水设计和安全技术措施规定的位置、方位、角度、深度和数目等进行施工，未经批准，不得擅自改变设计，根据实际探放水情况确实需要修改钻孔参数时，由矿井地测部门编制变更设计，经矿总工程师审查同意后方可按变更设计施工探放水钻孔。

(3) 井下探放水设计按照探放水钻孔设计要求执行，钻孔设计内容包括：钻探目的、钻孔数目、结构、终孔孔径、终孔层位、终孔深度、岩芯采取率、各级套管长度及耐压试验要求等。

(4) 严格按设计标定钻孔方位、倾角，开孔后进行复验，符合设计要求后方可正常钻进。

（二）探放水钻机试运转

(1) 探放水钻机开工前，必须由班组长亲自检查立轴安装是否到位，钻孔方位角、倾角是否与设计相符，检查钻机各部件安装是否稳固，并进行试运转。

(2) 正式开钻前应进行全面检查。操作系统各手把、按钮、仪表是否齐全、灵活可靠；液压系统的油量和各油管接头控制阀密封是否完好，油压系统要调整到"0"位；制动装置、摩擦离合器、锁紧装置是否正常，必要时进行调整；水泵运行是否正常，排水系统能力应达到要求。

(3) 打开电源开关，点动电动机，确认转向与油泵一致，确认油泵各部件无漏油现象。钻机空载调试运行 10 min，确认钻机各转动部位运转正常，开关启动灵活可靠，观察电动机及油泵是否平稳，声音是否正常，如压力表显示空载压力超高或电机有异常振动、噪声，应停机处理。各种零部件及钻具是否齐全、合格，发现不符合规定，必须进行处理或更换，接通水源接上钻杆进行钻探作业。

(4) 液压操作控制台上的压力表、换向阀、调压阀等液压组件的安装位置必须符合规定，液压系统压力表、温度指示表必须齐全；关机前，必须使液压系统处于卸荷（空载）状态。

(5) 操作多路换向阀，使各部油缸往复伸缩全行程，观察各动力机构是否到位，有无卡阻；各控制阀、液压阀动作是否可靠。对不合格的器件应进行更换。

(6) 启动液压马达，调节立轴转速达到要求数值，进行正转、反转试验，并检查各控制阀、变速阀功能是否正常；观察压力表显示值是否正确，若超过正常空载压力，应查找原因并进行处理。观察液压马达及齿轮箱工作声音是否正常，发现问题应停机处理。

(7) 钻机试运转达到要求后，清理作业现场，将不用的工具、配件暂时装箱。钻机的油管、水管、电缆排列整齐，在人员经常通过处应吊挂好，做到文明生产。

（三）启动设备，进行探放水作业

按照操作规程，依次启动设备，确保设备正常运行。按照工艺流程和设备性能要求，合理确定设备的启动顺序。

(1) 按照现场确定的钻孔参数进行探放水作业，查明采掘工作面顶底板、侧帮和前方等水体的具体空间位置和状况等。在探水过程中，需要记录相关参数，并由地测部门和安全部门安排专人现场进行盯守监督，确保作业安全。

(2) 升降钻杆时要集中精力，不准离开升降机或做其他工作。禁止在滑车升降时调整操作手把螺钉；不得坐在操作升降机上（有仪器操作台的除外）；不准双手离开升降手把；不准扶摸、脚蹬钢丝绳和皮带。

(3) 在钻进中，因其他原因停钻时，应及时设法将钻杆提出孔口或提至安全孔段；若停钻时间较短，也应将钻杆提至安全孔段，并经常提动钻杆，预防埋钻。

(4) 升降钻杆时，塔上、塔下、机前、机后要互相联系配合，待提引器与钻杆接好后方可提升；操作升降机要稳、准，严防跑钻。冲孔、扫孔、扫脱落岩芯或钻进不正常时，均须由班组长或熟练钻工操作。

(5) 在钻进中，随时观测泥浆泵压力表的变化，压力表数值不得超过所规定的压力。

(6) 泥浆泵在运转过程中，要经常检查吸水笼头的过水情况，保证其过水畅通。吸水笼头应高出泥浆池底面 0.3 m 以上，以防岩粉及污物吸入。

(7) 下钻前必须严格检查钻头镶焊质量，钻头内、外、底出刃是否符合钻进要求，不合格者禁止下入孔内。

(8) 钻头离孔底一定距离时，应提前开泵缓慢下放，慢速扫孔，待钻具到孔底钻进正常后，再给予所需的压力与转速。正常钻进时，严禁无故提动钻具。发现孔内有异常时，如憋泵、岩芯堵塞或回转阻力增大应立即处理。

(9) 孔内残留岩芯超过 0.3 m 或有脱落岩芯时，禁止下入新钻头。

(10) 拧卸钻头时，严防管钳咬伤合金或夹扁钻头。取岩芯时，必须使用符合要求的卡料，严禁猛墩钻具。

(11) 在钻进操作中，必须严格遵守下列规定：

① 采用清水钻进时，要保证有足够的水量，不准打干钻；下钻至钻具离孔底 0.5 m 时，应开泵送水，待冲洗液从孔口返出后，才能开动钻机钻进。

② 在水平孔及斜孔中上下钻具时，操作人员不准站在与孔内钻具成一直线的位置上，防止钻杆拉出伤人。

③ 认真做好"三看""二听""一及时"("三看"即看操作把手震动、给进压力和钻进速度，看压力表和孔口上返水情况，看水接头情况；"二听"即听机器运转声音，听孔内震动声；"一及时"即发现异常及时停钻处理)，仔细判断孔内情况。

④ 上下钻具时禁止用牙钳、链钳代替垫叉或用脚钩垫叉。

⑤ 扫孔内岩芯和扩孔时，不得开机过猛，以防扭断钻杆或损坏钻头。

⑥ 采用拧管机拧卸钻具时，不论出现何种情况，严禁同时用牙钳拧卸钻具，必须在拧管机停止工作后再人工处理。

⑦ 正常钻进时，应保持压力均匀，转速满足要求，要随时观察仪表，注意钻速、钻孔液消耗量和回水颜色变化等，若发现孔内有异物应及时处理。

⑧ 每次升降钻具前，都要认真检查升降机的制动和离合装置、提引器、天平、钢丝绳等是否安全可靠，发现问题及时处理。

⑨ 在提、下钻具的过程中，操作升降机人员必须与其他岗位工人紧密配合，互相关照。操作要轻而稳，不得猛刹、猛放，不得超负荷作业，不得用手脚去扶摸钢丝绳。其他人员要注意钻具起落，在完成摘挂作业后，必须站在钻具起落范围以外。岩芯管提出孔口后，应立即盖好孔口，不准用手探摸、伸头观看管内岩芯。

⑩ 升降钻具时，不得用手直接接触钻杆和钢丝绳，必须使用垫叉，禁止用牙钳、链钳代替。操作升降机时，禁止强拉猛提钻杆。

⑪ 孔口人员抽、插垫叉时，禁止手扶垫叉底面或用脚钩垫叉。

(12) 探放水作业过程中安装钻杆执行以下要求：

① 严格执行钻具检查制度，对钻杆、接头、丝扣磨损及弯曲度等情况进行认真检查，严禁使用质量不合格的钻杆。

② 检查钻杆是否堵塞、是否弯曲，钻杆对接处丝扣是否磨损，不合格的钻杆严禁使用。凡钻杆直径单边磨损达 2 mm，或均匀磨损达 3 mm，每米弯曲超过 3 cm，以及各种钻具有微小裂隙，丝扣严重磨损、松动或存在其他明显变形时，均不得下入孔内。

③ 连接钻杆要对准丝扣，避免歪斜和漏水；丝扣处要涂抹黄油，方便拆卸钻杆，保护钻杆丝扣完善。

④ 装卸钻头时，应严防管钳夹伤硬质合金片，夹扁钻头、岩芯管和钻杆。

⑤ 安装钻杆时，应在完成第一根后再安装第二根，严禁 2 根及以上钻杆同时安装进行探放水作业，预防发生伤人事故。

(13) 泥浆泵每次用完后用清水对阀座、钢球、缸套、吸浆龙头等进行彻底冲洗，保持清洁。

(14) 钻探作业结束，提出钻杆时应注意安全。提钻前，要准确丈量机上余尺，做好钻机以及拆卸工具的准备工作，认真检查升降机的制动装置、离合装置、提引装置以及拧卸工具是否齐全完好，发现问题要及时处理。提钻前必须用清水冲孔，排净煤(岩)粉；提钻时操作过程要轻稳，不得猛刹、猛放，超负荷作业，人员必须站在钻杆起落范围以外；钻杆提出后要用棉丝缠住两端，防止钻杆孔堵塞或丝扣被破坏。

(15) 每竣工一个探放水钻孔，都必须核实该孔的方位、孔斜角度，并重新丈量钻杆长度，核实钻孔实际深度。撤钻时，应在原孔所在的帮或钻孔位置打上明显标记，并通知测量部门测出该标记点的坐标、标高。

(四) 孔口套管固定

(1) 选择煤、岩层坚硬完整的地段开孔，套管下置深度、固结方法及耐压试验，必须符合设计要求。孔径应比孔口管直径大 1～2 级，钻至预定深度后(视水压高低和煤岩层强度而定)，将孔内冲洗干净。

(2) 向孔内注入水泥浆，将预先准备好的孔口管(末端应塞以木塞)放入孔内，待水泥浆凝结后，即可在孔口管内钻进。另一种方法是将孔口管插入孔内后，在孔口用水玻璃和水泥将孔口管固定并封死，在管的上方另留一个小管，而后从孔口管内向四周压入水泥浆，开始从小管跑出空气和水，待跑出浓水泥浆时即将小管封死，继续向孔口管内压入水泥浆，至一定压力后停止注浆，关闭孔口管闸阀，待水泥浆凝固，如图 10-1 所示。

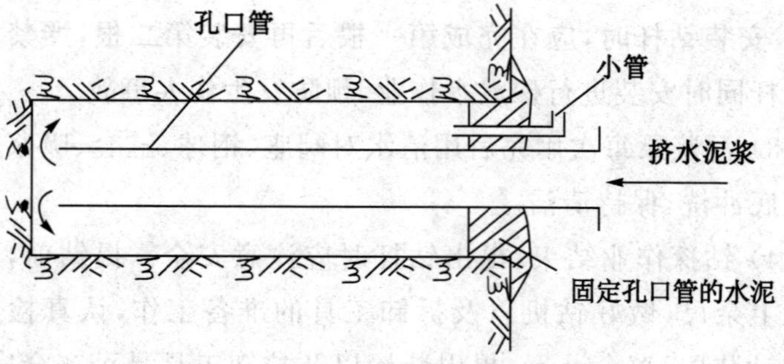


图 10-1　探放水孔孔口管安装示意图

(3) 水泥浆固结不小于 48 h 后扫孔，待深度达到原孔深后，向孔内压水，试验压力大于孔口管末端承受静水压力的 1.5～2 倍，孔口管牢固不动，周围没有渗漏水现象，说明合乎要求，否则重新注浆加固。

(4) 为了安全，还应在孔口管上安装水压表、闸阀等。探放高压水的孔口安全装置示意图如图 10-2 所示。

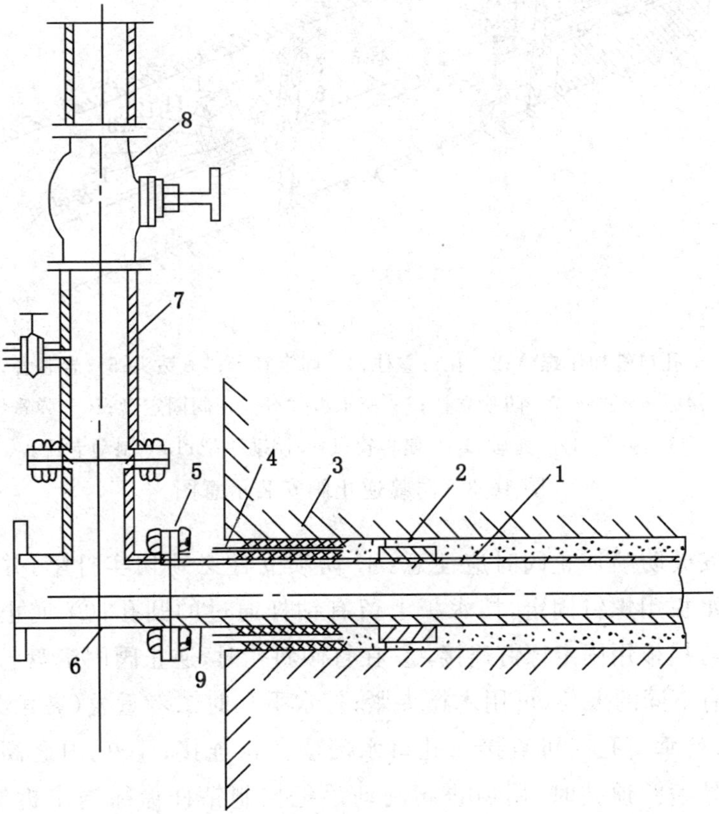


1—孔口管；2—肋骨片(间距 120°绕套管焊接)；3—孔口止水麻线(内扎风钻用水针)；4—水针；5—法兰盘；6—三通；7—压力表三通；8—泄水闸；9—锚杆。

图 10-2　探放高压水的孔口安全装置示意图(水压大于 1.0 MPa 时用)

(5) 对水压高于 1.0 MPa 且水量较大的积水或强含水层进行探放水时，孔口应安装防喷逆止阀，以免高压水顶出钻杆，喷出碎石伤人，如图 10-3 所示。

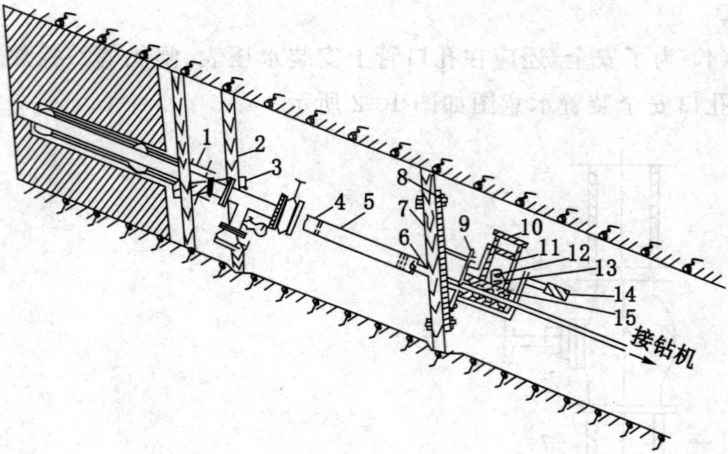


1—孔口管加压螺栓；2—孔口立柱；3—固定管卡；4—钻头；5—岩芯管；6—$\phi$42 mm 钻杆；7—防喷立柱；8—挡水板；9—逆止阀固定盘；10—弹簧架；11—弹簧；12—轮轴；13—偏心轮；14—制动手把；15—制动卡瓦。

图 10-3　防喷逆止阀安装示意图

安装防喷逆止阀时应注意：① 防喷立柱必须切实打牢，并与防喷挡水板用螺钉固定，挡水板上留有钻杆通过的圆孔；② 逆止阀固定盘与挡板用固定螺钉连接；③ 在打倾斜孔时，逆止阀固定盘与挡板之间有不同的夹角，可用木楔夹紧；打水平孔时二者重叠(夹角为 0°)固定；打垂直孔时可直接与孔口水门法兰盘连接；④ 孔内遇高压水强烈外喷并顶钻时，用逆止阀制动手把控制钻杆徐徐退出拆卸，当岩芯管离开孔口闸阀后，立即关闭孔口闸阀，让高压水沿三通泄水阀喷向安全地点；⑤ 当积水为 pH 值小于 5 的酸性水且放水时间又较长时，孔口安全装置应涂敷防腐漆或沥青，以防腐蚀；必要时用铜或不锈钢材料制造孔口安全装置。

(6) 孔口管的接头必须用棉丝、铅油严加密封，防止漏水；孔口管壁厚根据水压、矿压耐压试验等确定，但不得小于 4 mm。下套管遇阻时，禁止猛墩套管。

(7) 孔口管固定可采用单液水泥浆、水泥-水玻璃双浆液等；为了缩短水泥初凝、终凝时间，可在单液水泥浆中加入适量水玻璃或使用速凝水泥(膨胀水泥)，凝固时间在设计中明确。

(8) 放水钻孔终孔孔径应根据煤(岩)层的坚硬程度、放水孔深度、排水系统能力等因素确定。如煤层坚硬系数较大，钻孔较深，可选用稍大一点的孔径；反之，则选用较小孔径。在生产实践中常采用的孔径为 54 mm、60 mm、75 mm，以免因流速过高冲垮煤柱。探放水钻孔除兼作堵水钻孔外，终孔孔径一般不得大于 94 mm。

### (五) 钻孔出水处置

#### 1. 打到老空水及放水要求

(1) 探放水过程中出现透水征兆时进行处理的规定。在探放水钻进时，如发现煤岩松软、片帮、来压或者钻孔中水压、水量突然增大和顶钻等突水征兆时，立即停止钻进，但不得拔出钻杆；应当立即撤出所有受水威胁区域的人员到安全地点，不得直对或任意跨越钻杆，并向矿井调度室汇报，采取安全措施，派专业技术人员监测水情并分析，妥善处理。

(2) 探放老空水过程中对有害气体检查和处理的规定。探放老空水时，预计可能发生瓦斯或者其他有害气体涌出的，应当设有瓦斯检查工或者矿山救护队员在现场值班，随时检查空气成分。如果瓦斯或者其他有害气体浓度超过《煤矿安全规程》规定时，应当立即停止钻进，切断电源，撤出人员，并报告矿井调度室，及时处理。

(3) 揭露老空区后，如果钻孔内无水流出，经瓦斯检查工检查有瓦斯、有毒有害气体溢出时，必须立即停止钻进，并用木塞、黄泥封堵。

(4) 钻孔放水规定。钻孔放水前,应当估计积水量,并根据排水系统能力和水仓容量,控制放水流量,防止淹井淹面;放水时,应当设有专人监测钻孔出水情况,测定水量和水压,做好记录。

(5) 水量突变的处理。如果水量突然变化,应当立即报告矿井调度室,分析原因,及时处理。若水量突然变小,有可能是放水孔被堵塞。为确保正常放水,可用钻机重新捅孔及时处理,但未安装孔口止水套管的不得捅孔。如果水量突然变大,可能是积水体有新的水源补给导致水压、水量增大的缘故,也可能是闸阀损坏的缘故。

(6) 疏通钻孔时,操作人员不准直对钻杆站立操作。

(7) 探放老空水前,首先要分析查明老空水体的空间位置、积水量和水压,老空水高于探放水点位置时,只准用钻机探放水。

(8) 探放水时,必须撤出探放水点以下受水威胁区域内的所有人员。放水孔必须打中老空水体,并监视放水全过程,核对放水量直到老空水放完为止。

(9) 钻探到达积水点后,要测定水压,重新核对原设计确定的积水水位、面积和水量,确定放水量及放水孔个数,进一步调整排水系统能力,为正式放水创造条件。

2. 打到含水层水及放水要求

(1) 断层、陷落柱水探明后,应根据水的来源、水压和水量采取不同措施进行处理。若断层、陷落柱水来自强含水层,则要采取注浆封闭钻孔的方法,选择留设断层、陷落柱煤柱保证开采安全;若已进入煤柱范围的巷道要加以充填或封闭;若断层、陷落柱含水性不强,则可考虑放水疏干。

(2) 煤层内原则上不得探放水压大于1 MPa的充水断层水、含水层水及陷落柱水等,如确实需要,可先建防水闸墙,并在闸墙外向内进行探放水。

(3) 矿井在探放陷落柱水过程中，探到的陷落柱无水或水量很小时，要用泵进行略大于区域静水压力的压水试验，检验陷落柱的导水性；同时，要向陷落柱的深部布置钻孔，了解陷落柱深部的含(导)水性和煤系地层底板强含水层水的导升高度。

(4) 在探放断层、陷落柱水过程中，必须监测并记录钻孔内水压、水量和水质的变化，发现异常应加密或加深探放水钻孔，争取探清查明断层、陷落柱导水性。

(5) 探放含水层水的钻孔探测后必须注浆封闭，并做好封孔记录，注浆结束压力应大于区域静水压力的 1.5 倍。

(6) 钻孔内水压大于 1.5 MPa 时，采用反压和有防喷装置的方法钻进，并制定防止孔口管和煤(岩)壁突然鼓出的措施。

(7) 孔口安全装置要特别注意各部件组装的密封程度，防止高压水造成的漏水射流使构件冲蚀损坏。发现水压、水量很大时，要用两套闸门控水，平时主要开闭外闸门，内闸门留作备用，一旦外闸门失效，可关闭内闸门，更换外闸门。

(8) 在喷高压水的条件下继续钻进时，斜孔可使用孔口防喷逆止阀，倾角为 50°～90°的钻孔可使用“孔口防喷帽”或“盘根密封防喷器”，钻具可使用“防喷接头”，上下钻可使用孔口反压装置。

(六) 钻探质量与验收

(1) 钻进时，班组长必须在现场边施工边用笔逐项填写班报，不得漏记和补记。

(2) 钻孔资料的整理，每个班都必须填写汇报，包括钻孔角度、进尺长度、套管下置深度、岩芯采集情况、设备运转状况和钻探记录以及作业时间、交接班等原始资料，记录要真实反映探放水钻孔情况，做到全面、准确、详细和整洁。必须使用钢笔或油笔填写，不得追记、涂改或写画与钻探无关的内容。记录需经当班班组长、地质技术人员、安全员审核并签字，待整个钻孔工程结束后，进行有关资料的移交并妥善保管。

(3) 凡要求取芯的钻孔，取芯率要求达到设计标准，岩芯按标准要求放入岩芯箱，岩芯摆放整齐，并填写岩芯记录。不经地测部门专业技术人员验收不得随意处理。

(4) 钻进中如遇断层破碎带、溶洞、大裂隙、采空区等，有涌(漏)水、掉钻、冲出物等现象时，及时准确记录其深度、水色、水量变化。终孔结束时测准水量、水压。

(5) 施工现场应悬挂技术管理牌板，包括：钻孔平面图、剖面图及避灾路线图。其内容包括地点、孔号、倾角、煤(岩)层层位及深度、套管长度、终孔层位和深度等，要求内容全面、真实，具有实效性。

(6) 原始记录统一格式，内容齐全，填写及时，字迹清楚，准确可靠，无涂改现象，每孔结束后及时报送地测部门，按规定要求及时整理，填写台账。

(7) 钻孔施工结束，由地测部门组织有关单位进行验收，并填写竣工验收报告，凡验收达不到设计要求视为废孔。

### (七) 填写探放水图牌板

探放水图牌板是探放水工作中不可或缺的一部分，它直观地展示了探放水作业的关键信息，为班组长和作业人员提供了重要的参考。

(1) 图牌板内容要如实填写，探放水图牌板通常包含钻孔设计平面图、剖面图、钻孔参数、钻孔揭露情况等内容，班组长需要确保图牌板上的信息全面、准确。

(2) 图牌板应始终保持整洁、清晰，以便班组成员能够迅速获取所需信息，班组长应定期清理图牌板。在探放水作业过程中，班组长应密切关注作业进展和安全状况，并根据实际情况实时更新图牌板信息。

探放水管理图牌板格式如图 10-4 所示。

<table>
<tr><td colspan="6">＿＿＿＿＿＿探放水管理图牌板</td></tr>
<tr><td colspan="6">钻探位置：　　　　　　　钻探时间：　年　月　日至　月　日</td></tr>
<tr><td>孔号</td><td>方位/(°)</td><td>倾角/(°)</td><td>孔深/m</td><td>班组长</td><td>主要揭露情况</td></tr>
<tr><td>1</td><td></td><td></td><td></td><td></td><td rowspan="3"></td></tr>
<tr><td>2</td><td></td><td></td><td></td><td></td></tr>
<tr><td>3</td><td></td><td></td><td></td><td></td></tr>
<tr><td>4</td><td></td><td></td><td></td><td></td><td>平面示意图</td></tr>
<tr><td>5</td><td></td><td></td><td></td><td></td><td rowspan="6"></td></tr>
<tr><td>6</td><td></td><td></td><td></td><td></td></tr>
<tr><td>7</td><td></td><td></td><td></td><td></td></tr>
<tr><td>8</td><td></td><td></td><td></td><td></td></tr>
<tr><td>9</td><td></td><td></td><td></td><td></td></tr>
<tr><td>10</td><td></td><td></td><td></td><td></td></tr>
</table>

图 10-4　探放水管理图牌板

（八）钻孔封孔

对于不用的探放水钻孔，必须要进行封孔，主要是为了确保钻孔的安全性，防止水、瓦斯等有害物质的泄漏，以及防止钻孔本身对周围环境的破坏。

（1）封孔材料选择。应使用高标号水泥全孔封闭，确保具有良好的密封性和稳定性，能够长期有效地阻止水和其他物质的渗透。根据钻孔封闭设计书进行封孔，封孔前应冲洗钻孔。

（2）封孔深度。封孔深度应达到设计要求，确保钻孔内部完全被封堵，不留任何漏洞；一般来说，封孔深度应至少达到钻孔的终孔深度。

（3）封孔质量。封孔应确保质量，避免出现孔洞、裂缝等缺陷。封孔后应进行质量检查，确保封孔处无渗漏现象。

（4）记录与标识。对于已经封闭的钻孔，应做好记录，并在现场进行标识，这样有利于后续的管理和维护，防止误操作或遗忘。

(5) 封孔时,应将钻具下到距离封闭层位下部 2～3 m 处,用泵灌注砂浆,应采用边灌边提升钻具的方法进行,但钻具下端不得提离砂浆面。砂浆灌注完毕后,应泵入定量清水,把泥浆泵体中和钻具中的砂浆全部冲出,一定要冲洗干净。

(6) 安全注意事项。在封孔过程中,应严格遵守安全操作规程,确保工作人员的人身安全;同时,应注意周围环境的变化,及时采取相应措施防止事故的发生。

(九) 探放水作业结束清理现场和做好收尾工作

(1) 钻孔竣工后,应做好各种善后处理工作,为下次施工做好准备工作。其中善后处理工作包括:钻机的撤除、搬迁、检修、存放;钻杆及接头、接箍的更换;钻孔质量验收和封孔;场地中脏杂物的清理及有关资料的移交等。

(2) 所有液压油缸的活塞杆都应缩回缸内,不能缩回的活塞杆应用油纸包好,以防划伤。

(3) 卸开的油管接头处必须用堵头堵住,防止污物进入管内。

(4) 不需要拆下的钻机油管,应堵好管口并牢固盘扎在运输钻机的车辆上,严禁在运输过程中松散、损坏。拆下的油管应在堵好管口并经盘扎或捆绑后装入箱内。

(5) 排除冷却器中的全部冷却水。

(6) 将清点好的钻机零部件、工具、配套设备和拆下来的油管装入专用回收箱中,防止丢失任何器件。不能装箱的大件也应捆扎好,不得丢失任何器件。

(7) 清理好钻场,保持文明、整洁。

(十) 设备停机

探放水作业结束后,探放水设备的停机流程需要遵循一定的顺序和步骤,以确保设备的正常运行和延长其使用寿命。

(1) 在正常停机流程中,应先停止主要设备的运行,再停止辅助设备的运行。具体执行流程为:依次停止钻机转动—停止供水—停止排水等。

(2) 切断电源。在设备停止运行后,应立即切断设备的电源。这有助于防止设备意外启动或发生电气故障。同时,打开闭锁及隔离开关,拉起离合,确保设备完全处于安全停止状态。

(3) 拆除水管。在设备停止运行并切断电源后,需要将水管与水泵的连接拆除。在拆除过程中,应小心谨慎,避免损坏设备或水管。拆除后,应对水管进行必要的清洗和保养,以去除其中的水垢、泥沙等杂质,确保下次使用时能够正常工作。

(4) 检查和维护。在设备停机后,应对设备进行全面检查和维护。检查设备的各个部件是否完好,是否有损坏或磨损的情况。同时,对设备的润滑系统、紧固件等进行检查和保养,确保设备在下次启动时能够正常运行。

(5) 记录和汇报,记录停机时间并向矿调度室汇报。

(十一) 施工过程应急处置

1. 操作钻机注意事项

(1) 探放水钻机启动后,要求手不离按钮,眼不离钻机,动作要及时、准确、迅速。

(2) 钻机速度不得随意改变。

(3) 钻孔仰角超过 25°时,不准在套管下方操作,以免套管滑落伤人。

(4) 钻机运转时,禁止用手、脚或其他物件制动运转部分,禁止将任何物品放在钻机、水泵、电机防护罩上。

(5) 启动钻机前,应检查设备是否完好,如钻头、钻杆、电缆等是否完好无损,液压、气压系统是否正常运行。

2. 钻进过程注意事项

(1) 每班开钻前先检查立柱、孔口安全装置、周围支护和报警信号，进行安全确认，如有问题，先处理后再开钻。

(2) 探放水作业切记一点，严格执行“先停机，后停水；先开水，后开机”的操作顺序。开始钻进时，必须先供水，待水返出并有足够的流量后，才能加压钻进，不得钻干孔；停止钻进时，必须先停钻后再停止供水，孔内岩粉较多时，应加大水量，待岩粉冲干净后方可停钻。为防止埋钻，钻具下至距孔底 0.5 m 时，立即开泵送水，见返水后才能向前钻进。

(3) 预计可能发生有害气体涌出时，要有瓦斯检查工现场值班。钻进中发现有害气体喷出时，用黄泥、木塞封堵孔口。若无法处理，应立即停止钻进，切断电源，将人员撤至新鲜风流巷道内。

(4) 钻孔开孔钻进时，应使用扶钎器扶正钻杆，要轻压慢钻将孔开出。待钻孔深度达 2 m 后，压力、转速再逐步增大，孔深超过 5 m 后，可按正常压力、转速钻进，预防钻孔发生较大偏斜，造成废孔。

(5) 钻进时，班组长要认真观察给排水情况、钻孔内的震动情况，认真观察钻机各部位是否有超温、声音异常等情况，发现问题立即停机处理。

(6) 临时停止钻进，要将钻头退离孔底一定距离，停钻 8 h 以上应将钻杆提出来，以防煤(岩)粉卡住钻杆。

(7) 钻进中一旦发现“见软”“见空”“见水”和变层，要立即停钻，丈量机上余尺并记录其深度，确认钻探层位。在钻进过程中，应保持稳定的钻速和压力，避免突然加速或减速，以防止钻头损坏或孔壁坍塌。

(8) 在钻进中，发现孔内显著变软或沿钻杆流水，都是钻孔接近或进入积水区的象征，此时应立即停钻检查，若孔内水压较大应固定钻杆并记录其深度。在提出钻杆前，必须重新检查和加固有关设备和支护，并打开三通泄水阀，钻进时注意观测涌水量变化，使实际孔深超过设计孔深 1 m 以上，先把孔内积存的岩粉、碎石冲出孔外，然后再提出钻具放水，应测定水位（压）和涌水量大小。

(9) 遇高压水顶钻杆时，用立轴卡瓦和反压装置交替控制钻杆，将其慢慢顶出孔口，操作时禁止人员正对钻杆站立。

(10) 钻孔内水量、水压增大时，应立即停止钻进，但不得拔出钻杆，此时要慎重分析判断，如果不是突水征兆，需继续钻进时，必须采取反压和防喷措施。

(11) 在运输顺槽施工期间，每班必须在刮板输送机机头、机尾或带式输送机机头、机尾各安排专人进行监护，以便在需要开、停刮板输送机或带式输送机时能及时协调联系。

(12) 钻进导向孔时，要安排专人清理孔口岩渣，防止岩渣在孔口囤积，同时严禁金属杂物掉入钻孔。

(13) 钻机调试完毕后严禁油泵反转。安装新油泵、马达或更换油泵、马达内部零部件，必须向壳体内灌满液压油。

(14) 接入液压系统的组件、接头和管路，必须清洗干净，防止杂物进入，损坏液压组件。

(15) 做好液压系统巡回检查，液压系统出现泄漏或其他问题及时通知班组长停机进行处理。

(16) 钻探过程中必须做好煤（岩）粉的处理工作，可增加煤（岩）粉沉淀箱，防止排水泵和排水管路堵塞。

3. 扩孔钻进的操作及注意事项

(1) 向扩孔钻头供高压水，观察扩孔钻头喷出的水是否喷到边刀上，如喷不到要加大水量。检查一切正常后，班组长启动钻机扩孔。

(2) 扩孔开始时应以较小钻压破岩，扩孔钻头全部进入钻孔后再加压正常钻进。

(3) 扩孔过程中所用参数值（钻压、转速）应根据岩性及钻机性能确定，一般不要超过扩孔钻头的允许压力和钻机的额定能力参数值。

(4) 遇到卡钻时,应立即快速下放和旋转钻具,以甩掉卡钻岩石,然后再往返钻进数次。

(5) 若发现钻进速度极慢,加大钻压后仍无提高时,应立即停止扩孔,将钻具提出,进行检查处理或更换扩孔钻头。

(6) 扩孔过程中严禁驱动头反转(卸钻杆除外),并且注意开钻时要先供水后扩孔,停机时先停机后停水。

(7) 卸下的钻杆必须及时清理干净,在丝扣部位涂上专用防锈油,妥善保管。

4. 止水套管安装注意事项

(1) 根据探放水钻孔的深度、地层情况和水压等因素,合理选择套管规格(直径、壁厚)和材质。选择具有足够强度和耐腐蚀性的套管,确保套管在使用过程中不会因外力或环境因素导致变形或破损。

(2) 下套管前须详细检查套管、接头质量和丝扣,不合格者不准使用。事先配好长度并详细记录在班报表内,准备好下套管所用工具,如麻棉线、丝扣油、套管夹板和卡瓦等。

(3) 在下套管过程中,如遇阻力,应缓慢操作,避免猛蹾套管,以免损坏套管或孔壁。如遇卡阻或其他异常情况,应立即停止操作,查明原因并采取相应措施进行处理。

(4) 在套管安装区域内提升钻具时,应保持稳定的速度和力度,避免对套管产生过大的冲击和振动。特别注意防止提钻时带出套管,确保套管在孔内位置稳定。

(5) 在起拔套管时,严禁超负荷操作,以防套管拉断或损坏。如遇套管过长或难以完整起拔的情况,可采用分段切割套管的方法,分段进行起拔操作。

(6) 在整个止水套管安装过程中,应严格遵守安全操作规程,确保工作人员的人身安全和设备的完好。对于可能出现的风险和隐患，应提前进行识别和评估，并制定相应的预防措施和应急预案。在操作过程中，应随时保持与周围人员的沟通，确保信息畅通，及时应对可能出现的突发情况。

(7) 在止水套管安装过程中，应详细记录每一步操作的情况，包括下入深度、遇到的问题及解决措施等。安装完成后，应对套管进行全面检查和耐压试验，确保其安装牢固、密封良好，无泄漏现象。

(8) 当积水为 pH 值小于 5 的酸性水且放水时间又较长时，孔口安全装置应涂敷防腐漆或沥青，以防腐蚀，必要时用铜或不锈钢材料制造孔口安全装置。

(9) 选择煤(岩)坚硬完整处开孔，孔径应比孔口管直径大 1～2 级，钻至预定深度后，将孔内冲洗干净。

(十二) 钻机的维护保养

钻探设备维护保养应做好以下几点：

(1) 井下钻探设备实行挂牌管理，落实责任和人员，经常检查和维修，保证钻探设备的正常运转；凡井下长时间不用的钻探设备应及时升井检修，以利备用。

(2) 必须使用液压油，不得使用其他油代替，以免影响液压元件的寿命。

(3) 在井下不许打开油箱和随便拆卸液压元件，以免混入脏物。

(4) 定期检查液压油的污染和老化程度，超过规定应及时更换。

(5) 机身导轨表面应在每次起下钻前加注润滑油，夹持器滑座部位也应经常加注润滑油。

(6) 有链传动机构的，每班均应在链轮、链条处加注润滑油。

(7) 钻机应经常清扫、擦洗、保养，以防锈蚀。长时间不用时，须在清洁后将运动部位涂以黄油包好。

(8) 钻探设备工作 3 个月以上时(或者在阶段探放水作业之

间)，必须按使用说明书要求进行检修；需要更换备件时，班组长应提出名称、型号、数量报请有关部门购买更换。

(十三) 开停机的组织管理

1. 现场准备

(1) 制定严格的操作规程：确保所有操作人员都能熟练掌握开停机的操作流程，包括开机前的准备工作、开机顺序、停机条件等。

(2) 环境评估：在开始探放水作业前，对作业现场进行环境评估，了解地质条件、水源分布、潜在风险等，确保作业安全。

(3) 设备检查：检查探放水设备是否完好，包括钻机、水泵、水管、电线等，确保设备处于良好的工作状态。

(4) 设置安全设施：确保现场有完善的安全设施，如排水沟、水仓、警示标志等，以便应对可能出现的紧急情况。

2. 开停机操作

(1) 开机准备：在开机前，对所有设备进行检查和调试，确保设备能够正常运行。同时，检查排水系统是否健全完善，确保能够及时排出涌水。

(2) 开机顺序：按照操作规程进行开机操作，先开启排水系统，再启动探放水设备。在开机过程中，要密切注意设备的运行状态，确保设备正常运行。

(3) 停机条件：当遇到紧急情况或设备故障时，应立即停机。同时，在探放水作业完成后，按照操作规程进行停机操作，关闭所有设备和排水系统。

3. 现场监控与记录

(1) 现场监控：在探放水作业过程中，安装井下工业视频进行全过程、全方位现场监控，确保所有操作都符合规程要求。同时，要注意观察出水情况，及时采取措施应对可能出现的紧急情况。

(2) 记录与报告：对探放水作业的开停机情况进行详细记录，包括开停机时间、原因、处理措施等。同时，定期向地测部门报告作业情况，以便及时分析和改进。

4. 安全管理

（1）制定安全制度：制定严格的安全管理制度，确保探放水作业安全，包括人员安全、设备安全等。

（2）安全培训：对探放水作业人员进行安全培训，提高安全意识、操作技能和业务水平。同时，要定期进行应急演练，提高应对紧急情况的能力。

（3）安全检查：定期对探放水作业现场进行安全检查，发现并及时消除安全隐患。同时，对设备进行定期维护和保养，确保设备的安全运行。

（4）编制应急预案：针对可能出现的故障和异常情况，建立应急预案，确保能够及时处理问题、降低影响。

5. 沟通协调

（1）与其他部门沟通：加强与其他相关部门的沟通协调，确保探放水作业的开停机与生产计划、设备维护等工作相协调。

（2）信息共享：建立信息共享机制，及时传递作业现场的最新信息，以便相关部门及时了解和掌握作业情况。

## 二、劳动组织与管理

在探放水作业中，有效的劳动组织与管理能够确保作业的高效进行，提高生产效率，同时保障作业安全。班组长应根据实际情况灵活调整劳动力，确保团队成员能够充分发挥潜力，共同完成探放水任务。

### （一）作业组织

（1）明确岗位职责，在探放水作业团队中，应明确每个人的岗位职责，包括探放水工、电工、设备操作员等。每个成员都应清楚自己的工作任务和安全责任，确保作业过程中的协同配合。

(2) 了解劳动力需求。班组长应首先了解当前探放水作业的具体需求，包括作业量、作业难度、作业时间等因素，根据作业需求，评估所需劳动力的数量、技能和经验要求。

(3) 班组长应对班组内的成员进行详细的了解和分析，包括他们的技能水平、工作经验、身体状况等。根据成员的特点和优势，将他们分配到最适合的岗位上，以充分发挥他们的潜力。

(4) 在探放水作业过程中，可能会出现一些不可预见的情况，如作业难度增加、设备故障等，班组长应根据实际情况，动态调整劳动力，确保作业能够顺利进行。对于工作负荷过重的成员，应及时调整他们的任务，避免过度疲劳影响工作效率和安全。

(5) 在调配劳动力的过程中，班组长应始终关注成员的健康和安全。确保他们佩戴合适的防护用品，遵守安全操作规程；对于身体不适或情绪低落的成员，应及时给予关心和帮助，确保他们的身心健康。

(二) 作业流程管理

(1) 制定详细的作业流程：在作业前，制定详细的作业流程，明确每个作业步骤的具体要求和注意事项。确保作业人员能够按照流程进行作业，减少操作失误和安全事故的发生。

(2) 加强现场监督：在作业过程中，加强现场监督和管理。安全员应定期检查作业现场的安全情况，及时发现和处理安全隐患。同时，对作业人员的操作进行指导和纠正，确保作业过程符合规范要求。

(3) 建立作业记录制度：建立作业记录制度，记录作业过程中的各项数据和信息，包括钻孔参数、钻孔质量、设备运行情况等。通过对作业记录的分析和总结，可以了解作业效果和存在的问题，为后续的改进提供依据。

(4) 实施风险管理：对探放水作业过程中可能存在的风险进行

识别、评估和控制。制定相应的风险管理措施和应急预案，确保在发生异常情况时能够及时应对和处理。

## 三、安全生产管理

### （一）安全制度的执行

（1）根据煤矿探放水作业的实际情况，建立健全安全管理制度，明确各级管理人员和操作人员的安全职责，确保每个人都清楚自己的安全责任，包括作业操作规程、安全检查制度、隐患排查制度、作业流程、设备使用、个人防护、应急处置等。通过制度约束，规范作业人员的行为，降低安全风险。

（2）定期对作业人员进行安全教育培训，确保作业人员熟悉安全操作内容，掌握安全操作规程和应急处置方法，提高安全意识和操作技能。培训内容应包括安全知识、操作规程、应急处置等方面。

（3）设立安全监管部门或指定专人负责安全管理，确保安全制度得到有效执行。严格执行安全奖惩制度，对违反安全规定的行为进行严肃处理。

### （二）安全检查与隐患排查

1. 加强现场安全检查和隐患排查，及时发现和处理安全隐患

（1）定期检查：按照规定的周期对探放水作业现场进行安全检查，包括设备、环境、操作等方面。

（2）专项检查：针对探放水作业的特殊性和风险点，开展专项安全检查，如防水设施、排水系统等。

（3）隐患排查：对检查中发现的隐患进行及时排查，制定整改措施并跟踪落实，确保隐患得到及时消除。

（4）整改复查：对整改后的隐患进行复查，确保整改措施得到有效执行，隐患得到彻底消除。

2. 施工过程隐患排查

（1）孔内事故预防

严格执行钻具检查制度，做到钻具三不下：

① 钻具磨损超过规定不下（直径 63.5 mm 钻杆磨损不得超过 3.5 mm；直径 50 mm 钻杆磨损不得超过 3 mm；直径 42 mm 钻杆磨损不得超过 2.5 mm；岩芯管壁厚磨损不得超过 1/5）。

② 各种接头及其连接部分丝扣不在中心线上，丝扣不合格不下。

③ 钻杆严重弯曲不下（直径 50 mm 钻杆每米弯曲不得超过 3 mm；岩芯管每米弯曲不得超过 2 mm）。

在水平孔钻进中，起下钻具必须单根拧卸，不准两根以上同时卸。

封孔下木塞时，不准用异径接头直接下压木塞，以防超过木塞而卡住钻具。

(2) 孔内事故处理

① 孔内事故发生后，班组长必须认真丈量机上余尺，详细分析和记录孔内情况，并将事故情况向队长汇报，待方案确定后方可处理。处理事故过程中，班组长必须亲自操作，并做到“三清、二慎、一勤、一稳”。三清：事故深度要清，孔内钻具要清（规格、种类、数量），事故部位和孔壁的稳固程度要清。二慎：慎重决定事故的处理方法，慎重选择打捞工具。一勤：勤召开研究会，分析事故变化情况。一稳：升降钻具要稳。

② 在处理孔内事故前，应认真检查钻机、天轮及提升系统是否完好，发现不合格时应及时处理解决。

③ 处理孔内钻具时，遇到下列情况之一时，必须使用安全接头：a. 钻具丝扣过紧；b. 钻具多头“插蜡”；c. 钻孔冲洗液中的岩粉发生沉淀。

④ 矢锥下到一定深度与断在孔内的钻具接触后，应先用钳子慢慢转动钻具，如上部钻具过重，应当减压上扣。在处理过程中应送

水循环，提升钻具前，应先稍提一下，检查丝扣是否拧紧，提升钻具时要稳，避免撞击震动以防钻具脱落。

⑤ 在处理钻具折断事故、跑钻事故时，所下矢锥在对上钻具后应立即提钻，严禁带锥钻进或套取岩芯。

⑥ 孔内发生卡钻时，不准超负荷强行扭转钻具，也不准超负荷强行提拔。

⑦ 利用液压油缸提拉钻具时，不准同时用卷扬机提拉。

⑧ 在处理孔内事故时，应有专门事故记录，详细记录发生事故的原因和性质、处理的方法和步骤、所用的工具和钻具的组配及数量，以及处理的时间和效果，并画出孔内事故示意图。

(三)“三违”行为的防治

据不完全统计，90%以上的事故是由于人的“三违”行为导致的，因此加强生产过程中班组的“三违”防治工作，是安全生产的基础。

1. 班组现场反“三违”行为管理措施

(1) 查思想。生产作业中，关注职工的思想变化，看有没有存在思想问题的职工，一旦发生职工有思想问题，要及时疏导教育，使其保持良好的思想状态。

(2) 查行为。生产作业中，注意观察职工的行为，发现有不安全行为的职工，要及时制止和教育其改正不安全行为，引导职工按照作业规程和操作规程作业。

(3) 查管理。生产作业中，矿领导或管理部门人员检查现场管理情况，看是否有管理混乱、违规生产情形，杜绝违章指挥。

2. 常见的“三违”行为

(1) 违章作业

① 在有突水威胁区域进行采掘作业未按规定进行探放水，而盲目安排生产。

② 采掘工作面接近井田边界、老窑、采空区、含水层、导水断层等附近时，未采取超前探测措施。

③ 有明显透水征兆未撤出井下作业人员，未及时采取措施而继续作业。

④ 未按规定留设防隔水煤柱，或擅自开采各种防隔水煤柱。

⑤ 井下探放水工程不按批准的设计和安全技术措施施工。

⑥ 未按设计要求，且又未编写特殊安全技术措施，或未通过测量人员挂线，私自开口施工。

⑦ 设备不完好时进行钻探作业。

⑧ 在进行水平或斜孔钻探时，操作人员站在与孔内钻具成一直线的位置。

⑨ 承压水区域进行钻探作业而现场无堵水材料。

(2) 违章指挥

违反《煤矿安全规程》和安全生产的有关规定，盲目指挥生产，如为了超产量、赶进度，让工人简化作业工序、违章操作等。

(3) 违反劳动纪律

违反企业制定的有关规章制度，如井下吸烟、睡觉，晚下井而早上井，擅离职守，脱岗等行为。

## 四、突发情况的应急处置

### (一) 发生灾害时班组长的职责和权力

1. 职责

(1) 全面指挥避险救灾：班组长作为现场主要负责人，需要全面指挥避险救灾工作。这包括观察事故的性质、范围和发生原因等情况，并采取相应的措施。

(2) 组织自救互救工作：班组长需要带领全班组人员开展自救、互救工作，尽可能减少事故扩大和人员伤亡。

(3) 及时报告灾情：班组长需要及时向矿调度室报告灾情，包括事故的性质、严重程度等，以便调度室能够迅速做出决策，组织救援力量。

(4) 查点现场人数：在灾害发生后，班组长需要查点现场人数，确保所有工人都已经被疏散到安全地点。

(5) 完成安全撤离任务：班组长需要听候指挥部命令，完成安全撤离任务，确保所有工人都能够安全撤离。

2. 权力

(1) 决策权和指挥权：在灾害发生时，班组长拥有第一时间下达停产撤人命令的决策权和指挥权。他需要迅速做出决策，指挥工人撤离现场，确保工人的生命安全。

(2) 应急处置指挥权：班组长在灾害现场拥有应急处置指挥权，他需要根据灾害情况采取相应的应急措施，组织工人进行自救、互救工作。

(3) 紧急避险权：在灾害发生时，如果情况危急，班组长有权采取紧急避险措施，确保工人的生命安全。

(二) 现场应急措施

矿井发生突水事故时，要根据灾情迅速采取以下有效措施进行紧急避险：

(1) 现场人员应立即避开出水口和泄水流，按照突水事故避灾路线，迅速撤离灾区，通知井下其他可能受水害威胁区域的作业人员，并向调度室报告。如果是老空水涌出，巷道有毒有害气体浓度增高，撤离时应佩戴自救器。在未确定所在地点空气成分能否保障人员生命安全时，禁止任何人随意摘掉自救器的口具和鼻夹，以避免中毒窒息。

(2) 在突水迅猛、水流急速，来不及转移躲避时，要立即抓牢棚梁、棚腿或其他固定物体，防止被涌水冲倒或冲走。

(3) 在无法撤至地面时，应迅速往突水地点以上水平，进入避难硐室、拐弯巷道、高处的独头上山或其他地势较高的安全地点，等待救援人员营救，严禁盲目潜水等冒险行为。

(4) 在避灾期间，遇险矿工要保持镇定、情绪稳定、意志坚强，要做好长时间避灾的准备。班组长和经验丰富的工人应组织自救、互救，安排人员轮流观察水情，监测气体浓度变化，尽量减少体力和空气消耗。要想办法与外界取得联系，可用敲击等方法有规律地发出呼救信号。

(5) 井下发生突水事故后，绝不允许任何人以任何借口在不佩戴防护器具的情况下冒险进入灾区，否则，不仅达不到抢险救灾的目的，反而会造成自身伤亡，扩大事故。

(6) 水害事故发生后，现场及附近地点工作的人员在脱离危险后，应在可能情况下迅速观察和判断突水的地点、涌水的程度、现场被困人员的情况等，并立即报告矿调度室。同时，应利用电话或其他联络方式及时向下部水平和其他可能受到威胁区域的人员发出警报通知。

（三）撤离现场的注意事项

(1) 撤离前，应当设法将撤退的行动路线和目的地告知矿调度室。

(2) 在条件允许情况下，应迅速撤往突水地点以上水平，尽量避免进入突水点附近及下方独头巷道。

(3) 行进中应靠近巷道一侧，抓牢支架或其他固定物体，尽量避开压力水头和泄水主流，并注意防止被水中的矸石和木料撞伤。

(4) 如因突水破坏了巷道中的照明设备和指路牌而迷失行进方向，遇险人员应朝着风流通过的上山巷道方向撤退。

(5) 在撤退沿途和所经过的巷道交叉口，应留设指示行进方向的明显标志，以提示救护人员注意。

(6) 撤退巷道如是竖井，人员需从梯子间上下时，应维持好次序，不要慌乱和争抢。行动中手要抓牢，脚要踩稳，切实注意自己和他人安全。

(7) 撤退中，如因冒顶或积水造成巷道堵塞，可寻找其他安全通道撤出。在唯一出口被堵塞无法撤退时，应组织好灾区避灾，等待救护人员营救，严禁盲目潜水等冒险行为。

## 第四节　交　班

### 一、交班准备、内容与要求

交班是一项重要的任务，需要把当班的多项工作内容整理清楚，然后进行面对面的现场交接，并且等待接班人员对交接的各项基本情况确认之后最终在交接班记录上双方签字之后才算结束。

(一) 交班准备

交班的主要准备工作如下：

(1) 检查设备：班组长应在下班前 1 h，对所属的设备、管线、阀门、仪表等进行全面检查，发现问题及时解决，不得拖延给下一班。

(2) 清理工作现场：交班前 30 min，由操作工擦拭好本岗位的机器、电器仪表，清扫工作现场，检查工具、仪器、防护用品、消防器材等，做好岗位交班前的准备工作。

(3) 整理工作记录：交班前，班组长需要整理当班的工作记录，包括生产情况、设备运转情况、事故处理情况、设备检修情况等，确保记录真实、准确、完整。

(二) 交班内容和程序

现场交班主要按照以下程序和内容进行：

(1) 现场交接班：交班班组长需要在现场对当班的生产情况、设备情况、安全情况、领导有关指示，以及上一班未完成的工作任务、设备存在的故障、未处理的安全隐患、存在的问题等特殊情况向接班班组长进行全面交接。

(2) 确认交接事项:接班班组长需要对交班班组长交代的各项事项进行确认,如果有不清楚或不明白的地方,需要及时向交班班组长询问。

(3) 签字确认:交接班双方要按照交接班规定项目逐项检查,并在交接票上互相签字,若有异常,两班协调解决,解决不了及时汇报。只有接班班组长确认了所有交接内容并签字,交班班组长的工作才算完成。

(三) 交班要求

交班要执行"十交、六不交"的相关要求:

(1)"十交"是指交班前应确认以下工作情况:① 本班生产情况;② 执行情况和存在问题;③ 事故原因和处理情况及处理结果;④ 设备运转和维护保养情况;⑤ 仪器、仪表、工具的保管和使用情况;⑥ 记录表的填写情况;⑦ 作业环境安全状况;⑧ 跑、冒、滴、漏及机械用油情况;⑨ 安全生产情况;⑩ 领导的指示。

(2)"六不交"是指:① 不符合安全条件不交;② 设备保养不好不交;③ 事故原因查不清不交;④ 工具不全不交;⑤ 记录表不齐全、不整洁不交;⑥ 设备及环境卫生不清洁不交。

## 二、交班注意事项

(1) 交接班人员必须在井下指定地点、指定时间交接班,认真填写交接班记录,做到内容齐全、字迹工整、清晰。

(2) 交接班人员应在交接班前 15 min 到达现场。

(3) 交接班时,必须将当班情况交接清楚,并由交班人填写交接记录,接班人同意后接班并签字,严格按照规定内容认真进行检查,交班做到"完全彻底",接班做到"心中有数"。

(4) 交班中发生的问题由交班人员负责,交班后出现的问题由接班人员负责。

（5）在规定的交接班时间内，如接班人员未到，交班人员有权汇报队值班领导，并坚守岗位；交接班人员未办理手续，不得擅自离开岗位。

（6）交班不仅是传递信息的过程，也是班组之间沟通协作的机会。本班班组长应积极与下一班次班组长进行沟通，确保工作的连续性和安全性。必须组织班组成员进行现场交接，严格执行交接班制度，力争做到交接班时不停钻，以防止发生孔内事故，确保工作的顺利进行。

（7）交班人与接班人在现场交接后，必须同时向调度和队部值班领导汇报交接情况。

通过以上步骤和注意事项，可以确保地质防治水班组长交班工作的顺利进行，保障生产的安全和稳定。同时，也有利于接班班组长更好地了解生产情况，做好下一步的工作计划。

# 第十一章 探放水作业安全风险分级管控与隐患排查治理

## 第一节 探放水作业风险与管控措施

### 一、危险源的概念

危险源是可能导致人身伤害或健康损害的根源。比如煤尘、瓦斯、地下水、运转的机械、噪声、顶板等，这些危害因素都可能导致人身伤害或健康损害，我们把这些危害因素称为危险源。

### 二、风险的概念

风险是危险源发生危害的可能性和严重性的组合，也就是危险源发生危害的概率是大还是小，导致的后果是否严重，如果发生概率大、导致的后果严重，那么我们就说风险大；如果发生的概率很小、导致的后果不严重，那我们就说风险小。在煤矿作业中，存在着各种各样的风险。例如，探放水钻机是危险源，运转的探放水钻机有伤人的风险；顶板是危险源，顶板具有垮落、掉矸石伤人的风险；煤尘是危险源，煤尘可能导致爆炸、尘肺、损坏设备的风险。

### 三、风险控制方法

煤矿风险预控管理体系的基本内涵，是指在煤矿整个系统中，对煤矿各个生产系统、生产环节中的各种危险源进行预先辨识，对各种风险进行评价分析，继而采取有效措施，消除、减少和控制风险，并在一定经济、技术条件下，通过“人、机、环、管”(即人员、设备、环境、管理)的最佳匹配,防止风险转化为事故,实现本质安全,做到安全生产。

煤矿作业现场风险预控,可以从以下几个方面进行控制:

(1) 提高安全意识和安全素质。员工按规定参加安全培训,贯彻落实"以人为本"的指导思想,通过安全培训,提高煤矿从业人员的安全意识和技术水平,变"要我安全"为"我要安全"。

(2) 落实各项规章制度。主要以各种制度规范煤矿从业人员的行为,如操作人员的手指口述,现场班组长验收签字,安全检查等。

(3) 落实操作程序。在现有安全技术操作规程的基础上,对每一个工种作业中的每一道工序,都制定出详细的操作程序,不论任何人,在同一岗位上完成某一工序时,都按照规定的操作程序执行,这就避免了违章操作和误操作的发生,在很大程度上减小了风险发生的可能性。

(4) 执行操作标准。以《煤矿安全规程》、安全技术操作规程为依据,对每一项工作都制定出操作标准,提高操作水平,降低事故发生的概率。

## 第二节 探放水作业隐患与排查治理措施

### 一、隐患的概念

隐患是指人的不安全行为、物的不安全状态、管理上的缺陷和环境的不安全因素,隐患就是不安全、缺陷状态,具有不确定性,如果不对隐患进行整改,就容易引发事故。例如,运转的探放水钻机有伤人的风险,而人员违章进入运转探放水钻机工作范围内工作就是隐患;顶板具有垮落伤人的风险,而支护不良就是隐患;煤尘具有爆炸的危险,而喷雾降尘、除尘措施不完善就是隐患。隐患可以理解成不到位的风险防控措施，它会让风险失控，让风险往不好的方向倾斜，最终导致事故的发生。

从煤矿井下的工作实际来看，危险源是无处不在的，只有通过排查和治理隐患，让人与各种危险源隔离开，才能大幅度降低事故发生的概率和事故发生导致的严重程度。

按照可能造成的严重后果和治理难度将隐患分为一般事故隐患、重大事故隐患两类。① 一般事故隐患是指危害和整改难度较小，发现后能够立即整改排除的隐患。② 重大事故隐患是指危害和整改难度较大，应当全部或者局部停产停业，并经过一定时间整改治理方能排除的隐患，或者因外部因素影响致使生产经营单位自身难以排除的隐患。

## 二、班组隐患排查治理措施

作业现场的隐患排查治理是围绕消除人的不安全行为、物的不安全状态、管理上的缺陷和环境的不安全因素展开的，针对作业中的常见事故隐患，可以采取以下治理措施：

(1) 规范操作人员的安全行为，结合班组的具体情况，以及国家的法律法规、相关规定和标准，制定规章制度和操作规程。

(2) 正确穿戴和使用劳动防护用具、用品。

(3) 严格执行《煤矿安全规程》、安全技术操作规程、作业规程的相关规定。

(4) 加强对作业场所的安全检查，及早发现问题，及时妥善地整改。

(5) 加强生产设备管理，尤其是设备的防爆管理，按规定做好设备和安全设施、防护装置的维护保养，使之始终保持完好状态。

(6) 保证各种保护和监测系统灵敏、可靠，井下设备、电缆完好。

(7) 设备布置、物料码放要尽可能地科学合理，保持安全通道畅通。

(8) 及时清扫垃圾、废料,整理现场的原材料、产品和工具。

(9) 班组在生产作业前由当班班组长负责组织进行一次现场事故隐患排查和安全确认,排查出的事故隐患必须做好记录并告知现场其他相关人员。

(10) 排查出的事故隐患由当班班组长立即组织人员进行整改,并负责督办和验收,同时做好登记。

(11) 对当班无法整改、没有整改结束的事故隐患及重大事故隐患,由当班班组长汇报区队值班队干,由区队组织人员进行治理或上报,并在交接班期间相互交接清楚。

(12) 职工到岗后开始作业前,必须首先进行事故隐患排查工作,对本岗位危险因素进行一次安全确认,在作业过程中随时排查事故隐患,发现危及人身安全的事故隐患时必须立即停止作业,排查出的事故隐患必须做好登记。

(13) 对能够立即治理的事故隐患,岗位工必须立即进行整改,并由下一班岗位工或当班班组长以上人员进行验收;对不能立即治理的事故隐患应报告当班班组长或跟班队长,由班组长或跟班队长组织人员进行整改,并负责督办和验收;对当班班组无法整改、没有整改结束的事故隐患由班组长或跟班队长汇报区队,由区队值班队干或队长组织治理或上报,并由岗位工在交接班期间相互交接清楚。

## 第三节　探放水作业常见风险隐患排查与治理

探放水作业常见风险隐患排查与治理措施见表 11-1。

**表 11-1　探放水作业常见风险隐患排查与治理措施表**

| 序号 | 风险隐患内容 | 治理措施 |
| --- | --- | --- |
| 1 | 钻探设备安装、移动不规范：钻机移动不规范或未按规定安装钻机造成挤伤、碰伤，或钻机侧翻伤人 | 制定明确的钻探设备安装、移动操作规程，确保所有操作人员都知道如何正确、安全地进行安装和移动。对操作人员进行专业培训，让他们熟悉钻探设备的结构、性能、安全要求及正确的安装、移动方法。在安装和移动过程中，要采取必要的安全防护措施，如佩戴安全帽、手套、防滑鞋等，防止操作人员受伤 |
| 2 | 操作不规范：探放水工未取得特种作业操作证上岗，在操作钻机时可能因操作不当导致设备损坏或引发安全事故；钻孔未见返水先进行钻进，容易堵钻 | 探放水工必须经过专业技术培训，取得特种作业操作证方可上岗，提高钻机操作水平和安全意识，确保操作规范 |
| 3 | 钻探设备维护不到位：探放水设备可能因长时间使用、维护不当等原因导致设备老化、损坏，影响探放水效果和安全 | 定期对探放水设备进行维护和保养，确保设备处于良好状态，提高探放水效果和安全性 |
| 4 | 钻探设备检查不全面：钻机、钻杆、钻头、电缆等可能存在损坏或老化，控制把手失灵，油管不完好，未经检查就使用可能导致故障或安全事故。例如，钻杆丝扣不完好，容易造成掉钻杆事故 | 操作前对设备进行全面检查，确保设备完好、安全可靠 |

表 11-1(续)

| 序号 | 风险隐患内容 | 治理措施 |
| --- | --- | --- |
| 5 | 作业现场安全检查不到位：探放水作业前未执行敲帮问顶制度，或在空顶或工作面支护不完好的工作面作业，发生冒顶、片帮等顶板事故，造成人员伤亡和设备损坏 | 钻探作业前必须执行敲帮问顶安全确认工作，对顶帮支护认真检查，严禁空顶作业，确认安全后方可开机作业；发生冒顶、片帮等安全事故时，严格按照避灾路线有序撤离至安全区域并向矿调度指挥中心汇报 |
| 6 | 执行不到位：探放水钻孔参数未按照设计进行施工，或发现重大异常情况未采取措施，可能引发水灾事故 | 严格按照探放水设计施工，保证施工质量满足设计要求，发现重大异常情况及时采取措施 |
| 7 | 未按要求安装孔口管：探放水过程中，对水压较大的地区未进行耐压试验，或孔口管和控制闸阀安装不牢固，钻孔内水压过大可能造成安全事故 | 预计水压较大的地区，探水钻进之前必须先安装好孔口管和控制闸阀，进行耐压试验，达到设计承受的水压后方可继续钻进。特别危险的地区应有躲避硐室，并规定避灾路线 |
| 8 | 应急处置不到位：探放水过程中，未对煤岩松软、片帮、来压或钻孔中的水压、水量突然增大等异常情况及时处理，可能引发安全事故 | 钻进时，发现异常情况必须立即停止钻进，但不得拔出钻杆，现场班组长应立即向矿调度室报告，并派人监测水情。如果发现情况危急时，必须立即撤出所有受水害威胁地区的人员，然后采取措施进行处理 |
| 9 | 安全环境评估不足：井下环境复杂，未对工作环境进行充分评估，如瓦斯浓度、煤尘、有害气体等，可能导致中毒、爆炸等事故 | 对工作环境进行充分评估，在探放水过程中，安排专人对井下环境进行实时监测，包括瓦斯、一氧化碳等有害气体的浓度，确保安全后方可进行作业 |

表 11-1(续)

| 序号 | 风险隐患内容 | 治理措施 |
| --- | --- | --- |
| 10 | 水害分析不全面：煤矿水文地质条件复杂，水害分析不全面，可能存在突水、透水等水害威胁，给探放水工作带来极大风险 | 在探放水前，进行详细的水文地质勘探工作，了解地质构造、水文地质条件等，制定科学合理的探放水方案 |
| 11 | 安全培训不足：操作人员未接受足够的培训，安全培训不到位，对安全操作规程不熟悉，可能导致误操作或安全事故 | 加强安全培训，同时定期对探放水工进行专业技术培训，提高操作人员的安全意识和操作技能 |
| 12 | 操作人员情绪状态不佳：当操作人员心情不好时，他们可能缺乏专注力、判断力下降，甚至产生消极怠慢的情绪，这些都可能增加事故的风险 | 班组长应加强与操作人员的沟通，了解他们的困难和需求，及时提供帮助和支持。根据操作人员的身体和心理状况，合理安排工作任务和休息时间，避免过度劳累。如果发现某个操作人员的情绪持续低落或无法适应工作要求，应及时调整其工作岗位或进行休假调整 |
| 13 | 润滑与油量不足：钻机在缺油状态下运行，可能导致机械部件磨损加剧，甚至引发故障 | 定期检查并补充润滑油，确保钻机在良好润滑状态下运行 |
| 14 | 钻头状态不佳：钻头损坏严重但未及时更换，会影响钻进效果，甚至损坏钻机，发生孔内事故 | 定期检查钻头状态，打钻前必须查看钻头是否完好，及时更换损坏的钻头 |
| 15 | 水源准备不充分：水量小或压力不够，可能导致钻进困难，甚至损坏设备 | 确保水源充足且压力稳定，以满足钻进需求 |

表 11-1(续)

| 序号 | 风险隐患内容 | 治理措施 |
|---|---|---|
| 16 | 人员站位不当:钻进过程中人员距离钻机较近或站在钻机后面,可能被飞溅的碎片或钻杆伤害。加、取钻杆时,人员站位不正确,造成人员受伤 | 钻进过程中要确保人员保持安全距离,并佩戴好个人防护装备。加、取钻杆时,必须严格按操作规程进行,操作钻机人员和加、取钻杆人员,必须协调配合,人员必须使用专用工具取下注水器,钻杆转动时手指严禁接触钻杆,人员严禁站在钻杆后方作业 |
| 17 | 注意力不集中:操作过程中人员注意力不集中,可能导致误操作或安全事故 | 提高操作人员的专注度,避免疲劳和分心导致的误操作 |
| 18 | 开机顺序有误:不按照规定的开机顺序操作,可能导致设备损坏或安全事故 | 严格按照规定的开机顺序操作钻机 |
| 19 | 电气设备故障:电缆老化、破损、接触不良等电气设备故障可能导致触电事故。电气设备过载运行或发生短路时,可能产生高温、火花,引发火灾或爆炸 | 制定电气设备维护计划,定期对设备进行检查、清洁、紧固等维护工作。安装过载和短路保护装置,如断路器、熔断器等,确保设备在过载或短路时能够及时切断电源 |
| 20 | 停机操作不当:操作人员听到停机口号后不立即停机,可能导致安全事故 | 严格按照停机操作流程进行操作,确保设备安全停机 |
| 21 | 现场清理不彻底:作业现场未进行彻底清理,可能存在安全隐患 | 作业结束后进行彻底清理,确保现场整洁无隐患 |

表 11-1(续)

| 序号 | 风险隐患内容 | 治理措施 |
| --- | --- | --- |
| 22 | 钻孔误揭露采空区:有毒有害气体异常涌出,可能造成人员中毒 | 穿透采空区后,如孔内无水流出,经瓦斯检查工检查有害气体涌出时,必须立即停止钻进,用木塞或黄泥封闭钻孔。如人员出现有害气体中毒,应迅速将遇险人员搬运至通风良好、支护完好地点,进行紧急救治 |
| 23 | 卡钻:钻杆钻进过程中负荷增大,钻杆受阻力影响出现卡钻现象 | 出现卡钻现象,应停止钻进,减小压力,调节转速手轮,慢转,观测供水压力,正转慢退,冲出煤渣,卡钻时切勿反转、硬拉钻杆。继续钻进前,检查压力正常、返水正常,方可恢复正常钻进 |
| 24 | 顶钻:钻进过程中钻进速度明显缓慢,压力增大,出现顶钻现象 | 出现顶钻,严禁强行钻进,应调节钻速,试探钻进或缓慢钻进,调节钻速和旋转速度,如长时间无法钻进时应退出钻杆,进行封孔报废 |
| 25 | 避灾路线不畅通:存在严重安全隐患,可能会导致人员在灾害发生时无法及时撤离 | 在进行探放水作业前,应预先规划好避灾路线,确保路线畅通无阻。定期对避灾路线进行检查,确保路线畅通,无障碍物、积水或其他安全隐患。考虑到可能出现的复杂情况,应规划备用避灾路线,以备不时之需 |
| 26 | 排水系统不完善:可能导致积水无法及时排出,从而增加事故风险 | 在探放水作业前,应对排水系统进行全面评估和设计,确保其能够满足作业需求;对排水设备进行维护保养,确保其正常运行,能够及时排出积水;针对可能出现的排水系统故障或突发事件,制定详细的应急预案 |

**表 11-1(续)**

| 序号 | 风险隐患内容 | 治理措施 |
| --- | --- | --- |
| 27 | 交接班不清：在交接班时未将安全注意事项和设备状态交接清楚，可能导致下一班次操作失误或安全事故 | 在交接班时详细讲清楚安全注意事项和设备状态，确保下一班次能够安全、准确地操作钻机 |
| 28 | 劳保用品使用不当：操作人员未系好衣领、袖口，可能造成高速旋转的钻机绞伤人员 | 未按要求佩戴劳动防护用品，不得入井上岗作业 |

总之，煤矿井下探放水现场操作存在众多风险点，需要在探放水过程中及时发现和处理潜在的安全风险，采取一系列详细的管控措施，以确保安全。

# 第十二章　地质防治水作业典型事故案例分析

## 案例一　某煤矿“1·27”较大老空水害事故

**【事故经过】**

2023年1月27日4时38分许，某煤矿ZF1212掘进工作面迎头发生一起较大水害事故。事故发生在3#煤层ZF1212掘进工作面迎头，3#煤厚4.2～6.1 m，过去沿顶板采煤后形成诸多采空区，采空区存有积水。事故造成4人死亡，直接经济损失876.12万元。

**【事故原因】**

1. 直接原因

经综合分析认定：某煤矿在未消除复采区域水害事故隐患的情况下安排掘进ZF1212巷，超前钻探（长探）违反《煤矿安全规程》，逐班探测（短探）违反作业规程，前方积水未探明，危险掘进，受老空水的长期浸泡和爆破对围岩（煤）的破坏，并叠加采场应力与水压力耦合的影响，3#煤上部老空水突破厚度有限的煤壁瞬间溃入工作面，造成4人遇难，是本起事故的直接原因。

2. 间接原因

(1) 某煤矿重生产、轻安全；防治水工作责任层层悬空，管理混乱；煤矿隐患排查流于形式，现场安全监督形同虚设。

(2) 对老空水危害性缺乏警惕性。复采区域开采方法多（刀柱、高落式、分层开采），老空区分布复杂，不仅有顶部老空，还有相邻老空，风险辨识不清，评估管控不到位，在探水发现异常情况（112 m处钻探过程中钻井液漏失、卡钻)、未按设计数量完成钻探任务的条件下,下达允许掘进通知单,说明从安全意识上未认识到老空水的严重危害性。

**【防范措施】**

(1) 严格落实煤矿老空水防治“四步工作法”(查全、探清、放净、验准),强化探放水现场管理。物探数据要真实可靠,确保起到预警效果,钻探设计要符合《煤矿防治水细则》要求,探水钻孔要按设计施工,杜绝缺孔少钻,严格单孔验收和探水验收移交,确保探放水制度落到实处。

(2) 认真落实煤矿主体责任,增强责任意识,理顺煤矿安全管理体制,强化煤矿安全管理工作,确保制度落实到现场,杜绝违章指挥,做到层层有责、层层负责、层层尽责。

(3) 进一步加强职工安全教育培训,提升员工素质,增强员工安全风险辨识能力,提升应急处置能力,切实做到发现事故征兆能够迅速撤离,保证安全。

## 案例二　某煤矿“4·10”重大透水事故

**【事故经过】**

2021 年 4 月 10 日 18 时 11 分,某煤矿井下 B4W01 回风顺槽掘进工作面发生老空区积水透水事故。当班井下 29 人,安全升井 8 人,21 人被困井下。经抢险救援搜救出遇难者 20 人,1 人失踪,造成重大经济损失和人员伤亡。

**【事故原因】**

1. 直接原因

当 B4W01 工作面回风顺槽掘进至 1 056.6 m(平距)时,接近相邻煤矿 1 号废弃轨道上山,两巷之间的煤柱仅有 1.8 m。由于掘进采动扰动，在老空水压力和采动矿压作用下，相邻煤矿老空水突破有限煤柱，通过1号废弃轨道上山溃入该矿B4W01工作面回风顺槽，造成重大透水淹井事故。

2. 间接原因

(1) 企业防范重大风险意识不强，对重大水害隐患认识不足。思想上对老空水重视不够，只关注本井田内采空区，忽视井田周边已经关闭的小煤矿，对其是否越界以及采空区范围积水情况重视不够，心存侥幸。B4W01工作面回风顺槽掘进接近井田边界时，对相邻煤矿采空区内大量积水未彻底查全、探清。

发现和解决根本性及系统性重大隐患的工作基础和工作力度不够，B4W01工作面回风顺槽掘进的重大隐患明显为周边及本矿老空水，而探放水的重心却放在顶板砂岩水上。

井田内及周边有5个已关闭矿井，矿矿相通，白杨河水通过采煤塌陷区渗入关闭矿井采空区，形成地下水库，积水量超过100万 $m^3$，未查明井田范围内及周边采空区分布范围及积水情况；在井田边界接近已关闭相邻煤矿时，未按规定实施超前探放水措施，在未消除水害威胁的情况下盲目掘进。

(2) 未严格执行“预测预报，有疑必探，先探后掘，先治后采”的防治水原则，对探放水工作重视不够，重掘进轻探查，掘进与物探、钻探脱节，未探先掘，物探和钻探相结合的探放水措施落实不到位，探放水效果欠佳。

B4W01回风顺槽掘进工作面尽管采取了物探和钻探措施，且瞬变电磁超前探测成果报告显示掘进工作面前方为异常区，并且已探出老空水，但该矿仍超出安全距离违规掘进，4月10日早班掘进超出允许掘进距离9 m，4月10日中班继续掘进，引发透水事故。

(3) 企业主体责任落实不全面，对防治水工作重视不够，防治水专业技术人员配备和专职队伍不足，未严格执行“三专两探一撤”规定，防治水基础工作薄弱。

防治水专业技术人员和专职探放水作业人员配备不足。矿井仅有防治水副总工程师1人为防治水专业技术人员且于2021年3月25日休假回家未在岗，地测防治水科长由地测副总工程师兼任，科室3名技术人员所学专业均不是地质或水文地质专业；矿井有8名探放水作业人员，仅有3人持有特种作业操作证，另外5人仅有培训证明。

该矿明知有水患，仍每班安排掘进9 m，未根治水患，边探水、边掘进；掘进工作面迎头发现顶部锚杆和锚索均有淋水、短探钻孔出水、煤壁挂汗等透水征兆后，仍未停止作业、撤出人员、分析原因。

（4）未建立矿井水文动态观测系统。没有对井田范围内主要充水含水层的水位、水温、水质等进行长期动态观测，没有对矿井涌水量进行动态监测。

**【防范措施】**

（1）重视防治水基础工作，深入开展水情水害预测预报工作，加大水害隐患排查治理力度。定期开展水害隐患排查工作，预测预报要有针对性，并进行总结分析，提高预报准确率。对矿井充水因素进行全面分析和排查，对查出的水害隐患分类定级，制定防治预案及专项探查设计，探查工作实施前应编制专项安全措施，经矿总工程师组织审查并监督实施，探查结束后编写总结报告，确认消除水害威胁后方可进行采掘活动。总结经验，接受教训，举一反三，不断提高水害预测预报水平。

（2）按照有关规定设立矿井防治水组织机构，配备专业技术人员、专职队伍及探放水专用设备，备足专项资金及物资，保证防治水工作有序开展。

（3）切实加强老巷、老空（窑）水的探查防治工作，严格落实查全、探清、放净、验准的老空水防治“四步工作法”，采取水患区域积水线、警戒线、探水线、停采线等“四线”管理措施。采掘工程施工前要查明施工区域老巷、老空、老窑的空间位置、范围、积水量、水源和水压，并准确绘制在采掘工程平面图上，分区管理。当采掘工作面接近探水警戒线时，应停止掘进。探放水必须遵照《煤矿防治水细则》，实施探放水工程前，必须编写探放水设计，制定安全技术措施。探放水时，要撤出受水害威胁区域的所有人员，做好疏排水准备工作；实施探放水工程时，应监督放水全过程，直到确认老空水放完为止。

(4) 加强职工培训，提高透水征兆判识能力。采掘过程中出现透水征兆，如滴水、淋水、臭鸡蛋气味、片帮、冒顶、底鼓、煤炮声等异常，应立即撤人。

## 案例三　某煤矿“3·18”较大突水事故

**【事故经过】**

某年 3 月 18 日，某煤矿发生一起采煤工作面陷落柱底板突水事故，最大突水量 1 200 $m^3/h$。本次事故虽未造成人员伤亡，但最终造成 370 m 水平被淹的水害事故，直接经济损失 4 200 余万元。

3 月 18 日 370 m 水平 2-1101 首采工作面揭露 572 号陷落柱，该陷落柱充填物主要为大块细砂岩、泥岩、煤屑等，充填紧密，胶结程度较好。3 月 18 日 8 时，当陷落柱沿顺槽方向推进 13 m，工作面揭露陷落柱长度 37 m 时，陷落柱靠近副巷边缘底板出水，出水点标高 +350 m，带压 1.73 MPa，突水系数为 0.077 MPa/m，涌水量 50～60 $m^3/h$，水色发浑，夹有大量泥沙，经取样化验水源为 $K_4$ 灰岩水。3 月 20 日陷落柱靠近正巷边缘底板也开始出水，工作面涌水量达到 100 $m^3/h$。3 月 25 日涌水量 140 $m^3/h$，3 月 29 日涌水量 350 $m^3/h$，

3 月 30 日涌水量 400 $m^3$/h，3 月 31 日涌水量达到 500～600 $m^3$/h，经专家分析认为其与奥灰水导通，4 月 2 日涌水量达到 750～800 $m^3$/h，4 月 5 日 11 时涌水量达到 1 200 $m^3$/h 左右。

**【事故原因】**

2-1101 采煤工作面未采取有效防治水措施，直接揭露与奥灰水导通的 572 号陷落柱造成突水事故。

**【事故教训】**

(1) 对工作面水文地质条件认识不足。$K_4$ 灰岩含水层、$K_2$ 灰岩含水层、$O_2$ 灰岩含水层的静水位标高分别为＋523～526 m、＋523.37 m、＋522.94 m，静水位基本相近，说明各含水层水已经有导通迹象，但是没有引起足够的重视。

(2) 思想上麻痹大意。对采煤工作面没有进行物探、钻探、化探等工作，以查清工作面内隐伏的断层、陷落柱及其导水性。在回采过程中共揭露 9 条小断层、5 个陷落柱，当时没有导水，误以为不导水。

(3) 未进行水文地质勘查，水文监测系统不到位。由于该矿水文监测系统不到位，导致出水后不能快速准确判断突水水源和果断采取有效治理措施。3 月 27 日，相邻矿井水文孔观测资料显示 $O_2$ 及 $K_2$ 水位均有下降，由此才认识到 2-1101 工作面出水主要水源为 $O_2$ 水，错过了处置水患的最佳时机。

(4) 防水设施质量存在问题。根据《煤矿安全规程》规定，该矿在 2005 年 12 月底在 370 m 水平皮带巷及轨道巷施工了两道防水闸门，但没有进行耐压试验和防水闸墙壁后注浆工作，造成 370 m 防水闸门关闭后，漏水量达到 300 $m^3$/h 以上，没有起到其应有的作用。

## 案例四　某煤矿“8·8”灌井一般事故

**【事故经过】**

2021 年 8 月 8 日，某煤矿因暴雨形成洪水裹挟泥石、树木、杂草堵塞煤矿工业广场涵洞，导致水位上涨、河流改道，洪水冲垮围墙和房屋后进入煤矿工业广场，积水深度达 3.24 m，洪水冲垮主斜井、行人平硐防护堤及地面设施设备，并大量溃入井下，摧毁供电、提升运输、通风、通信、安全监控等各大系统，破坏主、副斜井等巷道支护，导致多处大面积垮塌，矿区供电、通信中断，矿区道路被冲毁，生产生活设施全部毁坏。本次山洪倒灌井下水量约 10.9 万 $m^3$，造成 2 名抽水工失联。

**【事故原因】**

1. 直接原因

超越当地有气象记录以来历史极值的特大暴雨山洪涌向某煤矿矿区，洪水倒灌进入井下，堵塞作业人员逃生通道；矿井未严格执行监管部门撤人指令，暴雨预警期间违规安排 2 名水泵司机入井抽水，暴雨山洪来临时未及时撤出井下人员，导致 2 人被困失联。

2. 间接原因

(1) 矿井风险预判不足。煤矿相关管理人员安全理念不牢，对本次暴雨山洪的严重性和危害性认识不足，按照建矿以来地面最高水位预防，凭经验防洪抗灾，认识上存在局限性，思想上存在麻痹大意。

(2) 管理人员违章指挥。矿长在相关部门发布暴雨预警和停产撤人指令情况下，仍安排作业人员入井从事抽水作业；为了逃避监管，指示入井人员不携带人员定位卡。

(3) 安全管理不到位。一是“雨季三防”值班值守制度落实不到位。当日地面值班矿领导未严格执行汛期 24 h 在矿值守的规定，擅自脱岗离矿。二是井口检身工未严格执行煤矿检身人员工作制度，工人入井登记后未向调度室汇报并与人员定位系统进行核对。

(4) 作业人员违章作业。作业人员在知晓有暴雨预警的情况下，未拒绝矿长违章指挥，入井进行抽水作业；入井人员中途将人员定位卡送出井，造成人员定位系统显示失实。

(5) 岗位责任制落实不到位。预警和人员出入井信息传递不畅，煤矿矿长接到预警信息未及时告知当天值班矿领导并提出防范要求；事故当班调度员、检身员未按煤矿制定的岗位责任制要求及时核对人员出入井信息；调度员在监管部门询问时，仅看了一下人员定位系统就回答井下无人，没有进一步核实井下人员情况。

**【防范措施】**

(1) 下大到暴雨期间或地表行洪威胁矿井的安全时，立即撤出井下人员，严禁安排人员下井作业。

(2) 可能存在地面洪水进入工业场地倒灌井下的风险，需完善地面排洪系统，增大河道排洪能力，加强日常巡查，确保洪水不能进入工业场地。

(3) 储备充足的地面排洪泵、排水管、沙袋等排洪物资。

(4) 加强各级排水系统的日常维护，及时进行水仓清淤，雨季前对矿井主排水系统、强排水系统、采区排水系统进行联合排水试验，确保排水系统能力满足要求。有突水(透水、溃水)风险的矿井或采区，必须安设由地面直接供电控制的强排水系统或直排系统。

# 第四篇

# 测量班组长专业实战篇

# 第十三章 测量专业技术知识

## 第一节 测量基础知识

### 一、矿井测量基础工作

(一) 基本知识

1. 矿井测量工作的基本任务

(1) 建立矿区地面和井下(露天坑)测量控制系统,为煤矿各项测量工作提供起算数据。

(2) 依据设计文件,进行采掘(剥)、土建、管线和机电安装等工程测量工作,并在煤矿基本建设和生产各个阶段,对采掘(剥)工程是否按设计施工进行检查和监督。

(3) 利用测绘资料,解决煤矿生产、建设和改造中提出的各种测绘问题,并为煤矿灾害的预防、救护提供有关的测绘资料。

(4) 测绘各种煤矿测量图,满足煤矿生产、建设和规划各阶段的需要。

(5) 定期进行矿井“三量”、露天矿“二量”和露天矿采剥量的统计分析;正确反映煤矿采掘(剥)关系现状。对煤矿各级储量动态及损失量进行统计和管理工作,对煤炭资源的合理开采进行业务监督。

(6) 建立地表、岩层和建(构)筑物变形观测站,开展矿区地表与岩层移动规律、采矿或非采矿沉陷综合治理以及环境保护工作的研究。

(7) 根据矿区地表与岩层移动变形参数,设计和修改各类保护煤柱。参与“三下”(铁路下、水体下和建筑物下)采煤和塌陷区综合治理以及土地征用和村庄搬迁的方案设计和实施。

(8) 进行矿区范围内的地籍测量。

(9) 参与本矿区(矿)月度、季度、年度生产计划和长远发展规划的编制工作。

2. 矿井测量的原则与特点

矿井测量的原则:矿井测量依然按照高级控制低级、站站有检核、测量精度满足工程要求这三项原则进行。

矿井测量与地面测量相比具有以下不同:

(1) 工作条件不同。

(2) 测量对象不同。

(3) 考虑精度的出发点不同。

(4) 测量程序上有所不同。

3. 矿山测量部门在煤矿企业的主要作用

(1) 在均衡进行生产方面起到保证作用。

(2) 在充分开采地下资源和采掘工程质量方面起到监督作用。

(3) 在安全生产方面起到指导作用。

(二) 建立井上、下测量控制系统

控制测量是带全局性的较精密的测量工作,在范围较大的测区,应根据不同的精度要求,由高级到低级逐渐进行。然后,在控制点基础上,进行下一步的详细测量工作。

控制测量分为平面控制测量和高程控制测量两部分。平面控制测量是测定控制点的平面位置,高程控制测量是测定控制点的高程。

1. 平面控制测量

平面控制测量可分为导线测量、三角测量、三边测量和 GPS 测量等方法。

（1）地面平面控制测量

国家基本平面控制网原来采用三角测量方法建立，称为国家三角网。按其精度要求的不同，分为一、二、三、四 4 个等级。矿区地面控制网可采用三角网、边角网、测边网和导线网等布网方法建立。

矿区首级平面控制网必须考虑矿区远景发展的需要。一般在国家一、二等平面控制网基础上布设，其等级应依矿区走向长度，参照表 13-1 选定。

**表 13-1　矿区首级平面控制网等级参照表**

| 矿区走向（长度）/km | 首级控制 | 加密控制 |
| --- | --- | --- |
| 26～100 | 三等 | 四等<br>一级（小三角、小测边或导线） |
| 5～25 | 四等 | 一级（小三角、小测边或导线） |
| ＜5 | 一、二级（小三角、小测边或导线） | — |

随着 GPS 测量技术日益普及，目前其已成为改善或重建矿区测量控制网的有效手段。与常规方法相比，应用 GPS 卫星定位技术建立控制网的主要特点如下：

① 采用相对定位方法，即若干台 GPS 接收机同步观测，确定各点之间的相对位置，并采用载波相位测量，从而得到高精度的测量结果。

② GPS 测量不要求各点之间互相通视，使得控制点的点位选定灵活方便。

③ GPS 测量可以全天候进行，不论白天、黑夜或晴天、雨天，均

能正常工作，使得测量工作更具有计划性。

④ 观测时间短，当测站之间的距离小于 30 km 时，同步观测 1～2 h 便可得到较好的观测成果；当测站之间的距离小于 10 km 时，还可采用快速定位方法，观测时间可以缩短为 10～20 min 甚至更短。

⑤ GPS 测量的观测数据是自动记录的，GPS 基线向量的计算和 GPS 网的平差计算的自动化程度很高。

(2) 井下平面控制测量

井下平面控制分为基本控制和采区控制两类。两类控制导线都应敷设成闭（附）合导线或复测支导线。基本控制导线按测角精度分为±7″、±15″两级，采区控制导线亦按测角精度分为±15″、±30″两级。矿井可根据采掘工程的实际需要，依矿井和采区开采范围的大小选定。具体技术指标参照表 13-2。

**表 13-2　控制导线的主要技术指标参照表**

| 导线类型 | 井田一翼长度 /km | 测角中误差 /(″) | 一般边长 /m | 导线全长相对闭合差 | |
|---|---|---|---|---|---|
| | | | | 闭(附)合导线 | 复测支导线 |
| 基本控制 | ≥5 | ±7 | 60～200 | 1/8 000 | 1/6 000 |
| | <5 | ±15 | 40～140 | 1/6 000 | 1/4 000 |
| 采区控制 | ≥1 | ±15 | 30～90 | 1/4 000 | 1/3 000 |
| | <1 | ±30 | — | 1/3 000 | 1/2 000 |

注：表中复测支导线相对闭合差计算中的导线长度采用两次施测导线之和。

基本控制导线应沿矿井主要巷道[包括：斜井，暗斜井，平硐，井底车场，水平（阶段）运输巷道，总回风巷道，集中上、下山，集中运输石门等]敷设。采区控制导线应沿采区上、下山，中间巷道或片盘运输巷道以及其他次要巷道敷设。在布设井下基本控制导线时，一般每隔 1.5～2.0 km 应加测陀螺定向边。7″、15″级基本控制导线的陀螺经纬仪定向精度分别不得低于±10″和±15″。

基本控制导线一般每隔 300～500 m 延长一次，采区控制导线应随着巷道掘进每 30～100 m 延长一次。延长导线前，为了避免用错测点并检查测点有无移动，应对上次导线的最后一个水平角及边长进行检查测量。当掘进工作面接近各种安全边界（水、火、瓦斯、采空区及重要采矿技术边界）时，除应及时延伸导线外，还必须采取书面手续将情况报告矿井技术负责人。

2. 高程控制测量

测定地面点高程的测量工作，称为高程控制测量。高程控制测量的实质是测出两点间的高差，然后根据其中一点的已知高程推算另一点的高程。

高程控制测量的方法按仪器和施测方法的不同可分为：水准测量、三角高程测量、气压高程测量和光电测距高程测量。

（1）地面高程控制测量

矿区地面高程控制网可采用水准测量和三角高程测量方法建立。三角高程测量又分为光电测距三角高程测量和经纬仪三角高程测量两种。

矿区地面高程首级控制网，一般应采用水准测量方法建立，按照不同情况和要求，可以选择不同的水准路线，布设形式如下：

① 附和水准路线。从一个已知高程的水准点出发，经过一些待定高程的水准点，最后测到另一已知高程的水准点。

② 闭合水准路线。从一个已知高程的水准点出发，经过一些待定高程的水准点，最后又测到起始水准点。若测区没有已知的水准点，可在闭合路线中假定一点的高程为已知。

③ 水准支线。从一个已知高程的水准点出发，沿一条水准路线测定一个或几个未知水准点的高程。为了校核观测成果并提高精

度,水准支线一般要往返观测。

三角高程测量主要用于山区和丘陵地带的高程控制和平面控制网点的高程测定。光电测距三角高程测量,若按测距仪的精度计算能满足矿区地面高程控制的基本精度要求时,可以用来代替相应等级的水准测量。

(2) 井下高程控制测量

井下高程点,从井底车场的高程基点起,一般应每隔 300～500 m 设置一组。每组高程点应不少于 3 个,其间距以 30～80 m 为宜。永久导线点也可作为高程点使用。高程点既可设在巷道的顶、底板或两帮上,也可设在固定设备的基础上。高程点应选在使用方便并能长期保存的地点。

井下高程测量的目的是:确定各种巷道、硐室在竖直方向上的位置及其相互关系,以解决各种采掘工程在竖直方向的几何问题。

3. 矿井联系测量

矿井联系测量是将地面测量坐标传递到井下,使井上、下采用同一坐标系统所进行的工作。联系测量包括平面联系测量和高程联系测量两部分,前者简称定向,或者简称导入高程。

在进行联系测量工作前,必须在井口附近建立近井点、高程基点和连测导线点,同时在井底车场稳固的岩石中或碹体上埋设不少于 4 个永久导线点和 3 个高程基点(也可用永久导线点作为高程基点)。

(1) 联系测量的任务

确定井下经纬仪导线起始边的方位角、起始点的平面坐标及井下水准基点的高程。

(2) 联系测量施测方法

① 斜井或平硐开拓:由地面沿斜井或平硐采取经纬仪导线、水

准测量或三角高程测量方法完成。

② 立井开拓：平面联系测量采用一井定向、两井定向或陀螺经纬仪定向；高程联系测量采用钢尺法、钢丝法或全站仪测距法。

③ 立井和斜井(平硐)开拓：通过立井一井定向或两井定向，同时由立井和斜井(平硐)敷设经纬仪导线至起始边。

## 二、矿井日常测量工作

### (一) 巷道及采煤工作面测量

1. 巷道掘进测量的任务

(1) 标定巷道中线，以指示巷道掘进的水平方向，简称给中线。

(2) 标定巷道腰线，以指示巷道掘进的坡度和底板高程，简称给腰线。

(3) 定期检查和验收巷道掘进的质量和进度，简称验收测量。

(4) 将已掘进的巷道位置测绘到图纸上，简称填图。

2. 采煤工作面测量的主要内容

采煤工作面测量的主要内容有：工作面线、充填线、煤柱位置和大小、煤柱和采高、浮煤倾角、地质变化(如断层)等。全部测量的数据按规定做好记录，并绘好草图。

3. 巷道中、腰线标定

(1) 标定巷道中线

标定巷道中线就是按设计给定巷道平面内的方向。标定之前，必须做好准备工作，然后进行中线的标定、延线和检查。主要巷道中线标定通常采用经纬仪法。巷道开切的初始中线精度较低，且容易被爆破、喷浆破坏，当巷道掘进 4～8 m 后，应当重新检查和标定中线。

井下巷道中线标定流程：

① 检查设计图纸。测量人员拿到巷道设计图纸后，必须先了解该巷道的用途，以及它与其他巷道的几何关系，检查所设计的角度

和距离是否满足这些几何条件。检查设计图纸中标示尺寸与注记的数字是否相符；然后，根据巷道用途和情况，确定测量方法和精度要求。

② 确定标定的数据。在标设之前，必须先了解所开巷道附近有无测点，并对这些点的可靠性进行检查。如果附近没有可靠的测点，就要从别处引测导线。

③ 标设巷道开切点和掘进方向。

④ 随着巷道的不断向前掘进，标定和延长巷道中线和腰线。

⑤ 测绘已掘进的巷道，并经常检查和纠正标定的方向。

(2) 标定巷道腰线

标定巷道腰线就是按设计给定巷道在竖直面内的掘进方向及调整巷道底板或轨道面坡度。标定巷道腰线时的准备工作和标定中线时基本上是一样的，实际标设工作也往往同时进行。

巷道的坡度和倾角是用腰线来控制的，标定巷道腰线的测点称为腰线点，腰线点成组设置，每三个为一组，点间距不得少于 2 m，腰线点距掘进工作面的距离不得超过 30～40 m，标定在巷道的一帮或两帮上，若干个腰线点连成的直线即为巷道的坡度线，又称腰线，用其指示掘进巷道在竖直面内的方向。

根据巷道的性质和用途不同，腰线的标定可采用不同的仪器和方法。标定巷道腰线的方法可分为：

① 水准仪标定腰线。

② 经纬仪标定腰线。经纬仪标定腰线的方法又分为中线点同时兼作腰线点标设法、伪倾角标设法、横中丝重合法、利用腰线望远镜标设腰线。

③ 连通水准管标定腰线。

④ 用半圆仪标定腰线。

次要巷道一般用半圆仪标定腰线；倾角小于 8°的主要巷道用水

准仪标定腰线，倾角大于 8°的主要巷道则用经纬仪标定腰线；对于新开巷道，开口时可以用半圆仪标定腰线，但巷道掘进 4～8 m 后，应按上述要求用相应的仪器重新标定。

（二）贯通测量

1. 贯通测量的主要任务

（1）确定贯通巷道在水平面和竖直面上的方向。

（2）根据要求的数据，标定贯通巷道的中线和腰线。

（3）定期进行已掘巷道的检查测量和填图，以控制工作面按设计方向掘进。

2. 贯通测量的步骤

（1）根据巷道的种类和允许偏差，选择合理的测量方案。重要贯通工程，须编制贯通测量设计书，并进行贯通误差预计。

（2）依选定的测量方案进行施测和计算，求得贯通导线终点的坐标和高程，每一施测和计算环节，均须有可靠的检核。

（3）在实测过程中应评定实际测量的精度，若实测精度低于设计要求则应重测。

（4）计算贯通巷道标定的几何要素，并实地标定中腰线。

（5）根据掘进工作的要求，及时延长巷道的中腰线，定期进行检查测量和填图，并根据测量结果及时加以调整。

（6）巷道贯通后，应立即测量贯通实际偏差值，并将两边导线连接起来，计算各项闭合差，并调整最后一段巷道的中腰线。

（7）重要贯通工程完成后，应对测量工作进行分析和技术总结。

3. 贯通测量设计及总结

《煤矿测量规程》规定，进行重要贯通测量前，须编制贯通测量设计书，贯通测量允许偏差值，由矿（井）技术负责人和测量负责人根据井巷的用途、类型及运输方式等研究确定。当预计误差值超过允许偏差值时，应充分利用陀螺定向和光电测距技术提高测量精度，不得已时，可请示改变施工方案。重要贯通测量完成后，还应进行精度分析，并做出总结。总结要连同设计书和全部内、外业资料一起保存。

(1) 贯通测量设计编制内容

① 根据井巷贯通测量精度和施工工程的要求，进行井巷贯通点的误差预计。

② 按设计要求制定测设方案，选择测量仪器和工具，确定观测方法及限差要求。

③ 绘制贯通测量导线设计图，比例尺应不小于 1∶2 000。

(2) 贯通测量技术总结编制内容

① 贯通工程概况。

② 测量工作情况。

③ 矿区地面三角网的情况。

④ 近井点测设情况。

⑤ 联系测量情况。

⑥ 井下测量情况。

⑦ 贯通精度情况。

⑧ 全部贯通测量资料明细表及附图。

⑨ 对本次贯通测量工作的综合评述，以及对类似的贯通工程测量工作的意见等。

**三、矿图**

矿图是矿山测量图、矿山地质图和其他采矿用图的总称。反映地物、地貌情况和地下矿体、各种巷道、硐室、工作面等空间位置关系的图，称为矿山测量图。它是根据矿山测量资料绘制的，而矿山地质图和其他采矿用图都是以矿山测量图为基本图件编绘的，故一般又习惯把矿山测量图简称矿图。

1. 绘图工作的主要任务

(1) 汇集各种地质、测量的基础资料，编绘成各类矿图，为煤矿设计、建设、生产、安全等部门提供不同比例尺的图纸资料。

(2) 将生产、建设的进度和变化情况，及时填绘在图上，反映生产建设的真实面貌。

(3) 学习绘图新技术、新工艺，不断提高绘图技术，以满足生产建设发展的需要。

2. 矿井必备的基本矿图及比例尺

(1) 井田区域地形图，比例尺要求 1∶2 000 或 1∶5 000。

(2) 工业广场平面图，比例尺要求 1∶500 或 1∶1 000。

(3) 井底车场平面图，比例尺要求 1∶200 或 1∶500。

(4) 采掘工程平面图，比例尺要求 1∶1 000 或 1∶2 000。

(5) 主要巷道平面图，比例尺要求 1∶1 000 或 1∶2 000。

(6) 井上、下对照图，比例尺要求 1∶2 000 或 1∶5 000。

(7) 井筒(包括立井和主斜井)断面图，比例尺要求 1∶200 或 1∶500。

(8) 主要保护煤柱图，比例尺要求 1∶1 000 或 1∶2 000。

3. 矿图的绘制要求

矿图绘制应符合准确、及时、完整、美观的原则，严格按照《煤矿地质测量图例》《煤矿地质测量图例实施补充规定》以及相应规程和规定进行。具体要达到以下要求：

(1) 线条均匀、圆滑、接头吻合，点线、虚线间隔大小一致，平行线间距相等。

(2) 各种文字、数字注记规范，字号、字向符合要求。注记必须使用规范的简化汉字。

(3) 颜色标准，着色均匀。

(4) 内容齐全、完整，几何关系正确。

## 四、地表移动观测及煤柱设计

### (一) 地表移动观测

1. 基本概念

由于地下煤层的开采造成岩体内部原有的应力平衡状态被破坏,采空区顶板岩层在重力作用下,向下弯曲、下沉,直至断裂、冒落而充填采空区。当采空区面积达到一定范围时,这种移动和变形便波及地表,导致地表出现下沉、裂缝甚至塌陷。因此,我们需要认真研究和掌握岩层与地表移动的规律,确保地面与井下的安全。

2. 岩层与地表移动

(1) 研究岩层与地表移动的主要任务:观测移动盆地的变形规律。确定各种移动参数,以便正确地留设保护煤柱以及研究在“三下”进行采煤的方法和措施。

(2) 影响岩层与地表移动的主要因素:岩石的物理、力学性质;煤层的倾角、开采厚度及开采深度;采空区的形状、大小及采煤方法;地表的地形条件以及地质构造、水文地质条件等。

3. 建立地表移动观测站

地表移动观测站一般可设走向观测线和倾斜观测线各一条,设在移动盆地的主断面位置。如采煤工作面的走向长度大于 $1.4H_0+50$ m(式中 $H_0$ 为平均开采深度),亦可设置两条倾斜观测线,但至少应相距 50 m,并且应距开切眼或停采线 $0.7H_0$ 以上。

地表移动观测的基本任务就是定期、重复测定所埋测点在采动过程中的位置变化。

(1) 地表移动观测内容包括:

① 观测站连线;

② 全面观测;

③ 单独进行的水准测量;

④ 地表破坏的测定、编录工作等。

(2) 地表移动观测成果包括：

① 采矿、地质条件与地表移动和变形的关系；

② 地表移动和变形的分布及其主要参数；

③ 移动角、裂缝角、边缘角和最大下沉角等；

④ 地表在空间的移动和移动时间过程；

⑤ 岩体内部移动、变形和破坏的规律。

(二) 留设保护煤柱

留设保护煤柱是为了保护煤层上方的岩层和地表的保护对象不受地下开采的影响，保护煤柱留设的原理与确定地表移动范围的思路正好相反，即在受护对象下方留出一部分煤炭不予开采，使其周围煤炭的开采对受护对象不产生危险性的移动和变形。

1. 留设保护煤柱的一般原则

(1) 在一般情况下，保护煤柱应根据受护面积边界和移动角值进行圈定。

(2) 根据受护对象的保护等级，在其边界外侧增加一定宽度的围护带，围护带的外边界为受护面积边界。

(3) 受护面积边界较小时，应根据受护面积内地表变形叠加值不得超过允许地表变形值的原则，加大保护煤柱尺寸。

(4) 当受护边界与煤层走向斜交时，应根据基岩移动角求得垂直于受护边界线方向(即伪倾斜方向)的上山方向移动角和下山方向移动角，然后再确定保护煤柱。

(5) 受护对象的外侧边界，可以在平面图上通过受护对象角点作矩形，使矩形各边分别平行于煤层倾向和走向，然后在矩形四周作围护带，也可在平面图上作各边平行于受护对象总轮廓的多边形，然后在多边形外侧再作围护带。

(6) 有滑坡危险的山区建筑物留设保护煤柱时，为了防止山体滑移，在建筑物上坡方向，移动角应减小 20°～25°，或者加大保护煤柱尺寸(0.5～1.0)$r$($r$为主要影响半径);在建筑物下坡方向,移动角应减小5°～10°,或者加大保护煤柱尺寸(0.2～0.5)$r$。

(7) 其下有落差大于20～30 m断层的建筑物留设保护煤柱时,应考虑沿断层面滑移的可能性,适当加大保护煤柱尺寸,使断层两翼均包括在保护煤柱范围之内。

(8) 立井保护煤柱应按其深度、用途、煤层赋存条件以及地形特点来留设。立井深度大于或等于400 m的,以边界角圈定;小于400 m的,以移动角圈定;穿过急倾斜煤层的,在倾向剖面上以底板移动角圈定下山边界,在走向剖面上以移动角圈定。当穿过有滑移危险的软弱岩层、高角度断层和山区斜坡时需考虑防滑煤柱和加大煤柱尺寸。

2. 留设保护煤柱的方法

确定保护煤柱边界的方法有垂直断面法、垂线法和数字标高投影法等。

(1) 对于必须留设保护煤柱的建筑物和构筑物,当其形状规整,且长轴与煤层走向或倾向平行时,宜用垂直剖面法圈定保护边界。

(2) 当保护对象形状复杂,且又与煤层走向斜交时,宜用垂线法圈定保护煤柱;同时应用垂直剖面法和垂线法确定保护煤柱边界时,其重叠部分为受护对象的最合理保护煤柱。

(3) 当圈定延伸形建筑物或基岩面积高变化较大情况下的保护煤柱时,宜用数字标高投影法。

## 第二节　测量作业安全生产标准化管理

### 一、安全生产标准化建设的意义

搞好煤矿安全生产标准化建设的重要意义对煤矿职工来说主

要有以下两大方面:一是通过煤矿安全生产标准化建设,不断夯实矿井安全生产基础,不断提升安全管理水平,有助于构建更好的生产安全环境,更可靠地保障职工生命安全与健康;二是如果煤矿达到一级标准化矿井,将享受到“在全国性或区域性调整、实施减量化生产措施时,原则上不纳入减量化生产煤矿范围及在地方政府因其他煤矿发生事故采取区域政策性停产措施时,原则上不纳入停产范围”等一系列优惠政策和待遇,这对保证职工家庭有稳定的收入来源有非常现实的意义。

## 二、标准化建设总体要求

安全生产标准化建设是安全生产的基础,也是矿井实现安全生产、文明生产的重要保证。必须制定切实可行的质量达标规划和考核细则,认真组织安全生产标准化会战,努力实现矿井全方位、全过程动态达标。要严格落实安全生产标准化奖惩制度,把质量同安全与产量捆在一起进行考核,做到“细、实、严”。即:安全生产标准化工作要从细微处着手,不放过任何一个细小环节,不留死角和空白点。工作落实要来真的、过硬的、实实在在的,不图形式、不走过场。考核要“严”字当头,严格对照标准进行打分验收,让制度说话,照标准办事。同时,要克服困难,保证必要的安全生产投入,积极推广和采用新技术、新工艺、新装备,努力提高矿井科技含量和装备水平,以科技进步要质量、保安全、促生产,推动各项工作的顺利开展。

## 三、测量安全生产标准化基本要求

测量管理:执行测量工作通知单制度,测量控制系统健全,原始记录翔实,测量成果真实齐全。

测量安全生产标准化基本要求见表 13-3。

**表 13-3　测量安全生产标准化基本要求**

| 项目 | 项目内容 | 基本要求 |
| --- | --- | --- |
| 测量管理 | 控制系统 | 1. 测量控制系统健全，精度符合《煤矿测量规程》要求；<br>2. 及时延长井下基本控制导线和采区控制导线，基本控制导线应每隔 300～500 m 延长一次，采区控制导线应随巷道掘进 30～100 m 延长一次 |
| | 贯通测量 | 1. 贯通精度满足设计要求，两井贯通和一井内导线距离 3 000 m 以上贯通测量工程应有设计，并按规定审批和总结；<br>2. 贯通设计、贯通总结及贯通后联测资料齐全，有精度评定资料 |
| | 测量通知单 | 贯通、开掘、放线变更、停掘、停采、过空间距离小于巷高或巷宽 4 倍的相邻巷道等重点测量工作，及时发送通知单 |
| | 地面沉陷观测 | 1. 进行地面沉陷观测和分析，提供符合矿井情况的有关岩移参数；<br>2. 及时填绘采煤沉陷综合治理图；<br>3. 绘制矿井范围内受采动影响土地塌陷图表 |

# 第三节　测量作业常见设备故障与处理

煤矿测量常用设备仪器有水准仪、经纬仪、全站仪和 GRS-RTK 等，测量设备在经常使用的过程中，由于各种因素的影响，如频繁操作、环境变化、零部件老化等，难免会出现故障，这是一种较为常见的情况。当出现故障时，我们需要根据具体的问题具体分析和处理，及时进行检修和维护，以确保其测量的准确性和可靠性。测量设备常见的故障与处理措施见表13-4。

**表13-4　测量设备常见的故障与处理措施**

| 仪器名称 | 故障情况 | 处理措施 |
| --- | --- | --- |
| 水准仪、经纬仪、全站仪 | 仪器无法开机 | 检查电池电量或者电源接口是否损坏，更换电池或送厂维修 |
| | 仪器整平后，转动过程中圆水准气泡出现偏离中心现象 | 先用脚螺旋使偏离的气泡向中心走回一半，再用校正针拨动圆水准器下面的三个校正螺旋使气泡居中。此过程需反复进行，直至气泡完全居中为止 |
| | 物镜成像不清晰 | 1. 检查透镜表面是否有油污、灰尘、霉点。如果有用擦镜布蘸取乙醚酒精(3∶1)混合液擦拭干净即可。<br>2. 检查望远镜视准轴是否不共轴。如果存在此现象，首先检查物镜组透镜是否有松动现象，若有松动现象则调整好透镜和垫圈、垫片的相互位置后旋紧压圈，然后将物镜组装入望远镜拧紧固定螺钉即可 |
| | 脚螺旋过于松动、运行不平稳、丝杆变形、螺套松动均会造成测量不稳定 | 1. 检查脚螺旋是否有变形情况，旋转运行是否平稳正常。如果脚螺旋变形或者损坏，则需要更换脚螺旋。<br>2. 检查脚螺旋与压板之间是否松动或脱节，仪器运转时是否出现晃动现象。如果出现松动或脱节，只需要拧紧夹板螺丝，待脚螺旋运转平顺即可 |

表 13-4(续)

| 仪器名称 | 故障情况 | 处理措施 |
| --- | --- | --- |
| 经纬仪、全站仪 | 角度测量不准确 | 可能仪器被撞击或震动,需重新进行角度校准;如果无法校准,需送厂检修 |
| | 水平角 2C 值超限 | 将仪器整平后,望远镜正、倒镜位置瞄准远处一点目标,分别读得水平度盘读数,如果两次读数相差不是 180°,则将倒镜读数旋转至相差不是 180°的位置,调整仪器分划板使十字丝与目标重合即可 |
| | 竖盘指标差超限 | 将仪器正镜照准高处一目标,记下竖盘读数 $R$,再计算倒镜时的正确读数,即 $R-i$。转动竖盘水准器微动螺旋,使竖盘读数为 $R-i$,此时气泡必然偏离中心位置,拨动水准器的校正螺钉,使气泡居中 |
| 全站仪 | 自动水平功能不正常 | 1. 检查水平平台是否已调整水平。<br>2. 进行水平校准或者重置仪器 |
| | 测距与实际误差较大 | 将仪器棱镜常数设置与使用的棱镜相匹配即可 |
| | 数据无法传输 | 检查数据线或无线传输功能是否正常连接,或是否有干扰源,否则需重新连接或更换数据线,或者移动到没有干扰的位置 |
| GPS-RTK | 接收机无法收到卫星信号 | 1. 检查 GPS 天线电缆是否完好,是否有断针或弯针,如有问题更换其他 GPS 天线电缆。<br>2. 检查基准站架设位置是否存在大型障碍物或高压线等干扰物,否则需清除影响卫星信号的遮挡物或选择开阔地点,远离高压线、大功率发射装置等干扰物 |

**表 13-4(续)**

| 仪器名称 | 故障情况 | 处理措施 |
|---|---|---|
| GPS-RTK | 流动站电台无法接收基准站电台信号 | 1. 检查基准站及流动站电台天线电缆连接是否正常,否则需重新连接。<br>2. 检查基准站电台外接电源电量是否正常,电量不足需充电或更换电瓶。<br>3. 确认基准站电台功率设置使用大功率发射;在确认基准站发射正常的情况下,连接流动站接收机内置电台,检查确认内置电台与基准站电台频率、通信模式、参考站索引号等参数设置是否一致,否则需重新设置 |
| | 流动站电台接收信号弱 | 1. 检查周围是否存在无线电干扰(电视塔、高压线等),检查周围环境是否造成信号遮挡(巨大的建筑、山、树等)。<br>2. 检查基准站及流动站电台天线电缆、鞭状天线连接是否正常。<br>3. 检查基准站电台外接电源电量是否正常。<br>4. 确认基准站电台功率设置使用大功率发射。<br>5. 逐项检查基准站与流动站电台参数设置。<br>6. 检查发射和接收的带宽,确保发射和接收的无线电的波特率相同。<br>7. 更换基准站与流动站通信频率进行测试。<br>8. 重启流动站接收机 |

# 第十四章 测量班组长现场安全管理实战

## 第一节 班前会召开与工作布置

### 一、班前会工作内容

1. 人员点名与确认

确保所有班组成员均已到达，了解是否有成员缺席或迟到，对于缺席或迟到的情况，需要了解原因，并确认是否会对当前工作造成影响。记录班组成员的出勤情况，排查班组出勤人员是否存在不安全因素，如情绪不稳定、酒后上岗等，作为后续考核和评价的参考。

2. 安全状况回顾

对上一班次的测量工作实施情况进行详细回顾，包括事故发生、违规操作等，分析事故原因，找出问题所在，并提出改进措施。强调作业中的安全注意事项，分析可能遇到的安全风险，并制定相应的防范措施。鼓励班组成员积极提出安全建议和改进意见，共同提高安全意识。

3. 任务分配与说明

根据工作计划和班组成员的技能特长，明确本班次的工作任务和具体分工，确保每个成员都清楚自己的职责和任务要求，对人员进行合理分工。对测量作业技术要求进行讲解，确保作业人员了解并掌握相关技术要求，对复杂的任务进行详细说明和解释，确保班组成员充分理解并能够正确执行。

4. 安全技术措施贯彻学习

测量安全技术措施的贯彻学习是一个系统而持续的过程，需要制订详细的学习计划、全面学习安全技术措施、结合实际案例进行分析、加强实践操作训练。测量安全技术措施包括测量设备的操作、测量作业现场的安全管理、测量过程中的风险控制等方面。在学习过程中，应全面掌握这些措施，了解各种安全措施的原理、操作方法和注意事项。

5. 安全培训与提醒

针对当前工作可能遇到的安全风险，进行具体的安全培训和提醒；例如，针对测量作业中的仪器操作安全、工具使用安全等方面进行培训，确保班组成员掌握必要的安全知识和技能，提高自我保护能力。

6. 交流与沟通

鼓励班组成员之间积极交流，分享工作经验和安全建议，通过互相学习和借鉴，提高整体工作水平和安全意识。对班组成员提出的问题和建议进行及时回应和处理，增强团队的凝聚力和向心力。

**二、本班工作布置及安全注意事项**

1. 工作布置

根据工作计划和任务分配，详细布置本班次的具体工作内容、步骤和要求，包括作业区域、作业时间、作业流程、作业标准等方面的具体安排。对可能出现的问题和困难进行预测和分析，制定相应的应对措施和解决方案。

2. 安全注意事项

针对本班次的工作特点，强调关键的安全注意事项，例如，在测量作业中需要特别注意设备操作安全、登高作业、防滑防摔等方面的问题。提醒班组成员时刻保持警惕，遵守安全规定和操作规程，确保自身和他人的安全。

3. 应急处理

告知班组成员在发生紧急情况时应该如何迅速、有效地采取应对措施，包括紧急停机、疏散逃生、报警求助等方面的具体操作步骤和注意事项。组织班组成员进行模拟训练，提高应对突发事件的能力和水平。

## 第二节　接班及作业环境确认

### 一、接班

1. 查看工作记录

仔细阅读上一班次的工作记录，了解是否有遗留问题或需要注意的事项，包括设备故障、作业进度、安全隐患等方面的问题。对遗留问题进行逐一排查和处理，确保当前工作能够顺利进行。

2. 与上一班班组长交流

与上一班班组长进行简短的交流，询问工作过程中存在的问题，了解上一班在工作中遇到的困难和挑战，以及采取的解决措施和效果。通过交流和学习，吸取上一班的经验教训，避免重蹈覆辙。

3. 现场检查

对作业现场进行检查，包括设备、工具、环境等，检查设备是否运行正常、工具是否齐全完好、作业环境是否安全整洁等方面的问题。发现问题及时进行处理和整改，确保作业现场的安全和有序。

4. 填写交接班记录表

在确认所有交接班相关事项均已妥善处理之后，接下来需要详细填写交接班记录表。这份记录表是确保工作连续性和责任追溯的重要文件，因此填写时需要仔细、准确。

(1) 基本信息填写：填写日期、班次、部门等基本信息，确保记录表的可识别性和可追溯性。记录当前交接人的姓名和上一班交接人的姓名，明确责任归属。

（2）遗留问题处理记录：详细描述上一班遗留的问题，包括设备故障、作业进度、安全隐患等。记录对遗留问题的处理情况，如是否已经解决、解决的方法、解决效果，或待进一步处理的建议等。

（3）与上一班班组长交流内容：简要记录与上一班班组长交流过程中提到的关键问题和解决措施，以及学到的经验教训。

（4）注意事项和特殊要求：如有特殊注意事项或要求，如某项任务需要重点关注、某个设备需要特殊维护等，应在此处详细记录。

（5）签名确认：交接双方（当前交接人和上一班交接人）应在记录表上签名确认，以示双方均已了解和认可交接内容。

（6）记录存档：交接记录表应妥善保管，方便后续查阅和审计。一般可按日期、班次或部门分类存档。

通过填写详细的交接班记录表（表 14-1），可以确保工作的连续性和责任的明确性，有助于提高工作效率和保障工作质量。同时，这份记录表也为后续的工作分析和问题追溯提供了重要的依据。

**表 14-1　某煤矿交接班记录表**

<table>
<tr><td colspan="8">________交接班记录表</td></tr>
<tr><td colspan="4">年　　月　　日</td><td colspan="2">工作面</td><td colspan="2"></td></tr>
<tr><td rowspan="2">当班完成情况</td><td rowspan="2"></td><td>跟班队干</td><td></td><td>交班班次</td><td></td><td>交班人</td><td></td></tr>
<tr><td>本班出勤</td><td></td><td>跟班班次</td><td></td><td>接班人</td><td></td></tr>
<tr><td colspan="2">本班情况</td><td colspan="6">测量设备：<br>作业现场：<br>任务情况：</td></tr>
<tr><td colspan="2">接班安全注意事项及特殊要求</td><td colspan="6"></td></tr>
<tr><td colspan="2">上一班遗留问题及处理情况</td><td colspan="6"></td></tr>
</table>

## 二、作业环境检查

测量作业前的环境确认是确保安全生产的重要环节，包括工作面支护情况、通风情况、避灾路线、设备设施运行情况、工作面风流中的甲烷传感器吊挂位置、安全警示标识、作业人员的确认等内容。主要检查内容见表14-2。

**表14-2　测量作业安全检查表**

| 序号 | 检查内容 | 标准要求 | 是否存在问题 |
| --- | --- | --- | --- |
| 1 | 巷道支护检查 | 1. 检查煤壁。测量作业地点要补强支护，对帮顶要逐一检查，有空顶、虚接、松动或支架损坏等情形时，要及时修复。煤壁存在松软、片帮或膨胀等现象，要及时处理，进行锚网、锚杆支护，避免造成安全事故。<br>2. 检查支护情况。严格执行敲帮问顶制度，工作人员进入作业地点必须首先检查周围顶板、工作面及两帮的安全情况是否良好，作业地点是否存在活矸、危岩、片帮等情况，如有不安全因素，不得工作，要及时处理，检查确保安全后开始作业 | |
| 2 | 瓦斯、有毒有害气体检查 | 1. 检查瓦斯及有毒有害气体。进入测量作业区域，首先要检查瓦斯、有毒有害气体情况，瓦斯、有毒有害气体浓度超过安全规定时应停止工作，及时加强通风，查找原因，危及安全时要及时撤离。<br>2. 检查通风情况。对作业地点风机及风筒进行检查，风机是否正常工作，风筒是否完好、是否延伸至工作面，在确保通风可靠的情况下开始作业 | |

表 14-2(续)

| 序号 | 检查内容 | 标准要求 | 是否存在问题 |
|---|---|---|---|
| 3 | 测量线路检查 | 1. 查看测量导线点之间是否通视，导线点是否完好，发现导线点之间不通视或导线点位移、破坏，应倒后一站，直至数据检查正确后，方可向前延伸导线。<br>2. 进入测量作业地点，检查皮带是否闭锁，车辆是否影响测量安全、挡车器是否完好，发现问题提前预警，确保测量作业安全 | |
| 4 | 避灾路线检查 | 检查避灾路线是否畅通无阻。避灾路线内严禁有木料、煤炭、矿车等阻塞，要时刻保持撤人通道畅通无阻；同时必须使作业区域的每个人员了解和掌握，每次作业前由班组长负责对避灾路线进行复盘，一旦出现异常情况，立即进行撤离 | |
| 5 | 其他检查 | 检查登高工具是否完好。开始作业前，要检查梯子是否完好，安全带是否牢固、锁扣是否完好，避免发生危险 | |

## 三、设备检查

设备检查是确保其正常运行和防止潜在故障的关键步骤。设备检查在于确保设备的安全、稳定运行，延长设备的使用寿命，提高设备的可靠性和性能，降低修理成本，为企业发展提供有力保障。检查内容见表 14-3。

**表 14-3　测量设备检查表**

| 流程 | 检查内容 |
| --- | --- |
| 交接班检查 | 1. 设备状态确认:检查设备是否处于正常停机状态,外观是否有异常或损坏迹象。<br>2. 操作记录检查:查看设备的使用记录,了解设备之前的运行情况和可能存在的问题。<br>3. 工具和备件检查:确认所需的工具和备件是否齐全,并处于良好状态。<br>4. 沟通交接:与前一班操作人员沟通,了解设备的运行情况、潜在问题和需要注意的事项 |
| 作业前检查 | 1. 仪器箱体是否正常放置,背带、提手、搭扣是否牢固,锁扣是否完好,且放置地点是否干净整洁。<br>2. 全站仪屏幕、按键是否完好,外壳是否破损,各项参数是否设置完毕。<br>3. 三脚架各部螺丝是否松动、损坏,固定螺旋是否缺失。<br>4. 防爆对讲机是否正常开机并调试,频道是否正常,电池电量是否正常。<br>5. 活尖锤球吊线是否牢固,尖头是否正常收缩、是否磨损严重影响精度。<br>6. 前视工具包内盒尺、铁锤、铁钉、喷漆、线绳、安全带是否准备齐全。<br>7. 记录包内铅笔、记录本、计算器是否准备齐全,工作任务所需要的起始数据资料是否正确 |
| 试运行 | 1. 启动检查:按照设备操作规程启动测量仪器。观察仪器启动期间是否正常运行,各种测量参数能否设置。<br>2. 功能测试:测试仪器按键功能是否正常,如照明、激光、置盘等。<br>3. 运行稳定性:照准目标进行观测,检测水平角、竖直角、2C 值等限差是否超限 |

# 第三节　组织文明生产

## 一、组织开、停机

在整个测量作业过程中，需要严格遵守相关规定和操作规程，开、停机是生产顺利进行的关键步骤，合理的组织开停机可以保证设备的正常运转，还需要根据实际情况及时调整和优化管理流程，提高作业效率和质量，同时降低安全风险。

### （一）准备工作

（1）作业前应检查仪器箱背带及提手是否牢固。

（2）查看仪器电量是否能完成工作，准备的工具是否齐全。

（3）光学元件应保持清洁，如沾染灰沙必须用毛刷或柔软的擦镜纸擦掉。禁止用手指抚摸仪器的任何光学元件表面。清洁仪器透镜表面时，请先用干净的毛刷扫去灰尘，再用干净的无线棉布沾酒精由透镜中心向外一圈圈地轻轻擦拭。除去仪器箱上的灰尘时切不可用任何稀释剂或汽油，而应用干净的布块蘸中性洗涤剂擦洗。

（4）开箱后提取仪器前，要看准仪器在箱内放置的方式和位置，装卸仪器时，必须握住提手，将仪器从仪器箱取出或装入仪器箱时，请握住仪器提手和底座，不可握住显示单元的下部。切不可拿仪器的镜筒，否则会影响内部固定部件，从而降低仪器的精度。应握住仪器的基座部分，或双手握住望远镜支架的下部。

（5）使用全站仪进行观测前，操作人员必须认真阅读仪器使用说明书，并按照说明书中的规定和要求正确操作仪器。

（6）观测作业时，一般应用检定全站仪时所使用的温度计和气压计。观测前预先打开温度计和气压计，待 10 min 后方能正式读数。正确读数后将读取的温度与气压值输入仪器，同时记录到手簿中，输入时一定要注意温度、气压的单位（读取的温度、气压单位要与输入仪器的单位相一致)。

(7) 全站仪与反射棱镜必须配套使用。若要更换反射棱镜时,必须重新测定仪器的棱镜常数。观测前,将测定的棱镜常数输入仪器。

(二) 起始数据检核

1. 架设仪器

(1) 在测站上将仪器严格整平、对中。

(2) 对中操作方法是:将仪器对中标志与锤球尖头安置在同一中心线上。

(3) 整平操作方法是:先转动脚螺旋,初步调平仪器使圆水准气泡大致居中。然后转动仪器照准部,使水准管先平行于任意两个脚螺旋的连线方向,两手同向内或同向外旋转脚螺旋,使气泡居中。气泡移动方向总与左手拇指转动脚螺旋的方向相同。然后将照准部旋转 90°,再旋转第三只脚螺旋,使气泡居中。如此反复进行,直至仪器处于任何位置时气泡都居中为止。

2. 数据限差检查

对上一次测量的最后一个水平角、边长进行检查测量,两次观测不符值不超限差要求时,方可延伸导线。否则应退后一站继续检查,直至检查正确为止。

(三) 导线延伸

1. 设置导线点

井下导线点的设置应综合考虑以下因素:

(1) 导线点应尽量设在稳固的碹顶、顶棚或顶板岩石中,选择能避开电缆和淋水且不影响运输之处,以便于保存和观测。

(2) 相邻导线点应通视良好,间距尽量大而均匀。基本控制导线边长一般为 60～200 m,采区控制导线边长一般为 30～100 m。

(3) 凡巷道分岔、拐弯、变坡点和已停止掘进的工作面等处均应设点,从选定该点以前的 2～3 个测点开始,应注意调整边长,避免出现较长边与较短边相邻的情况。

(4) 选点时应综合考虑各种情况，使测点的分布更为合理，永久点应于施测前 1～2 天设置完毕，临时点或次要巷道的导线点也可以边选边测。

(5) 所有导线点应按一定顺序统一编号，并将编号用专制牌子或油漆标于所设点处，以便寻找。

2. 观测水平角

井下导线水平角观测，应按规程规定选用测回法。先在前后视点挂上垂线，将仪器安置于测站点后，然后按下列程序进行观测：

(1) 先将仪器竖盘放在盘左位置(又称正镜位置，即观测时竖盘在望远镜的左边)，松开水平制动扳钮，转动照准部，使望远镜大致瞄准后视的垂线。然后，拧紧水平制动扳钮，用微动螺旋使望远镜精确地瞄准后视点(一般瞄准垂线的顶部)，读取水平度盘读数 $a_1$，记入水平角观测记录手簿内。

(2) 松开水平制动扳钮，按顺时针方向转动照准部，用上述方法精确瞄准前视点，读取水平度盘读数 $b_1$。当望远镜视准轴从后视方向转到前视方向时，指标线在水平度盘上所走的角值 $\beta_{左}$，就是所要测量的水平角，即：$\beta_{左}=b_1-a_1$。如 $b_1$ 小于 $a_1$，这时应将 $b_1$ 加 360°后再减 $a_1$。按上述程序测量水平角一次，称为半测回。

(3) 为了校核测量成果，消除仪器误差，以便得到精确的角值，还需要用盘右位置(又称倒镜位置，即在观测时，竖盘在望远镜的右边)再观测一次。即：倒转望远镜，使竖盘位于盘右位置。这次，用望远镜先精确瞄准前视点，读取水平度盘读数 $b_2$。松开水平制动扳钮，逆时针方向转动照准部，用望远镜精确瞄准后视点，读取水平度盘读数 $a_2$。则：$\beta_{右}=b_2-a_2$。以上按正镜先测的叫上半测回，按倒镜后测的叫下半测回，上、下两个半测回合在一起，称为一个测回。最后取其平均值作为角的观测结果，如不符合要求，应重测。故：

$$\beta=\frac{1}{2}(\beta_{左}+\beta_{右}) \tag{14-1}$$

(4) 为了提高测角精度，需要做 $n$ 个测回时，各测回的起始读数要在度盘的不同位置进行读取。

3. 三角高程测量

三角高程测量是根据两点间的水平距离（或倾斜距离）和竖直角计算两点间高差的。如图 14-1 所示，已知 $A$ 点高程为 $H_A$，欲测定 $B$ 点高程 $H_B$。可在 $A$ 点安置仪器，在 $B$ 点竖立标杆，用望远镜中丝瞄准标杆顶端的棱镜，测得竖直角 $\alpha$，并量取仪器的水平轴到 $A$ 点的高度，称为仪器高，用 $i$ 表示；量取棱镜到 $B$ 点的高度，称为前视高，用 $v$ 表示。再根据 $AB$ 两点间的水平距离 $D$，即可求得高差 $h$。

$$h=D\tan\alpha+i-v \tag{14-2}$$

式中，$D\tan\alpha$ 用全站仪可直接测得，用 $S$ 表示。

不论竖直角是仰角还是俯角，该式均适用。如为俯角，则用竖直角的负值代入。

$B$ 点高程为：

$$H_B=H_A+h_{AB}=H_A+D\tan\alpha(S)+i-v \tag{14-3}$$

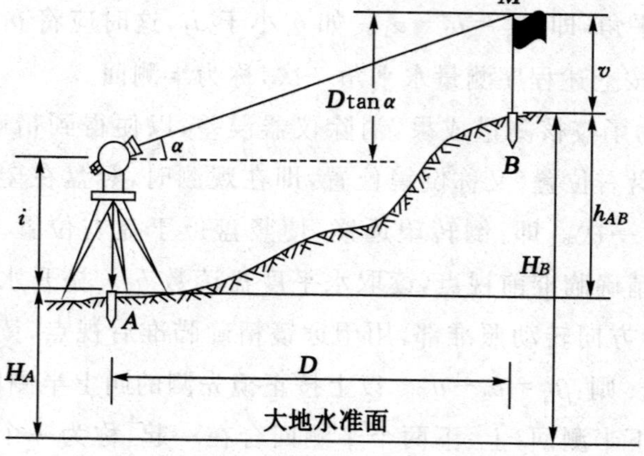


图 14-1　三角高程测量示意图

4. 记录

(1) 外业观测记录必须做到记录真实，注记明确、整洁、美观，格式统一。

(2) 测量工作必须配备专门记录员，并严格按规定的要求记录，不能自测自记。

(3) 一切原始观测值和记事项目必须在现场用铅笔或中性笔记录在规定格式的外业手簿中，严禁凭记忆补记，外业手簿中每一页都须编号，任何情况下都不许撕毁手簿中的记录纸。

(4) 数字、文字记载正确、清楚、整齐、美观。更正错误，均应将错字整齐划去，在其上方填写正确的文字或数字，禁止涂改、擦改、转抄。

(5) 对超限划去的成果，注明原因和重测结果所在的页数。导线点、水准点的名称必须记载正确，同一点名称在各种资料中应严格一致。

(6) 记录过程中，要耐心、认真、细致、精力集中。采用复述方法记录，能及时发现观测中产生的错误(如对错度盘、看错方向)和超限情况，掌握好重测及取舍原则，合理进行重测、补测，确保记录、计算正确无误，使观测成果满足各项限差要求，符合有关规范规定。

(7) 作业观测结束后，应对观测手簿进行全面检查，确保记录、计算正确无误，各项限差及检验项目均符合规范的要求后方可迁站。

(四) 标定中、腰线

1. 现场中线的标定

(1) 如图 14-2 所示，当标定巷道中线时，利用 1—2 的方位角 $\alpha_{1-2}$和新测量出的方位角 $\beta_{1-2-3}$，从而可得出 $\alpha_{2-3}=\alpha_{1-2}+\beta_{1-2-3}\pm 180^\circ$(当 $\alpha_{1-2}+\beta_{1-2-3}$大于 $180^\circ$时后边减去 $180^\circ$，当 $\alpha_{1-2}+\beta_{1-2-3}$小于 $180^\circ$时，后边加上 $180^\circ$)。虚线巷道为要标定中线巷道(设计巷道方

位角为 $\alpha_{设计}$),则在3点架好仪器,后视完2点后,拨转向角 $\beta$ 标定中线点。

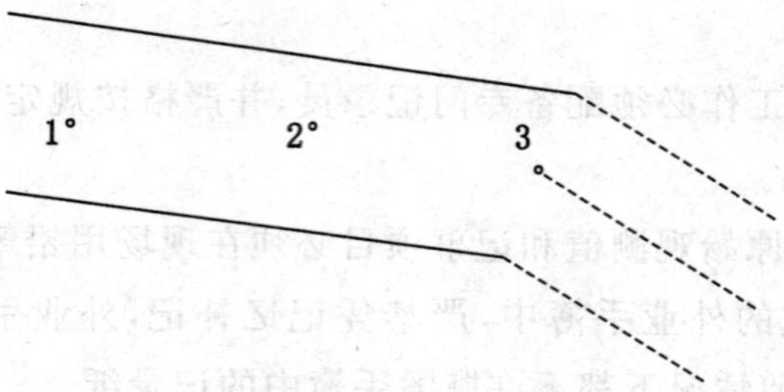


图14-2 中、腰线标定示意图

转向角 $\beta$ 的求法:公式:$\alpha_{2-3}+\beta\pm180°=\alpha_{设计}$,则转向角 $\beta=\alpha_{设计}-\alpha_{2-3}\pm180°$(当 $\alpha_{2-3}$ 大于180°时减去180°,当 $\alpha_{2-3}$ 小于180°时加上180°)。

(2) 设置一组中线应不少于三点,各中线点间距以不小于2 m为宜。当发现三点不在一条直线上时,则应重新标定,否则巷道方向将会出错。

2. 现场腰线的标定

井下倾斜巷道腰线一般采用经纬仪法进行标定,利用激光指示仪指示巷道掘进方向的巷道,可将腰线标志设置在中线上,通过激光指向仪指示巷道中腰线;若需要将腰线点设置在巷道两帮时,可采用经纬仪伪倾角法标定腰线。

在巷道两帮布设腰线点宜采用伪倾角标定腰线的方法,如图14-3所示。具体步骤如下:

在 $B$ 点下安置仪器,测出 $B$ 点至中线点 $A$ 及腰线点1之间的水平夹角 $\beta_1$,如图14-3(b)所示。根据水平角 $\beta_1$ 和真倾角 $\delta_1$,计算得伪倾角 $\delta'_1$;瞄准1点,固定水平度盘,上下移动望远镜,使竖盘读数为 $\delta_1'$,在巷道帮上做记号1′,用钢尺量出1′到腰线点1的铅垂距离 $K$;转动照准部,瞄准新设的中线点 $C$,然后松开照准部瞄准在巷道帮上拟设腰线点处，测出 $\beta_2$ 角；根据水平角 $\beta_2$ 和真倾角 $\delta_2$，计算得伪倾角 $\delta_2'$；望远镜照准拟腰线处，并使竖盘读数为 $\delta_2'$，在巷道帮上做记号 $2'$，用小钢尺从 $2'$ 向上量出距离 $K$，即得到新标定的腰线点 2；用测绳连接 1、2 两点，用油漆沿测绳画出腰线。

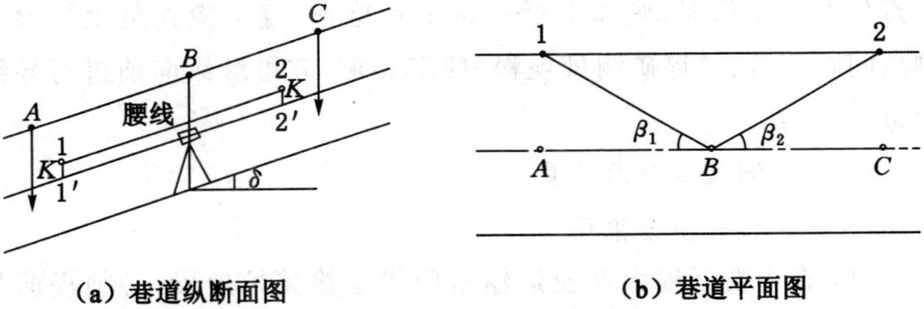


图 14-3 伪倾角法标定腰线示意图

（五）测量设备停机

所有作业完成，观测者应将仪器关机后，调整好仪器各部件，盖上物镜罩，并擦去表面的灰尘。装箱时各部位要放置妥帖，合上箱盖时应无障碍。

（六）仪器的维护和保养

(1) 仪器的维护、保养要有专人负责，使用完毕带回仪器室，放置要整齐，不得倒置。

(2) 仪器箱内应保持干燥，要防潮防水，仪器需放置在专门的架上或固定位置。

(3) 仪器长时间不用时，应每月定期通风防霉并通电驱潮，以保持良好状态。

(4) 仪器必须每年检校一次。

（七）常见问题分析与处理

常见问题：在导线测量前的检查测量中，发现检查角与上次测的角度或距离不符，超出规程要求。

原因分析：检查测点间距离，如测点间距离与上次测点间距离不相符时，说明用错测点；如测点间距离与上次测量距离不符合《煤矿测量规程》规定，说明测点中有某个点位发生位移。

处理方法：当用错测点时，应重新找出测点进行测量检查；当测点点位发生位移时，则需退后一站重新检查，直至检查角度与检查测点间距离符合《煤矿测量规程》规定要求，方可继续向前进行导线测量。

（八）施测过程应急处置

1. 作业过程安全事项

(1) 在主要运输大巷及运输石门等运输繁忙地段，必须提前与有关部门、人员联系，在测量作业区段内禁止车辆通行、机械运转。其他巷道和工作面的运输设施影响观测时，亦应立即停止运行。作业中应加强前后瞭望，做好监护，保证人员与仪器安全。

(2) 在有架线巷道和电力设施的地点施测时，应特别注意人员和仪器的安全，必要时应停电作业。

(3) 在上、下山等坡度较大的巷道内作业时，应事先联系，禁止斜巷绞车运行，必要时停止工作面施工，然后方可施测。

(4) 严禁擅自进入盲巷、独头、独巷或已失修巷道进行测量。

(5) 在特殊地点进行测量作业，必须编制专项措施，报总工程师批准。

(6) 井下工作面标定放线需打眼固定中腰线的，应由现场施工单位负责，测量人员不得违章操作

2. 操作仪器注意事项

(1) 在测点下进行仪器对中时，应防止所挂的垂球突然滑下损坏仪器，仪器安置好后，应及时将垂球取下，再进行观测。

(2) 仪器转动要平稳，用望远镜垂直丝照准目标时应将目标置于水平丝附近；照准各方向目标时，应在同样位置。使用微动螺旋

照准目标或用测微螺旋对准分划线时，其最后旋转方向应为旋进。观测过程中，照准部水准器的气泡偏离中心不得超过一格，接近一格时，应在测回之间重新整置仪器。

(3) 观测时，补测、联测、重测和取舍及观测限差、记录格式都必须严格执行有关规范的规定。

(4) 井下导线水平角观测，应按规程规定选用测回法。各测回应均匀分布在度盘的不同位置，度盘的变换位置应按规范规定的度盘数进行设置。

(5) 风速过大、对中困难的地段，采用挡风措施以确保对中精度。

(6) 设点困难或边长过短时，为保证精度，可采用三架法施测。

(7) 井下三角高程采用中丝法施测，可与水平角观测同时进行。井下三角高程测量时要测量仪器高和前视高，并量测该点至底板高度。

(8) 井下标定中腰线时，必须采用两个镜位进行。

(9) 井下作业时，若仪器上凝结有水珠，切忌用手或毛巾擦拭物镜、目镜，必须用专用擦镜纸将水珠擦干，也可稍等片刻，待水分蒸发后再开始工作。

(10) 各种仪器应按规定操作，用力要轻，制动螺丝不要拧得太紧，微动螺丝的旋转速度要均匀。

(11) 搬站之前，应检查仪器与脚架的连接是否牢固，搬运时，应把制动螺旋略微旋紧，使仪器在搬站过程中不致晃动。当测站之间距离较远，搬站时应将仪器卸下，装箱后背着走。行走前要检查仪器箱是否锁好，检查安全带是否系好。当测站之间距离较近，搬站时可将仪器连同三脚架一起靠在肩上，但仪器要尽量保持直立放置。

（九）开、停机的组织管理

(1) 制订合理的开、停机计划：根据生产需求和设备状况，制订合理的开、停机计划,确保生产顺利进行。

（2）培训员工操作技能:定期对员工进行操作培训,确保员工能够正确、熟练地操作设备。

（3）建立应急预案:针对可能出现的故障和异常情况,建立应急预案,确保能够及时处理问题,降低影响。

（4）定期维护保养:定期对设备进行维护保养,确保设备状态良好,测量设备每年进行1次检校,保证设备精度达标。

总之,测量作业的开停机是辅助煤矿开展正常生产的重要环节,需要科学合理的组织管理。通过制订合理的开停机计划、培训员工操作技能、建立应急预案、定期维护保养等措施,可以提高作业效率,保证生产顺利进行,提高煤矿企业的经济效益和社会效益。

## 二、劳动组织与管理

在测量作业中,有效的劳动组织与管理能够确保作业的高效进行,提高生产效率,同时保障作业安全。班组长应根据实际情况灵活调整劳动力,确保团队成员能够充分发挥潜力,共同完成测量作业任务。

### （一）作业组织

1. 人员配置与分组

根据采掘工作面的施工进度,班组长应合理安排测量作业人员,前视人员、后视人员、观测者、记录员配备齐全。根据成员的技能水平、工作经验、身体状况等将他们分配到最适合的岗位上,以充分发挥他们的潜力。考虑工作面的作业环境、作业强度及安全要求,合理安排人员班次,确保人员充足且不过度疲劳。

2. 作业任务分配

班组长应首先了解当前测量作业的具体需求,包括作业量、作业难度、作业时间等因素,根据作业需求,明确每个成员的工作任务和安全责任,确保作业过程中的协同配合,各项作业能够有序进行。

同时，班组长应根据作业进度和现场实际情况，及时调整任务分配，确保作业能够顺利进行。对于工作负荷过重的成员，应及时调整他们的任务，避免过度疲劳影响工作效率和安全。

3. 协同与沟通

加强班组之间的协同与沟通，确保作业流程的顺畅。通过定期召开班前会、班后会等方式，及时传达作业要求、安全注意事项等信息，提高作业人员的安全意识。

（二）作业流程管理

1. 标准化作业流程

制定测量作业的标准化作业流程，明确每个环节的作业步骤、操作方法和安全要求。作业人员应严格按照流程进行作业，确保作业质量和安全。

2. 作业进度控制

根据生产计划，合理安排作业进度。根据现场生产情况及时调整作业流程，提高作业效率，避免因放线不及时影响工作面正常生产。

3. 设备维护与保养

对测量仪器等关键设备进行定期维护和保养，确保设备的正常运行和延长使用寿命。同时，建立设备档案，记录设备的维护情况和使用状态。

## 三、安全生产管理

（一）安全制度的执行

根据煤矿测量作业的实际情况，建立健全安全管理制度，明确各级管理人员和操作人员的安全职责，确保每个人都清楚自己的安全责任，包括作业操作规程、安全检查制度、隐患排查制度、作业流程、设备使用、个人防护、应急处置等。通过制度约束，规范作业人员的行为，降低安全风险。定期对作业人员进行安全教育培训，确保作业人员熟悉安全操作内容，掌握安全操作规程和应急处置方法，提高安全意识和操作技能。培训内容应包括安全知识、操作规程、应急处置等方面。

（二）安全检查与隐患排查

加强现场安全检查和隐患排查，及时发现和处理安全隐患。对发现的问题进行整改，并跟踪验证整改效果，确保问题得到彻底解决。

（三）“三违”行为的防治

据统计，90％以上的事故是由于人的“三违”行为导致的，因此加强生产过程中班组的“三违”防治工作，是安全生产的重要基础。

班组现场反“三违”行为管理可以采取以下措施：

(1) 查思想。测量作业中，关注职工的思想变化，看有没有存在思想问题的职工，一旦发现职工有思想问题，要及时疏导教育，使其保持良好的思想状态。

(2) 查行为。测量作业中，注意观察职工的行为，发现有不安全行为的职工，要及时制止和教育其改正不安全行为，引导职工按照作业规程和操作规程作业。

(3) 查管理。测量作业中，矿领导或管理部门人员检查现场管理情况，看是否有管理混乱、违规操作的情形。

## 四、突发情况的应急处置

（一）发生灾害时班组长的职责和权力

1. 职责

(1) 全面指挥避险救灾：班组长作为现场主要负责人，需要全面指挥避险救灾工作。这包括观察事故的性质、范围和发生原因等情况，并采取相应的措施。

(2) 组织自救、互救工作：班组长需要带领全班组人员开展自救、互救工作，尽可能减少事故扩大和人员伤亡。

(3) 及时报告灾情：班组长需要及时向矿调度室报告灾情，包括事故的性质、严重程度等，以便调度室能够迅速做出决策，组织救援力量。

(4) 查点现场人数：在灾害发生后，班组长需要查点现场人数，确保所有工人都已经被疏散到安全地点。

(5) 完成安全撤离任务：班组长需要听候指挥部命令，完成安全撤离任务，确保所有工人都能够安全撤离。

2. 权力

(1) 决策权和指挥权：在灾害发生时，班组长拥有第一时间下达停产撤人命令的决策权和指挥权。他需要迅速做出决策，指挥工人撤离现场，确保工人的生命安全。

(2) 应急处置指挥权：班组长在灾害现场拥有应急处置指挥权，他需要根据灾害情况采取相应的应急措施，组织工人进行自救、互救。

(3) 紧急避险权：在灾害发生时，如果情况危急，班组长有权采取紧急避险措施，确保工人的生命安全。

(二) 设备故障等异常情况的应急处置

测量设备在出现故障等异常情况时，应急处置应迅速且准确，以确保测量作业进度及精度。此外，为了避免测量设备出现故障等异常情况，应定期对设备进行维护和检查，确保设备的正常运行。同时，加强工作人员的安全培训，提高工作人员的安全意识和操作技能，也是预防设备故障的重要措施。

(1) 一旦发现测量设备出现故障或异常情况，应立即停止观测，避免测量错误或偏差，以免造成安全事故。

(2) 立即向上级报告设备故障的情况，包括故障的类型、故障部位等，以便上级能够迅速做出决策。

(3) 初步排查故障的原因，为后续的维修工作提供线索，确保设备能够尽快恢复正常运行。

(4) 设备修复后,进行安全评估,确保设备在重新启动后能够安全运行。

(5) 针对此次故障,分析原因,制定相应的预防措施,避免类似故障再次发生。

## 第四节 交 班

### 一、交班准备、内容与要求

交班是一项重要的任务,需要把当班的多项工作内容整理清楚,然后进行面对面的现场交接,并且等待接班人员对交接的各项基本情况确认之后最终在交接班记录上双方签字才算完成。

(一) 交班准备

交班的主要准备工作如下:

(1) 检查设备:交班值班长应在下班前 1 h,对所属的设备、工具等进行全面检查,发现问题及时解决,不得拖延给下一班。

(2) 清理工作现场:交班前 30 min,由测量工将所有仪器关机、螺旋复位、清点工具并擦拭干净,做好岗位交班前的准备工作。

(3) 整理工作记录:交班前,班组长需要整理当班的工作记录,包括测量情况、仪器使用情况、故障处理情况、仪器检修情况等,确保记录真实、准确、完整。

(二) 交班内容和程序

现场交班主要按照以下程序和内容进行:

(1) 现场交接班:交班班组长需要在现场对当班的作业情况、设备情况、安全情况、领导有关指示,以及上一班未完成的工作任务、设备存在的故障、未处理的安全隐患、存在的问题等特殊情况向接班班组长进行全面交接。

(2) 确认交接事项：接班班组长需要对交班班组长交代的各项事项进行确认，如果有不清楚或不明白的地方，需要及时向交班班组长询问。

(3) 签字确认：交接班双方要按照交接班规定项目逐项检查，并在交接票上互相签字，若有异常，两班协调解决，解决不了及时汇报。只有接班班组长确认了所有交接内容并签字，交班班组长的工作才算完成。

(三) 交班要求

交班要执行“十交、六不交”的相关要求：

(1)“十交”是指交班前应确认以下工作情况：① 本班生产情况；② 工艺指标的执行情况和存在问题；③ 事故原因和处理情况及处理结果；④ 设备运转和维护保养情况；⑤ 仪器、仪表、工具的保管和使用情况；⑥ 记录表的填写保护情况；⑦ 室内外及设备卫生；⑧ 跑、冒、滴、漏及机械用油情况；⑨ 安全生产情况；⑩ 领导的指示。

(2)“六不交”是指：① 工艺指标不符合条件不交；② 设备保养不好不交；③ 事故原因查不清不交；④ 工具不全不交；⑤ 记录表不齐全不整洁不交；⑥ 设备及环境卫生不清洁不交。

## 二、交班注意事项

(1) 交接班人员必须在井下指定地点、指定时间交接班，认真填写交接班记录，做到内容齐全、字迹工整、清晰。

(2) 交接班人员应在交接班前 15 min 到达现场。

(3) 交接班时，必须将当班情况交接清楚，并由交班人填写交接记录，接班人同意后接班并签字，要严格按照规定的项目认真进行检查，交班做到“完全彻底”，接班做到“心中有数”。

(4) 交班中发生的问题由交班人员负责，交班后出现的问题由接班人员负责。

(5) 在规定的交接班时间内，如接班人员未到，交班人员有权汇报队值班领导，并坚守岗位；交接班人员未办理手续，不得擅自离开岗位。

(6) 交班人与接班人在现场交接后，必须同时向调度和队部值班领导汇报交接情况。

通过以上步骤和注意事项，可以确保测量班组长交班工作的顺利进行，保障测量作业的安全和稳定。同时，也有利于接班班组长更好地了解测量作业情况，做好下一步的工作计划。

# 第十五章　测量作业安全风险分级管控与隐患排查治理

## 第一节　测量作业风险与管控措施

### 一、危险源的概念

危险源是可能导致人身伤害或健康损害的根源。比如煤尘、瓦斯、地下水、运转的机械、噪声、顶板等，这些危害因素都可能导致人身伤害或健康损害，我们把这些危害因素称为危险源。

### 二、风险的概念

风险是危险源发生危害的可能性和严重性的组合，也就是危险源发生危害的概率是大还是小，导致的后果是否严重，如果发生概率大、导致的后果严重，那么我们就说风险大；如果发生的概率很小、导致的后果不严重，那我们就说风险小。在煤矿作业中，存在着各种各样的风险。例如，作业现场综掘机是危险源，运转的综掘机有伤人的风险；顶板是危险源，顶板具有垮落、掉矸石伤人的风险；煤尘是危险源，煤尘可能导致爆炸、尘肺、损坏设备的风险。

风险具有不确定性，它可能发生也可能不发生，例如电缆可能漏电，也可能不漏电，如果不漏电也就不会导致触电等伤害事故。

### 三、风险控制方法

在一定的条件下，对现场岗位中的风险进行预先辨识、风险评估，继而采取有效措施，消除、减少、控制风险，使风险降到人们可接受程度的一系列活动，称为风险预控管理。

风险预控管理的基本原理是运用风险管理的技术，通过探求风险发生、变化的规律，认识、估计和分析风险对安全生产所造成的危害，运用计划、组织、指导、管制等一系列手段，实现"一切意外均可避免""一切风险皆可控制"的风险管理目标。

煤矿风险预控管理体系的基本内涵，是指在煤矿整个过程中，对煤矿各个生产系统、生产环节中的各种危险源进行预先辨识，对各种风险进行评价分析，继而采取有效措施，消除、减少和控制风险，并在一定经济、技术条件下，通过"人、机、环、管"（即人员、机电设备、环境、管理）的最佳匹配，防止风险转化为事故，实现本质安全，做到安全生产。

煤矿作业现场风险预控，可以从以下几个方面进行：

(1) 提高安全意识和安全素质。员工按规定参加安全培训。贯彻落实"以人为本"的指导思想，通过安全培训，提高煤矿从业人员的安全意识和技术水平，变"要我安全"为"我要安全"。

(2) 落实各项规章制度。主要以各种制度规范煤矿从业人员的行为，如操作人员的手指口述、现场班组长验收签字、安全检查工检查等。

(3) 落实操作程序。在现有安全技术操作规程的基础上，对每一个工种作业中的每一道工序，都制定出详细的操作程序，不论任何人，在同一岗位上完成某一工序时，都按照规定的操作程序执行，这就避免了违章操作和误操作的发生，在很大程度上减小了风险发生的可能性。

(4) 执行操作标准。以《煤矿安全规程》、安全技术操作规程为依据，对每一项工作都制定出操作标准，提高操作水平，降低事故发生的概率。

## 第二节　测量作业隐患排查与治理措施

### 一、隐患的概念

隐患是指人的不安全行为、物的不安全状态、管理上的缺陷和环境的不安全因素，隐患就是不安全、缺陷状态，具有确定性，如果不对隐患进行整改，就容易引发事故。例如，作业现场运转的综掘机有伤人的风险，而人员违章进入运转综掘机工作范围内工作就是隐患；顶板具有垮落伤人的风险，而支护不良就是隐患；煤尘具有爆炸的风险，而喷雾降尘、除尘措施不完善就是隐患。隐患可以理解成不到位的风险防控措施，它会让风险失控，让风险往不好的方向发展，最终导致事故的发生。

从煤矿井下的工作实际来看，危险源是无处不在的，只有通过排查和治理隐患，让人与各种危险源隔离开，才能大幅度降低事故发生的概率和事故发生导致的严重后果。

按照可能造成的严重后果和治理难度将隐患分为一般事故隐患、重大事故隐患两类。

(1) 一般事故隐患是指危害和整改难度较小，发现后能够立即整改排除的隐患。

(2) 重大事故隐患是指危害和整改难度较大，应当全部或者局部停产停业，并经过一定时间整改治理方能排除的隐患，或者因外部因素影响致使生产经营单位自身难以排除的隐患。

### 二、班组隐患排查治理措施

作业现场的隐患排查治理是围绕消除人的不安全行为、物的不安全状态和环境的不安全因素展开的，针对作业的常见事故隐患，要采取以下措施：

(1) 规范操作人员的安全行为，结合班组的具体情况，以及国家的法律法规、相关规定和标准，制定规章制度和操作规程。

(2) 正确穿戴和使用劳动防护用具、用品。

(3) 严格执行《煤矿安全规程》、安全技术操作规程、作业规程的相关规定

(4) 加强对作业场所的安全检查，及早发现问题，及时妥善地整改。

(5) 加强生产设备管理，尤其是设备的防爆管理，按规定做好设备和安全设施、防护装置的维护保养，使之始终保持完好状态。

(6) 保证各种保护和监测系统灵敏、可靠，井下设备、电缆完好。

(7) 设备布置、物料码放要尽可能地科学合理，保持通道畅通。

(8) 及时清扫垃圾、废料，整理现场的原材料、产品和工具。

班组在生产作业前由当班班组长负责组织进行一次现场事故隐患排查和安全确认，排查出的事故隐患必须做好记录并告知现场其他相关人员。

排查出的事故隐患由当班班组长立即组织人员进行整改，并负责督办和验收，同时做好登记。

对当班无法整改、没有整改结束的事故隐患及重大事故隐患，由当班班组长汇报区队值班队干，由区队组织人员进行治理或上报，并在交接班期间相互交接清楚。

职工到岗后开始作业前，必须首先进行事故隐患排查工作，对本岗位危险因素进行一次安全确认，在作业过程中随时排查事故隐患，发现危及人身安全的事故隐患时必须立即停止作业，排查出的事故隐患必须做好登记。

对能够立即治理的事故隐患，岗位工必须立即进行整改，并由下一班岗位工或当班班组长以上人员进行验收；对不能立即治理的事故隐患应报告当班班组长或跟班队长，由班组长或跟班队长组织人员进行整改，并负责督办和验收；对当班班组无法整改、没有整改

结束的事故隐患由班组长或跟班队长汇报区队，由区队值班队干或队长组织治理或上报，并由岗位工在交接班期间相互交接清楚。

## 第三节　测量作业常见风险隐患排查与治理

测量作业常见风险隐患排查与治理见表15-1。

**表15-1　测量作业常见风险隐患排查与治理表**

| 序号 | 风险隐患内容 | 治理措施 |
| --- | --- | --- |
| 1 | 测量仪器精度误差：测量仪器如全站仪、水准仪等长期使用可能出现精度偏差，导致测量数据不准确，影响工程施工和安全生产 | 1. 定期对测量仪器进行校准和维护，确保仪器精度符合要求。<br>2. 建立仪器使用登记台账，记录仪器的使用情况和状态 |
| 2 | 起算数据有误：中腰线标定时数据资料现场未审查就进行标定 | 井下测量工应认真审查图纸，并有两人对设计图纸上的几何要素进行闭合验算，检查图纸的错误，并经测量负责人审查后方可现场标定 |
| 3 | 测量人员操作失误：测量人员未严格按照操作规程进行测量，可能导致数据错误、测量导线点定位偏差等问题 | 1. 加强测量人员的业务培训，提高其专业技能和安全意识。<br>2. 定期对测量人员进行考核，确保其能够胜任工作 |
| 4 | 测量导线点保护不当：测量导线点容易受到采掘活动、地质变化以及人为破坏等因素影响，导致测量导线点丢失或位移，影响后续测量的准确性和连续性 | 1. 对测量导线点设置明显且坚固的标识。<br>2. 制定测量导线点保护的规章制度，对破坏测量导线点的行为进行处罚 |

表 15-1(续)

| 序号 | 风险隐患内容 | 治理措施 |
| --- | --- | --- |
| 5 | 中、腰线标定有误：井下标定中、腰线时，可能出现仪器未对中整平、角度错误等情况继续进行标定的 | 仪器操作员、记录人员和前视人员密切配合，确保中、腰线标定准确 |
| 6 | 测量数据处理错误：在对测量数据进行记录、计算和分析过程中，可能出现错误，如数据记录不准确、计算过程错误、计算结果未检验校正核对等 | 1. 每次观测前先记录工作地点、观测日期、仪器型号、观测者、记录者、导线等级及初、复测等。<br>2. 不准更改记录，凡更改错误，均应将错误的地方用水平单线划去，在其上方填写正确数值。<br>3. 计算成果必须及时填入专门的成果表，并建立台账。<br>4. 所有外业的观测数据、计算数据必须准确无误。<br>5. 严格复测复算制度，对重要数据进行反复核对 |
| 7 | 恶劣环境影响：煤矿井下环境复杂，存在高温、高湿、粉尘大等情况，可能影响测量仪器的正常工作和测量人员的身体健康，从而影响测量工作的质量和安全 | 测量人员在现场作业时，严格遵守安全操作规程，对测量现场的环境进行评估，采取必要的安全防护措施 |
| 8 | 登高作业未携带安全绳：井下测量时，攀爬高处可能发生坠落 | 攀爬时做好防护措施，小心谨慎，确保安全的情况下开展工作 |
| 9 | 缺乏有效的沟通协调：测量人员与采掘、通风等部门之间沟通不畅，导致测量成果不能及时应用或出现施工冲突 | 根据《煤矿测量规程》要求，及时下发各类通知单至相关部门，明确测量成果数据，指导安全生产 |

表 15-1(续)

| 序号 | 风险隐患内容 | 治理措施 |
|---|---|---|
| 10 | 测量方案不合理：未根据煤矿的实际地质条件和开采情况制定科学合理的测量方案，可能导致测量工作无法满足安全生产的需要 | 根据煤矿的实际情况和开采进度，及时调整和优化测量方案。必要时邀请专家对测量方案进行审查和评估 |
| 11 | 未及时更新测量图纸：随着采掘工作的推进，如果测量图纸不能及时更新，可能导致施工人员依据错误的图纸进行作业，引发安全事故 | 建立图纸的数字化管理系统，方便查询和修改。按图纸填绘标准、根据测量数据及时准确进行图纸绘制，并填绘采掘工程平面图 |
| 12 | 安全培训不足：操作人员未接受足够的培训，安全培训不到位，对安全操作规程不熟悉，可能导致误操作或安全事故 | 加强安全培训，同时定期对测量工进行专业技术培训，提高操作人员的安全意识和操作技能 |
| 13 | 操作人员情绪状态不佳：当操作人员心情不好时，他们可能缺乏专注力、判断力下降，甚至产生消极怠慢的情绪，这些都可能增加事故的风险 | 班组长应加强与操作人员的沟通，了解他们的困难和需求，及时提供帮助和支持。根据操作人员的身体和心理状况，合理安排工作任务和休息时间，避免过度劳累。如果发现某个操作人员的情绪持续低落或无法适应工作要求，应及时调整其工作岗位或进行休假调整 |
| 14 | 避灾路线不畅通：存在严重安全隐患，可能导致人员在灾害发生时无法及时撤离 | 在进行测量作业前，应预先规划好避灾路线，确保路线畅通无阻。定期对避灾路线进行检查，确保路线畅通，无障碍物、积水或其他安全隐患。考虑到可能出现的复杂情况，应规划备用避灾路线，以备不时之需 |

表 15-1(续)

| 序号 | 风险隐患内容 | 治理措施 |
|---|---|---|
| 15 | 交接班不清:在交接班时未将安全注意事项和仪器状态交接清楚,可能导致下一班次操作失误或安全事故 | 在交接班时详细讲清楚安全注意事项和设备状态,确保下一班次能够安全、准确地操作仪器 |

总之,煤矿测量现场操作存在众多风险点,在测量作业过程中能够及时发现和处理潜在的安全风险,需要采取一系列详细的管控措施来确保安全。

对排查出的隐患进行详细记录,包括隐患的描述、发现时间、责任人等。跟踪隐患的整改情况,直至隐患消除。定期对隐患排查治理工作进行总结,分析问题产生的原因。

# 第十六章　测量作业典型事故案例分析

## 案例一　因起算数据错误造成巷道贯通偏差事故

**【事故经过】**

2020 年，某矿施工一轨道上山，全长 500 m，倾角 30°，从上下两头相向贯通掘进。在施工测量工作中，由于测量人员将测量数据抄错，导致贯通测量导线标定错误，造成贯通偏差 40 m 的重大事故。

根据施工组织安排，该项贯通工程的贯通相遇点 $K$ 大约位于轨道上山的中间部位。从上往下施工的掘进工作面先行开工，其施工测量工作符合设计要求。但在自下向上掘进的施工测量工作中，由于测量人员在计算时抄错了水平角值，致使巷道方向标定错了 10°。原来位于东总运输巷中的贯通测量导线点，绝大多数是利用该巷道施工时的巷道中线点，所以其导线转折角绝大多数都接近 180°，但是位于轨道上山开口中线上的导线点 E32 却是任意选定的，因此导线点 E30 的水平角 $\beta$ 并非接近 180°，实际上水平角为 190°09′21″。施工测量人员在标定指向角时，没有仔细查对原始记录，就把水平角的角值抄成了 180°09′21″，并据此计算出 $\alpha_{30-32}$ 的方位角值，再根据轨道上山的设计方位角与错误的 $\alpha_{30-32}$ 计算出的指向角 $\beta_k$，正好比正确的 $\beta_k$ 值大 10°，而进行复算时，未能根据外业观测手簿抄取实测结果，而是图省事，从第一计算者已经抄错的计算簿上再次转抄外业观测数据，并未发现错误，导致一直用错误的数据延伸导线。

在巷道向上掘进过程中，本应及时施测导线，以正确掌握巷道的方向和位置，但却没有进行测量，而是一直按标定的方向进行掘进，并按设计的方向和实际进度进行填图，直到两贯通巷道在图上已经重合了 15 m，而实际上尚未贯通时才发现问题的严重性，并停止掘进，进行巷道复测复算。经导线测量证实，掘进巷道已偏离贯通点 40 m，为了尽可能减少损失和利用已掘巷道，被迫在原计划贯通点附近增开一个中部车场，增加一套提升设备，因而拖延了工期，增加了开拓工程量和人员、设备，造成了重大经济损失。

**【事故原因】**

(1) 测量人员疏忽大意：在计算和标定过程中，没有仔细查对原始记录，抄错数据，导致巷道方向标定错误。

(2) 未进行复测复算：复算时未能根据外业观测手簿抄取实测结果，而是从已经抄错的计算簿上再次转抄外业观测数据，未能发现错误。

(3) 未及时复测导线：在巷道掘进过程中，没有及时复测导线，无法正确掌握巷道的方向和位置，导致错误未能被及时发现。

(4) 管理不善：施工组织安排不合理，没有对测量工作进行有效的监督和管理，未能及时发现和纠正错误。

**【防范措施】**

(1) 强化测量人员培训。定期组织测量人员参加专业技能培训，提高其业务水平和责任心。开展案例分析和模拟操作，增强应对复杂情况的能力。

(2) 建立严格的数据核对制度。要求测量人员在计算和记录数据时，至少进行两次独立的核对。设立专人对测量数据进行审核，确保数据的准确性。

(3) 完善复测复算机制。明确规定复算必须依据原始外业观测手簿进行，且复算人员应与初次计算人员不同。对复测复算结果进行详细记录和存档，以便追溯。

(4) 加强施工过程中的测量监测。严格按照规定的时间间隔进行导线施测，及时掌握巷道掘进的实际情况。配备先进的测量仪器和设备，提高测量精度和效率。

(5) 优化施工组织管理。明确各部门和人员在测量工作中的职责，加强沟通协调。建立事故预警机制，对可能出现的偏差及时进行预警和处理。

(6) 建立质量追溯体系。对每一次测量工作的全过程进行详细记录，包括人员、时间、数据等。一旦出现问题，能够迅速追溯到具体环节和责任人。

(7) 加强安全文化建设。通过宣传教育，使全体员工充分认识到测量工作的重要性和失误的严重性。设立奖励制度，对在测量工作中表现优秀的人员给予表彰和奖励。

## 案例二　井下用错测点导致测量错误事故

**【事故经过】**

2021 年，某煤矿东翼一采区轨道巷与东翼一采区回风巷进行导线网改造。由东翼一采区轨道巷与东翼一采区回风巷分别布设两条 7″级导线向前延伸，施工至轨回三联巷形成闭合，导线观测完成后，计算发现闭合处导线点 G22 坐标相差很大，并且导线方位闭合差已超限。经过重新观测，发现后视点 G17 的线绳挂到了电缆钩上，而后视人员到位后，没有进行导线点检查确认，直接悬挂垂球照后视，造成导线观测时角度闭合差 3′，最终导致导线观测闭合差超限，虽然没有造成测量事故，但是增加了工程量和浪费了大量时间。

**【事故原因】**

(1) 测量人员在进行井下测量时，没有确认好点号是否正确，也没有检查导线点线绳是否垂直且不受其他物体影响。

(2) 向前延伸测量时，仪器站记录人员没有与后视人员交接好点位，导致后视人员用错点。

【防范措施】

(1) 测量人员在进行井下测量时，无论是后视、前视还是仪器站人员，都必须确认好点号是否正确，以及导线点线绳是否垂直不受其他物体影响。

(2) 向前延伸测量时，仪器站记录人员要与后视人员交接好点位，严防用错点。

(3) 对测量人员进行培训，提高其业务水平和责任心。

(4) 建立严格的数据核对制度，要求测量人员在计算和记录数据时，至少进行两次独立的核对。

(5) 加强施工过程中的测量监测，及时掌握巷道掘进的实际情况。

(6) 优化施工组织管理，明确各部门和人员在测量工作中的职责，加强沟通协调。

(7) 建立质量追溯体系，对每一次测量工作的全过程进行详细记录，包括人员、时间、数据等，以便在出现问题时能够迅速追溯到具体环节和责任人。

## 案例三　井下测量未严格检查测点造成测量错误事故

【事故经过】

2021 年，某煤矿在掘进工作面 3112 运输顺槽延伸中线时，测量人员到位后，观察上一次测点 Y4 顶板无变化、点位正常，为节省测量时间，未按要求对测点 Y4 进行检查，直接使用 Y4 测量 Y5 进行中线延伸工作。当工作面向前施工 500 m 后，复测该巷道时发现从测点 Y4 开始，每条测边的方位角均与之前的测量数据相差 5′左右，导致巷道实际标定方向与设计方向始终带着5′的偏差，并已错误掘进300 m，造成巷道中线偏差0.43 m。经与测量人员沟通询问，发现延伸测点Y5时未对测点Y4进行检查，且该区域顶板压力大，虽然测点处顶板没有破碎，但已整体发生位移，导致测点点位发生位移，继续使用该测点数据造成中线偏差。

**【事故原因】**

(1) 测量人员责任心缺失：未充分认识到自己工作的重要性和严谨性，对待工作不够认真负责。

(2) 工作流程执行不严格：未按照规定的测量流程进行操作，省略了检查中、腰线延伸的关键步骤。

(3) 缺乏有效的监督机制：上级对测量人员的工作监督不力，未能及时发现并纠正其违规操作。

(4) 培训不足：测量人员可能未接受充分的专业培训，对工作中的风险和规范认识不够清晰。

**【防范措施】**

(1) 加强责任心教育：定期组织测量人员参加职业道德和责任心培训，强调工作的重要性和失误可能带来的严重后果。

(2) 严格执行工作流程：制定详细且明确的测量工作流程和操作规范，并要求测量人员严格遵守。

(3) 建立完善的监督机制：设立专人对测量工作进行监督和检查，及时发现和纠正不规范操作。

(4) 加强培训与考核：定期开展专业技能培训，提高测量人员的业务水平，并进行严格的考核，确保其具备胜任工作的能力。

(5) 建立责任追究制度：对于因未检查中、腰线延伸导致偏差的责任人，给予相应的处罚，以起到警示作用。

# 参考文献

[1] 国家矿山安全监察局.煤矿安全生产标准化管理体系基本要求及评分方法[M].北京:应急管理出版社,2024.

[2] 国家矿山安全监察局.煤矿地质工作细则[M].北京:应急管理出版社,2024.

[3] 国家煤矿安全监察局.煤矿防治水细则[M].北京:煤炭工业出版社,2018.

[4] 李振拴,宋志刚,罗斌,等.煤矿水害隐患咨询及事故案例剖析[M].北京:应急管理出版社,2023.

[5] 邵小平,李重良,张罡.《煤矿安全生产条例》专家解读[M].徐州:中国矿业大学出版社,2024.

[6] 王红伟.煤矿探放水作业安全培训教材:2024版[M].徐州:中国矿业大学出版社,2024.

[7] 王太续,代星军,李长青.煤矿安全生产管理人员安全生产知识和管理能力培训教材[M].徐州:中国矿业大学出版社,2024.

[8] 王秀兰,刘忠席.矿山水文地质[M].北京:煤炭工业出版社,2007.

[9] 于喜东.矿山测量工[M].北京:煤炭工业出版社,2005.

[10] 袁河津.《煤矿安全规程》专家解读:井工煤矿[M].2022年修订版.徐州:中国矿业大学出版社,2022.

[11] 张晓军,穆三奴,宋明明.煤矿岗位作业流程标准化建设指南[M].北京:应急管理出版社,2022.